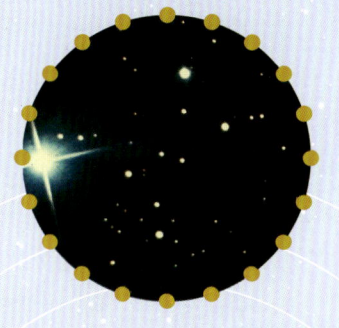

KOSMISCHE KULTSTÄTTEN DER WELT

KEN TAYLOR

KOSMISCHE KULTSTÄTTEN DER WELT

Von Stonehenge bis zu den Maya-Tempeln

KOSMOS

FÜR DIE SONNE UND DEN MOND JEDES KINDES DER ERDE – UNSERER ELTERN

Aus dem Englischen übersetzt von Barbara Knesl.
Titel der Originalausgabe: Celestial Geometry
Erschienen bei Watkins Publishing unter der ISBN 978-1-78028-386-9
© 2012 Watkins Publishing
Text-Copyright © Ken Taylor 2012
Illustrationen auf Seiten 49u, 160 Copyright © Kai Taylor 2012
Illustrationen auf Seiten 73, 91, 157, 178, 207 Copyright © Ken Taylor 2012
Illustrationen auf Seiten 24, 28, 49o, 53, 54, 56, 59, 62, 64, 76, 96, 108, 111, 124, 128, 134, 139, 141, 147, 157, 163, 164, 170, 172, 191, 220 Copyright © David Atkinson
Alle anderen Illustrationen © Watkins Publishing 2012
Bildnachweis siehe Seite 240.

Umschlaggestaltung von eStudio Calamar unter Verwendung des Originalumschlags.

Mit 189 Farbfotos und 45 Farbzeichnungen

Unser gesamtes lieferbares Programm und viele
weitere Informationen zu unseren Büchern,
Spielen, Experimentierkästen, DVDs, Autoren und
Aktivitäten finden Sie unter **kosmos.de**

Gedruckt auf chlorfrei gebleichtem Papier

Für die deutschsprachige Ausgabe:
© 2012, Franckh-Kosmos Verlags-GmbH & Co. KG, Stuttgart.
Alle Rechte vorbehalten
ISBN: 978-3-440-13221-0
Redaktion: Sven Melchert
Produktionsbetreuung: Print Company Verlagsgesmbh, Wien
Produktion: Ralf Paucke
Printed in China / Imprimé en Chine

INHALT

EINLEITUNG

Der Begriff „Archäoastronomie" – das Studium der Astronomie alter Kulturen – wurde 1969 für ein multidisziplinäres Fach geprägt, das neben Archäologie und Astronomie verschiedenste Fächer wie Geologie, Klimakunde und Technik sowie Geschichte, Kunst und Religion umfasst. Einen Konsens unter den Wissenschaftlern der verschiedenen Disziplinen zu erzielen, erfordert einige Zeit, was auch der Grund für die relativ langsame Entwicklung der Archäoastronomie ist, wenngleich diese zurzeit ebenso rasche wie spannende Fortschritte durchläuft.

Seit Jahrtausenden nimmt die Sonne auf den Rhythmus unseres Alltagslebens und den Wechsel der Jahreszeiten Einfluss. Auch heute noch unterscheiden wir uns kaum von unseren frühen Vorfahren, die zum Himmel empor blickten, seine Geometrie zu verstehen lernten und diese Erkenntnisse auf ihr Leben anwendeten. Die Astronomie erlaubte uns eine neue Sichtweise auf die Zeit – das Wissen um die Sonnen- und Mondzyklen ermöglichte es uns, mit Zuversicht in die Zukunft zu blicken, und bot einen stabilen Rahmen in einer ansonsten chaotischen Welt.

Erst seit wenigen Jahrhunderten leben wir in der Gewissheit, dass die Sonne jeden Morgen aufgeht und der Mond und die Sterne nicht vom Himmel fallen. Vor der Entdeckung der Gravitations- und Bewegungsgesetze hatten die Menschen überhaupt keine Vorstellung, was die Sonne und die Sterne an ihrem Platz hielt. Diese Geheimnisse bildeten den Stoff für viele Legenden. Für uns mag die Vorstellung unserer Vorfahren absurd klingen, die Sonne fahre in einem Triumphwagen über den Himmel und unter der Erde in einem Schiff zurück, um im Morgengrauen wieder zu erscheinen. Noch immer ist diese Kraft, die in der Erde versinkt, um dann auf magische Weise wieder aufzugehen, ein sinnträchtiges Symbol für den Tod und die Wiederauferstehung oder Reinkarnation. Der Name des römischen Sonnengottes Sol Invictus („die unbesiegte Sonne") unterstreicht dieses Sinnbild, und solch religiöse Metaphern hatten über Jahrtausende einen hohen Einfluss.

Auch wenn uns solch alte, mystische Erklärungen amüsieren mögen, so müssen wir doch zugeben, dass selbst die besten Wissenschaftler heutzutage nicht erklären können, wie dunkle Materie unsere Galaxie zusammenhält, geschweige denn, wie dunkle Energie das sichtbare Universum auseinanderreißt. Manche der jüngsten Theorien wirken auf uns genial und zugleich seltsam wie alte Mythen – man denke nur an die gegenwärtige Vorstellung, dass unser Universum entstand,

Mond bei Sonnenuntergang
Das besondere Erdlicht lässt neben der helleren Mondsichel den gesamten Mond erahnen – das Zusammenspiel von Licht und Schatten macht die Mondphasen erkennbar.

als zwei zuvor existierende Membranen einander berührten – eine Vorstellung, die an die schöpferische Verschmelzung der beiden chinesischen Prinzipien Yin und Yang erinnert.

Viele Beobachtungen und Experimente erfolgten vor so langer Zeit, dass nicht einmal ihre Mythen erhalten geblieben sind. Doch die Erde nimmt die Geschichte in sich auf wie ein Kind die Sprache, und Monumente aus Stein können Jahrtausende überdauern. Da sich die moderne Archäologie verstärkt mit der Deutung der Zeichen von Observatorien des Altertums beschäftigt, kommt der Archäoastronomie eine neue Bedeutung zu.

Die Erkundung der Welt

Etwa zehn Prozent der in diesem Buch präsentierten Orte sind von solcher Bedeutung, dass sie von der UNESCO zu Weltkulturerbestätten ernannt wurden. Dazu zählen beliebte Touristenziele wie die Steinkreise von Stonehenge, die Pyramiden von Gizeh und die Tempelanlage Angkor Wat. Einige der hier beschriebenen Stätten sind zwar weniger bekannt, bieten dafür aber eine interessante Umgebung, um sich intensiv mit alter Astronomie zu beschäftigen. Ein Bauwerk, das an einem astronomisch wichtigen Ort errichtet wurde, gibt oft wichtige Aufschlüsse über die Vorstellungen der Menschen, die es erbauten, und die Priester oder Schamanen, die dort wirkten. Dank der Archäoastronomie erfahren zuvor rätselhafte Megalith-Steinreihen, Kreise und Rechtecke sowie Tempel, die der Sonne, dem Mond und den Sternen geweiht sind, eine neue Wertschätzung. Der nach Osten ausgerichtete Kilclooney-Dolmen ist nur einer von vielen Grabhügeln, der konstruiert wurde,

Der Sonnenwagen Diese Bronzeskulptur aus Trundholm in Dänemark entstand gegen 1400 v. Chr. und zeigt, wie die Sonne in einem Wagen von einem Pferd über den Himmel gezogen wird.

um das Licht der Morgensonne einzufangen – fast so, als hoffe man, die Strahlen könnten die Toten wieder zum Leben erwecken.

Obwohl unsere Sonne ein Stern ist, ist dies dem Betrachter meist nicht bewusst: Die Sonne scheint am Tag, Sterne hingegen sind unzählige kleine Lichtpunkte, die sich nur bei Nacht zeigen. Daher wurden viele Tempel und Grabmäler primär nach dem Lauf der Sonne ausgerichtet, während die Sterne anscheinend eine eher untergeordnete Rolle spielten. Da wir stets einen anderen Zugang zur Sonne, dem Mond und den Sternen hatten, widmet sich auch dieses Buch jedem Thema in einem eigenen Kapitel, die mit einer Auswahl von Geschichten über die jeweiligen Gottheiten enden.

Der Mond, der der Sonne in Form und scheinbarer Größe (zumindest bei Vollmond) stark ähnelt und oft als Gefährte der Sonne gesehen wird, nimmt das kürzeste Kapitel ein. Das liegt nicht etwa daran, dass er von geringer Bedeutung gewesen ist. Die großen Tempel wurden jedoch von patriarchalischen Kulturen geschaffen, deren Schutzherr die Sonne war (im Gegensatz zum Deutschen ist die Sonne in anderen Sprachen meist männlich und der Mond weiblich). Oft verwendeten sie Sonnenbilder wie den Heiligenschein oder eine strahlende Krone, um

Symbol des neuen Lebens
Die riesigen Megalithen des Kilclooney-Dolmen in Irland wurden wie andere Grabkammern so positioniert, dass die aufgehende Sonne das dunkle Innere mit Licht durchflutet.

das Prestige eines Herrschers hervorzuheben, der zugleich höchster Priester war. Ab Augustus hatten die römischen Kaiser den Titel *Pontifex Maximus* („Oberster Priester") inne. In diesen Kulturen beschäftigten sich vor allem Frauen mit dem Kult um den Mond, weswegen er auf den häuslichen Bereich beschränkt blieb und es keine bleibenden Monumente gibt.

Bis heute wurden erst wenige archäoastronomische Stätten ausgegraben. Daher ist über die Rituale, die in den Observatorien stattfanden, die von den ersten Bauern zur Darstellung und Feier der wechselnden Jahreszeiten errichtet wurden, wenig bekannt, geschweige denn über die Riten in den großen Tempeln und ehrwürdigen Grabmälern. Manchmal sind es auch die kleine Objekten, die das größte Erstaunen in uns hervorrufen: Der Mechanismus von Antikythera ist sehr alt, aber so komplex, dass manche glauben, er stamme von Außerirdischen. Das korrodierte Räderwerk wurde 1900 vor der griechischen Insel Antikythera gefunden. Doch erst 2006 stellte sich heraus, dass das um 150 v. Chr. erbaute Gerät nicht nur als Planetarium diente, sondern auch die Mondphasen genau abbildete und Finsternisse berechnete.

Manche Funde wiederum sind heftig umstritten. Dazu zählen Stücke aus Knochen und Geweih, die um 25 000 v. Chr. datieren und Einkerbungen haben. Interpretationen zufolge dienten diese Markierungen als eine Art Rechenstab oder als Mondkalender. Über den Zweck der Markierungen, die womöglich rein dekorativ waren oder zur Zählung anderer Dinge verwendet wurden, herrscht Uneinigkeit. Beispiele dafür sind der Blanchard-Knochen aus Frankreich oder der Ishango-Knochen aus der Demokratischen Republik Kongo.

Antike Astronomie *(Rechts)*
Der Antikythera-Mechanismus, der in der Ägäis gefunden wurde, diente vor über 2000 Jahren dazu, die Bewegung von Sternen und Planeten nachzubilden und Finsternisse zu berechnen.

Auf den Spuren des Mondes
(Ganz rechts) Der Ishango-Knochen aus der Demokratischen Republik Kongo (hier von allen Seiten zu sehen), der über 20 000 Jahre alt ist, wird als möglicher Mondkalender gedeutet.

Geburt und Wiedergeburt

Die moderne Archäoastronomie stützt sich auf Beobachtungen der Altertumsforscher des 17. und 18. Jahrhunderts wie John Aubrey, der sich 1678 mit der
Ausrichtung englischer Kirchen auf die Sonne beschäftigte, und William Stukeley,
der 1724 eine Ausrichtung von Stonehenge nach der Sommersonnwendsonne vermutete. Das Ansehen der Archäoastronomie litt jedoch unter dem überschwäng-
lichen Enthusiasmus einiger ihrer Vertreter des 19. und frühen 20. Jahrhunderts,
deren Behauptungen oft mehr von persönlichen Meinungen geprägt waren als von
Fakten über die von ihnen erforschten Stätten. Noch heute ist eine von Alexander
Thom um 1950 untersuchte Fundstätte heftig umstritten. Ihm zufolge handelt
es sich bei der Reihe aus drei großen Steinen in Ballochroy, Schottland, um eine
präzise angeordnete Sternwarte. Thom wies darauf hin, dass beim Betrachten der
flachen Fläche des breiten, aber dünnen und 3,3 m hohen Mittelsteins der Blick
auf einen Berg auf der Insel Jura gelenkt würde, wo die Sonne zur Sommersonnenwende gegen 1600 v. Chr. unterging. Er stellte ebenso fest, dass die drei Steine
in einer geraden Linie standen, die auf den Punkt zeigte, an dem damals der
Sonnenuntergang zur Wintersonnenwende erfolgte.

Schwierigkeiten ergaben sich aus mehreren ungünstigen Gegebenheiten: Ein
weiterer der drei Steine war auch breit und dünn, zeigte jedoch auf kein besonderes astronomisches Ereignis. Die Reihe selbst war ziemlich breit, sodass sich
zahlreiche Ausrichtungen davon fortsetzen ließen und alle bis auf eine die Winter-

Umstrittene Ausrichtungen
Alexander Thom glaubte,
dass die Steinreihe von
Ballochroy, Schottland, nach
der Sommersonnwendsonne
ausgerichtet sei, die hinter
der Insel Jura unterging.
Heutige Archäoastronomen
bezweifeln jedoch diese
Annahme.

sonnenwende verfehlten. Zudem blockierte ein Steinhaufen über einer alten Grabstätte die Aussicht auf den Horizont. Die Tatsache, dass beide Ausrichtungen in den Zeitraum der Bronzezeit fallen, was mit dem ungefähren Alter des Monuments übereinstimmt, könnte bedeuten, dass es sich zumindest um eine unpräzise Sternwarte handelt.

Im Lichte all dieser Zweifel versuchten viele Gelehrte jegliches Risiko einer Bloßstellung zu vermeiden, indem sie der Archäoastronomie gegenüber eine skeptische bis abschätzige Haltung einnahmen. Somit wurde die Archäoastronomie fortan als Randgebiet behandelt und sah sich mit einer ähnlichen Abwehrhaltung konfrontiert wie etwa Erich von Dänikens *Erinnerungen an die Zukunft* (1968), das archäologische Funde und religiöse Dokumente als Beweis für Besuche Außerirdischer (siehe Seite 226) zu deuten sucht.

Im Jahr 1981 hielt die Internationale Astronomische Union eine richtungweisende Konferenz in Oxford ab, bei der die Teilnehmer zu einem Ideenaustausch über archäoastronomische Untersuchungsmethoden zusammentrafen. Die Veranstaltung führte zur Belebung des Faches und wird seitdem alle vier bis fünf Jahre wiederholt. Die Archäoastronomie und ihre Schwesterdisziplin, die Ethnoastronomie – das Studium astronomischer Traditionen, die von indigenen Völkern bis heute bewahrt wurden –, stehen weiterhin großen Hürden, wie der Schwierigkeit statistischer Analysen, gegenüber. Doch das aktuelle Bestreben, diese Herausforderungen unter anderem durch eine engere Zusammenarbeit mit verwandten Disziplinen zu überwinden, führt zu bedeutenden Fortschritten. Der Beginn des 21. Jahrhunderts wird eine wichtige Phase in der Geschichte dieses Fachs darstellen.

Jede Erforschung eines Mysteriums ist zwangsläufig durch eine Reihe von Fehlstarts und Sackgassen gekennzeichnet. Manchmal wird die Forschungstätigkeit von einem kleinen Erfolg gekrönt sein, nur um im nächsten Moment wieder vor einem scheinbar unüberbrückbaren Hindernis zu stehen, das sich eines Tages womöglich doch überwinden lässt. Und manchmal wird bei einem bahnbrechenden Durchbruch wahrscheinlich bloß der Zufall eine Rolle spielen.

Ein Abenteuer für jeden

Es gibt viele archäoastronomische Gesellschaften, die sich aktiv mit der Erforschung sämtlicher Aspekte des Faches befassen. Die meisten von ihnen freuen sich über neue Mitglieder, egal ob mit oder ohne akademischen Hintergrund. Es ist vor allem die Begeisterung für das Fach, gepaart mit sorgfältiger Beobachtung, die zu neuen Erkenntnissen führt.

Professionelle Archäoastronomen beschäftigen sich meist eingehend mit spezifischen Fragestellungen zu bereits entdeckten Funden und bringen dadurch kaum Zeit für die Entdeckung neuer Fundplätze auf. Menschen mit wenig oder gar keinem Wissen auf diesem Gebiet kommt mitunter die Tatsache zugute, dass sie einfach zur rechten Zeit am rechten Ort sind.

Sehen und glauben

Der menschliche Verstand ist erstaunlich gut im Erkennen von Mustern – unsere Fähigkeit, das Gesicht eines Freundes in der Menge zu erkennen (oder ein Raubtier im Dschungel), ist verblüffend. Unsere Vorstellungskraft bringt Sinn und Ordnung in eine chaotische Welt, doch mitunter kann sich diese Fähigkeit auch gegen uns richten. In einer ungewohnten Situation versuchen wir instinktiv, eine Erklärung für die Ereignisse zu finden, und gelangen dabei manchmal zu einer falschen Schlussfolgerung.

Viele prähistorische gravierte Steine weisen schalenartige Vertiefungen (Cupula) mit einem Durchmesser von etwa 5 cm auf. Bei einem Stein mit Dutzenden solcher Vertiefungen versuchen wir nur zu gerne, diese miteinander in Verbindung zu bringen und vor unserem Auge ein Bild entstehen zu lassen, sodass viele Forscher darin Sternbilder zu erkennen meinen. Das Problem dabei ist, dass die enorme Menge möglicher Kombinationen leicht zu falschen Deutungen führen kann.

Solche Steine sind überall auf der Welt verbreitet, von Europa über Asien und Amerika bis Australien, wobei viele womöglich bisher unentdeckt sind. Und selbst die bekannten Funde könnten Grundlage weiterer Untersuchungen darstellen – wie etwa der Stein in einem Feld bei Trefael nahe Newport, Wales. Seit Jahrhunderten hätte jedermann sehen können, dass er mit schalenartigen Vertiefungen

Himmelskarte in Trefael?
Manche Forscher vermuten, dass die Gravuren auf diesem Stein aus Newport, Wales, einen Teil des Nachthimmels darstellen, darunter die Sternbilder Orion und Kassiopeia sowie die Sterne Sirius und Polaris.

übersät war, doch als er im Jahr 2010 ausgegraben wurde und seine mehr als 75 Vertiefungen zutage traten, erkannten manche darin Muster, die den Sternbildern Orion und Kassiopeia sowie den Sternen Sirius und Polaris zu ähneln schienen.

Solche Behauptungen erregen enormes Interesse bei den Medien, werden in akademischen Kreisen aber selten anerkannt, da der Zusammenhang zwischen den Steinen und den Sternen im Allgemeinen schwach ist. Die Formen der Sternbilder sind verzerrt oder die Positionen der Sterne zueinander inkorrekt. Manche Sterne fehlen oder es sind zusätzliche zu erkennen, und große und kleine Vertiefungen stehen in keinem Zusammenhang mit hellen oder trüben Sternen.

Selbst ein Stein, der allem Anschein nach eine getreue Abbildung präsentiert, könnte bloß ein Produkt des Zufalls sein und würde professionelle Archäoastronomen nur schwer überzeugen. Andere Erklärungsversuche für die Vertiefungen sind jedoch ebenso wenig befriedigend, viele werden einfach als „abstrakt" klassifiziert.

Würde ein unbestreitbares Exemplar einer Sternkarte mit solchen Vertiefungen entdeckt werden, so könnte dieses dieselbe Bedeutung für die Archäoastronomie haben wie einst der Stein von Rosette für die Ägyptologie. Da unterschiedliche Sterne mit dem Wandel der Jahreszeiten auf- und untergehen, lassen sich die Sterne wie ein Geschichtsbuch des Jahres lesen. Man kann sich leicht vorstellen, wie die ersten Menschen beisammen saßen und sich Geschichten erzählten, während das Lagerfeuer den Himmel erhellte. Erzählungen über die Jagd, die Liebe und den Tod wurden wahrscheinlich mit den Sternen in Verbindung gebracht, die auf die Geschichtenerzähler herableuchteten. Die Erkenntnis, welche Sterngruppen in prähistorischen Zeiten erkannt wurden, könnte der Schlüssel zu vielen Rätseln im Bereich der megalithischen Kunst, Architektur und Bräuche sein.

Der allumfassende Blick

Als die ersten Bauern den regelmäßigen Lauf der Sonne bemerkten, entdeckten sie auch, dass sie danach einen Kalender erstellen konnten. Zwei Holzstöcke bildeten eine Linie, die auf einen Punkt am Horizont zeigte, zum Beispiel dem Sonnenaufgang zur Sommersonnenwende. Da Holz jedoch mit der Zeit verrottet und sich die Löcher im Boden allmählich füllten, waren diese Markierungspunkte schwer wiederzufinden. Heutzutage ist es kaum möglich, Zeugnisse eines solchen Kalenders zu entdecken. Selbst wenn die Stöcke durch Steine ersetzt wurden und diese erhalten blieben, wäre es schwierig, sie inmitten anderer Relikte zu erkennen. Zwei Steine bilden stets eine gerade Linie und müssen auf den Horizont zeigen. Dass einige dieser Ausrichtungen durch Zufall ein bedeutendes Datum im Kalender markieren können, ist daher unvermeidbar.

Archäoastronomen müssen einen Weg finden, um aus einer Vielzahl an Artefakten und anderen Beweisen jene ermitteln zu können, die eine Verbindung zum

Himmel aufzeigen. Die Statistik ist ein hilfreiches Mittel, das die Analyse einer Vielzahl vergleichbarer Fundstätten ermöglicht. Solche Untersuchungen können zentrale Kalenderdaten wie die Sonnenwenden erkennen lassen, die einst für die Menschen von enormer Bedeutung waren. Eine aktuelle Studie beschäftigt sich mit der Ausrichtung eisenzeitlicher Rundhäuser in Großbritannien und Irland, deren einzige Eingänge meist auf die aufgehende Sonne ausgerichtet sind.

Listen von Steinreihen und Datentabellen können uns zwar die astronomischen Ereignisse anzeigen, die für die Menschen wichtig waren, aber nicht, inwiefern sie ihren Alltag beeinflussten. Viele der Traditionen früherer Kulturen werden heute durch ihre Nachfahren in Form von Geschichten oder Ritualen überliefert, weshalb die Ethnoastronomie eine wertvolle Untersuchungsmethode ist. Der Glaube der Anasazi (Ancestral Puebloans) etwa spiegelt sich in den Erinnerungen der modernen Pueblo- und Zuni-Gemeinschaften wider. Solche Rückschlüsse müssen jedoch vorsichtig gezogen werden, da wir uns gerne von unserer Vorstellungskraft leiten lassen – je geringer die Fakten, desto größer unsere Fantasie.

Ein Großteil der Forschung beschäftigt sich mit berühmten Stätten wie den Pyramiden Südamerikas und Ägyptens. Die Archäoastronomie ist ein Fach, das jeden von uns mit einbeziehen kann. In mancher Hinsicht ist sie wie die Schwerkraft: Erst wenn wir innehalten und darüber nachdenken, bemerken wir ihren Einfluss und ihre Allgegenwärtigkeit.

Alte Rituale, neue Erkenntnisse

Viele Aspekte unseres täglichen Lebens werden durch die Astronomie unseres Planeten und des gelben Sterns, um den er sich dreht, bestimmt. Wenn wir uns die Hand vor Augen halten, damit uns die Mittagssonne nicht blendet, führen wir einen rituellen Gruß durch, der viel älter als unsere Spezies ist. Wenn wir einen Sonnenuntergang betrachten oder die warmen Sonnenstrahlen auf unserer Haut genießen, sind wir in Verbindung mit den astronomischen Kräften, die jeden Aspekt unseres Daseins geformt haben. Kein Wunder, dass unsere Vorfahren Sternwarten und Tempel errichteten, um diese Wunder der Natur zu ehren und zu verstehen. Ebensowenig überrascht es, dass wir diese Orte ausfindig machen, um es ihnen gleichzutun.

Viele alte religiöse Stätten liegen neben heiligen Quellen, Flüssen oder Seen oder auf heiligen Bergen. Und obwohl Landschaftsheiligtümer für gewöhnlich nicht als archäoastronomisch gelten, sollten sie es vielleicht. Für einen Astronomen gibt es keinen grundlegenden Unterschied zwischen einem Planeten oder Mond in dem einen oder anderen Sonnensystem. Und all die Quellen, Flüsse, Seen, Meere, Berge und Täler, die wir als besonders erachten, sind Teil des bekanntesten, doch oft am wenigsten geschätzten astronomischen Objekts von allen – unseres Heimatplaneten, der Erde.

Die Archäoastronomie öffnet ein Fenster zur Vergangenheit und gewährt uns Einblicke in die Hoffnungen, Sehnsüchte und Ängste unserer Vorfahren. Doch auch heute ist sie von Bedeutung. So ist etwa das Armed Forces Memorial im National Memorial Arboretum in Alrewas astronomisch ausgerichtet. Am 11. November um 11 Uhr (Veterans Day) – dem Zeitpunkt, als die Kampfhandlungen an der Westfront zu Ende des Ersten Weltkriegs 1918 eingestellt wurden – dringt das Sonnenlicht durch einen Schlitz in der Ummauerung in die Gedenkstätte, scheint durch ein Portal (symbolisch ein Tor in eine bessere Welt) und erhellt den Kranz in der Mitte in Gedenken an all jene, die seit 1. Januar 1948 im Militäreinsatz gestorben sind.

Wenn wir vom „Licht der Vernunft" oder der „Angst vor der Dunkelheit" sprechen, spiegeln sich darin die Gedanken jener Vorfahren wider, die den Sonnengott um Weissagungen baten oder den Mond zum Schutz gegen Albträume günstig stimmten.

Die Entwicklung eines komplexen Erkenntnissystems, das die Astronomie mit spirituellen Werten und psychologischen Wahrheiten kombiniert, erfolgte unabhängig voneinander an mehreren Orten, allerdings anhand derselben Grundlagen. Unser Planetensystem ist insofern besonders, als der Vollmond und die Sonne am Himmel gleich groß erscheinen und totale Finsternisse hervorrufen, bei denen sich Sonne und Mond in einem atemberaubenden Spektakel vereinen (siehe Seiten 128–129). Unser Sonnensystem weist auch eine vieldeutige Geometrie auf wie etwa das Pentagramm, das die Venus beschreibt (siehe Seite 160). Genau

Moderne Ausrichtung Um 11 Uhr am 11. Tag des 11. Monats dringt das Sonnenlicht in das Armed Forces Memorial in Alrewas, Staffordshire, England, zum Gedenken an all jene, die seit 1. Januar 1948 im Militärdienst gestorben sind.

solche natürlichen Zufälle dürften unsere Vorfahren zu einer intellektuellen – gar metaphysischen – Betrachtungsweise des Kosmos bewegt haben. Aufgrund dieser Himmelswunder ist es wahrscheinlich unvermeidlich, dass die Menschen begannen, an einen Schöpfer zu glauben, der für all das verantwortlich ist: jemand, der im Himmel wohnt und über die unvergänglichen Sterne herrscht.

Unsere heutigen Astronomen und Physiker sind die jüngste Riege an Forschern, die für die grenzenlose Neugier des Menschen stehen und danach streben, das Universum zu entschlüsseln. Dies ist seit eh und je eine wichtige Aufgabe und wird vermutlich noch bedeutsamer werden, je mehr wir über die Existenz anderer Lebensformen in den Weiten des Weltalls herausfinden. Wir wissen mittlerweile zwar, dass die Sonne kein Gott ist, der im Streitwagen den Himmel überquert, doch die wahren Wunder des Universums erweisen sich möglicherweise als noch fantastischer. Indem sie die Anfänge der Himmelsbeobachtung zurückverfolgt, stößt die Archäoastronomie auf immer neue Erkenntnisse, die uns dazu inspirieren, unsere Erkundungen fortzuführen.

Tag- und Nachtwechsel
Diese spektakulären Bilder zeigen eine Sonnenfinsternis, wie sie vom Pazifischen Ozean aus am 22. Juli 2009 über 6,5 Minuten hinweg fotografisch festgehalten wurde.

EINFÜHRUNG IN DIE ASTRONOMIE

Dieses Buch beschäftigt sich mit Stätten auf der ganzen Welt, die von unseren Vorfahren zur Erkundung der Himmelskörper und für zeremonielle Zwecke errichtet wurden. Wenngleich man nicht unbedingt jeden Aspekt der Astronomie verstehen muss, um sich ein Bild vom astronomischen Wissen früherer Völker zu machen, kann ein Überblick über unser Sonnensystem und das Verhältnis zwischen Erde und Sonne bzw. Mond dazu beitragen, die hier präsentierten Stätten entsprechend ihrer Bedeutung zu erkennen.

Heute wissen wir, dass unsere Sonne ein gewöhnlicher Stern mittleren Alters ist, der eine enorme Strahlung abgibt, die wir als Licht und Wärme wahrnehmen. Sie ist das Herz des Sonnensystems, das vergängliche Objekte wie Kometen und Meteoroide ebenso umfasst wie die beständigeren Planeten.

Nur die Planeten Merkur und Venus sind der Sonne näher als die Erde. Manchmal sehen wir diese Planeten als „Morgensterne" kurz vor der Morgendämmerung aufgehen, zu anderen Zeitpunkten treten sie am Abendhimmel als „Abendsterne" in Erscheinung. Dazwischen verlassen sie scheinbar unser Blickfeld, da sie das Sonnenlicht verhüllt. Die Erkenntnis, dass es sich beim morgendlichen und abendlichen Erscheinen von Merkur bzw. Venus jeweils um denselben Himmelskörper handelt, stellt einen Meilenstein in der Astronomie jeder Kultur dar. Als hellstes Objekt am Himmel nach Sonne und Mond genoss Venus weltweit Verehrung (siehe Seiten 160–161 und 222–223).

Nur ein Vertreter der Gruppe der inneren Planeten wandert scheinbar über den gesamten Himmel: Mars. Die inneren Planeten haben eine felsige Oberfläche, während die äußeren aus Gasen bestehen: Jupiter, Saturn, Uranus und Neptun (die letzten zwei wurden erst in jüngerer Zeit als Planeten entdeckt). Pluto, der noch weiter von der Sonne entfernt ist, wurde bei seiner Entdeckung im Jahr 1930 als Planet identifiziert, 2006 jedoch zu einem Zwergplaneten herabgestuft.

Abgesehen von der Sonne scheint Sirius der hellste echte Stern am Himmel zu sein. Deshalb war er in diversen Kulturen vom Alten Ägypten bis zu den Ureinwohnern Nordamerikas von besonderem Interesse (siehe Seiten 176–177). Sirius ist in Wirklichkeit 25 Mal so hell wie unsere Sonne und einer unserer nächsten Sternnachbarn, nur 8,6 Lichtjahre entfernt.

Ähnlich zogen die Plejaden, ein Sternhaufen, die Aufmerksamkeit vieler Kulturen auf sich (siehe Seiten 180–181). Deren hellster Stern ist Alcyone, der 40 Mal strahlender als Sirius, aber weiter entfernt und daher lichtschwächer ist.

Und sie dreht sich doch

Drei Aspekte in der Beziehung zwischen Erde und Sonne sind maßgeblich für die frühzeitlichen Sonnenausrichtungen: die 365-tägige Bewegung der Erde um die Sonne, die tägliche Rotation der Erde um ihre eigene Achse und die Neigung der Achse um 23,4° zur Ekliptikebene – jener Ebene, auf der alle Planeten die Sonne umkreisen. Genau diese Neigung ist für unsere Jahreszeiten verantwortlich (siehe Seiten 22–23).

In früheren Kulturen wie im Alten Griechenland herrschte die Vorstellung, dass die Sterne auf einer Kugel fixiert seien, die die Erde umkreiste. Dieses Modell ist noch heute nützlich. Astronomen legten fest, dass der Nordpol der Erde zum Himmelsnordpol zeigte und der Erdäquator einen entsprechenden Himmelsäquator besitzt. Wie jede Position auf der Erde anhand des Längen- und Breitengrads bestimmt wird, hat die Position eines Sterns auf der Himmelskugel Koordinaten der Rektaszension (RA) und Deklination (Dek).

Aufgrund der Neigung der Erde folgt die jährliche Bewegung der Sonne über den Himmel nicht dem

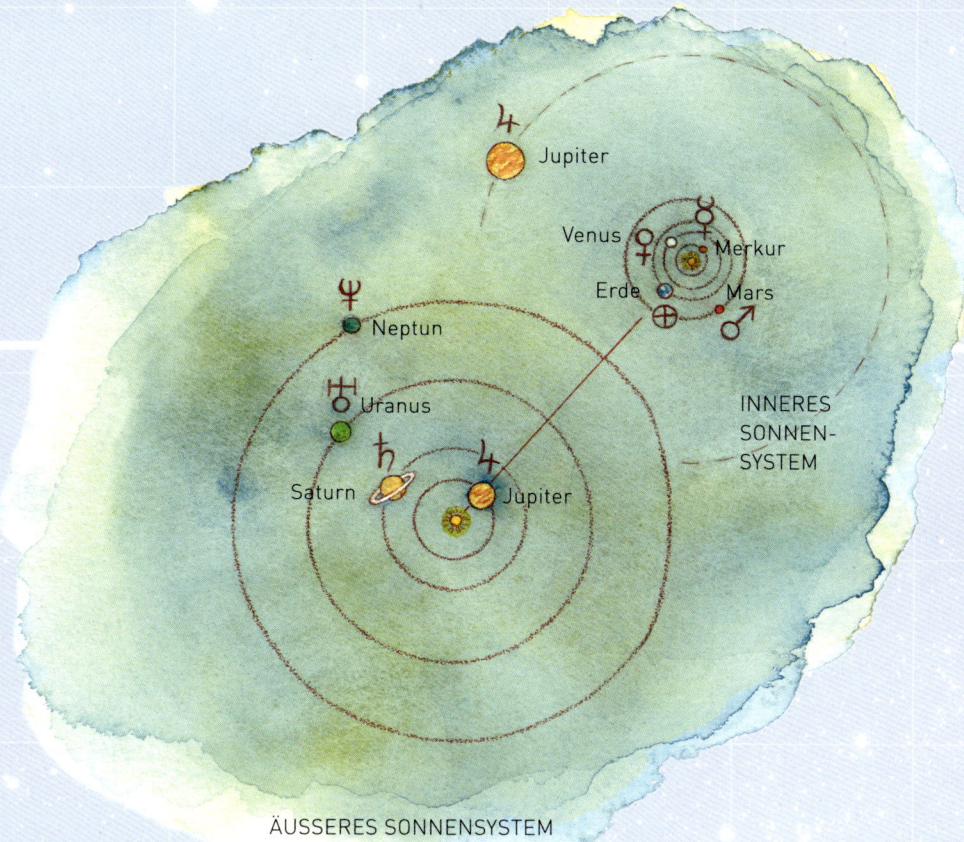

Jupiter

Venus

Merkur

Erde

Mars

Neptun

Uranus

Saturn

Jupiter

INNERES
SONNEN-
SYSTEM

ÄUSSERES SONNENSYSTEM

Unsere Nachbarplaneten
Die Sonne und der Mond
und die fünf Planeten, die
mit bloßem Auge sichtbar
sind – Merkur, Venus, Mars,
Jupiter, Saturn –, haben seit
Menschengedenken unsere
Fantasie beflügelt. Uranus
wurde erst 1781 als Planet
entdeckt und Neptun erst
1846. In dieser Darstellung ist
neben den Planeten ihr astro-
logisches Symbol dargestellt.

Verlauf des Himmelsäquators. Stattdessen zieht sie von
Norden nach Süden und zurück und bringt den Sommer auf die Nord- und Südhalbkugel der Erde. Diese
Bewegungen gipfeln in der Sommersonnenwende, dem
längsten Tag des Jahres, und der Wintersonnenwende,
dem kürzesten Tag. Zwischen den Sonnenwenden
kreuzt die Sonne den Himmelsäquator, es kommt zu
den beiden Tagundnachtgleichen (siehe Seiten 48–49).

Wenn wir zum Mitternachtshimmel emporblicken,
wandern die Sterne jede Nacht scheinbar ein Stück
weiter, da sich die Erde in ihrer jährlichen Umkreisung
weiterbewegt. Jede Nacht geht ein Stern vier Minuten
früher auf. Einige Sterne scheinen nie auf- oder unterzugehen, sondern sind allgegenwärtig. Diese Zirkumpolarsterne beschreiben Kreisbahnen am Himmel, ohne
je unter den Horizont zu gelangen. Für einen Betrachter
an einem der beiden Pole sind alle sichtbaren Sterne
zirkumpolar. Am Äquator gibt es keine Zirkumpolarsterne (siehe Seiten 168–169).

Die Neigung der Erdachse ist ein Vermächtnis aus
der Entstehungszeit des Sonnensystems, vermutlich

verursacht durch die Kollision unseres Planeten mit
einem anderen gewaltigen Objekt. Bei dieser Kollision
entstand auch der Schutt, der sich zu unserem nächsten Nachbarn, dem Mond, verband. Von der Erde aus
betrachtet scheint der Mond etwa so groß wie die Sonne
zu sein. Dieser Umstand wird besonders bei einer
Sonnenfinsternis deutlich (siehe Seiten 128–129). Dem
Mond galt von Anbeginn der Astronomie ein großes
Interesse. Seine Phasen waren ein praktisches Mittel
zur Zeitmessung. Einige Kulturen stellten sogar die
sogenannten Mondwenden fest, die mit den Sonnenwenden vergleichbar sind, auch wenn der komplette
Mondwend-Zyklus ganze 18,6 Jahre umfasst (siehe
Seiten 134–135).

Unser Sonnensystem umfasst nur einen winzigen
Teil unserer Galaxie, die Milchstraße. Es gibt allein in
dieser Galaxie Milliarden Sonnen sowie viele andere,
noch größere Galaxien. Wenn wir den Blick zum
Nachthimmel erheben, lässt uns dieser Gedanke ein
klein wenig die Ehrfurcht erahnen, die unsere Vorfahren
empfunden haben müssen.

1 DIE SONNE – UNSER LEBENSLICHT

Die Wärme, die wir an einem Sommertag spüren, stammt aus einer Entfernung von 150 Millionen Kilometern. Sie lässt das Wasser der Ozeane verdunsten und bestimmt so unser Wetter. Durch das Sonnenlicht gedeihen Pflanzen, die uns als Nahrungsquelle dienen. So ist unser Leben seit eh und je von der Kraft eines faszinierenden Sterns abhängig – der Sonne.

DIE SONNENWENDEN

Die Beobachtung der Bewegungen der Sonne, jenes Sterns, der so viele Vorgänge auf der Welt steuert, wurde mit dem Sesshaftwerden der Menschen und dem Beginn des Ackerbaus zunehmend wichtiger. Das Wissen über die Abfolge der Jahreszeiten erlaubte den Bauern zu entscheiden, wann sie säen und ernten mussten und wann sie ihre überschüssige Ernte verkaufen konnten.

Diese landwirtschaftliche Revolution fand in verschiedenen Kulturen zu unterschiedlichen Zeiten statt und nahm ihren Ausgang vermutlich im Nahen Osten Anfang des 10. Jahrtausends v. Chr. Ihr Ende erfolgte in Westeuropa im 3. Jahrtausend v. Chr. Archäologen bezeichnen diesen Zeitraum als Neolithikum (Jungsteinzeit). Viele Monumente aus dieser Zeit lassen astronomische Ausrichtungen auf die Sonne erkennen, sodass britische Archäologen das mittlere Neolithikum oft als das „Zeitalter der Astronomie" bezeichnen.

Die Schiefe der Ekliptik
Die Erde steht nicht aufrecht, wenn sie im Laufe eines Jahres die Sonne umkreist, sondern ist mit einem Winkel von etwa 23,4° leicht geneigt. Diese Neigung („Schiefe der Ekliptik") bleibt beim Umkreisen der Sonne fast unverändert, und die Erdpole weisen während der Umrundung stets in dieselbe Richtung. Da die Erde um ihre Achse rotiert, ist jeder Punkt auf der Erdoberfläche tagsüber der Sonne zugewandt und nachts von der Sonne abgewandt. Im Laufe eines Jahres wendet die Erde der Sonne eine andere Seite zu, wodurch die Tage und Nächte nach einem jahreszeitlichen Zyklus länger und kürzer werden. Je näher man an den Polen ist, desto größer ist der Unterschied zwischen Tag und Nacht – anders gesagt, desto länger sind die Tage im Sommer und die Nächte im Winter (und umgekehrt im Sommer). Die Neigung bedingt auch die berühmte Mitternachtssonne im Sommer an den Polarkreisen und die Teilung am Äquator in etwa gleich lange Tage und Nächte über das ganze Jahr.

Jedes Jahr um den 21. Juni erreicht die Sonne den größten nördlichen Abstand vom Himmelsäquator – es kommt zur Sommersonnenwende, dem längsten Tag. Auf der Südhalbkugel findet dann die Wintersonnenwende statt – der kürzeste Tag. Sechs Monate später sind die Verhältnisse umgekehrt. Dazwischen gibt es jene zwei Ereignisse, an denen Tag und Nacht auf beiden Halbkugeln gleich lang sind: die Tagundnachtgleichen (siehe Seiten 48–49). Die Tagundnachtgleiche im Frühjahr auf der einen Halbkugel

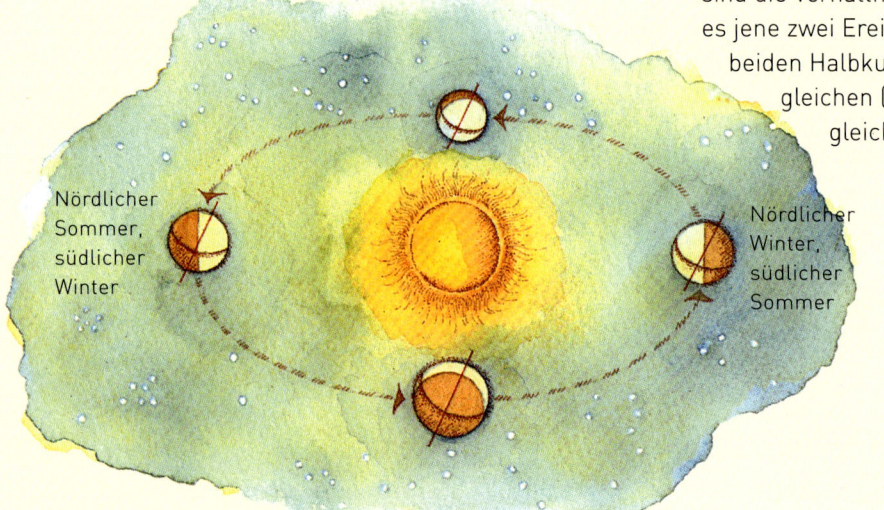

Nördlicher Sommer, südlicher Winter

Nördlicher Winter, südlicher Sommer

Die Neigung der Erdachse
Das Diagramm zeigt, wie die Erdachse gleich ausgerichtet bleibt, wenn die Erde die Sonne umkreist. Im Laufe der einjährigen Umrundung ergeben sich an einem Ort mehr oder weniger Tagesstunden, je nachdem ob die jeweilige Halbkugel der Sonne zu- oder abgewandt ist. Dieses Phänomen erleben wir als Jahreszeiten.

Land der Mitternachtssonne Im norwegischen Fischerdorf Reine innerhalb des Nördlichen Polarkreises sorgt die Neigung der Erde zur Sonne dafür, dass hier von Ende Mai bis Mitte Juli die Sonne nie untergeht.

entspricht der Tagundnachtgleiche im Herbst auf der anderen. Zum Wechsel der Jahreszeiten scheint die Sonne jeden Tag etwas weiter nördlich bzw. südlich am Horizont auf- und unterzugehen. Eine Sonnenwende bezeichnet jenen Punkt, an dem die Sonne auf ihrem Weg nach Norden oder Süden und zurück scheinbar stillsteht.

Viele komplizierte Systeme werden durch die Neigung der Erdachse ausgelöst. Die globale Wetterlage wird etwa durch den Unterschied zwischen der Hitze im Sommer und Kälte im Winter, die gleichzeitig auf den gegenüberliegenden Erdhalbkugeln herrschen, beeinflusst, da Winde und Gezeitenströme ständig ein Gleichgewicht anstreben. Auch das Phänomen der Polarlichter wird durch die Erdneigung hervorgerufen. Sie produzieren ihre spektakulären nächtlichen Lichtspiele rund um die Tagundnachtgleichen, wenn sich das Magnetfeld der Erde mit dem interplanetaren Magnetfeld verbindet. Sie treten fast ausschließlich in den Polarregionen auf, durch geomagnetische Stürme können diese außergewöhnlichen Lichteffekte manchmal auch in gemäßigten Breitengraden beobachtet werden.

Datierung alter Fundstätten

Astronomen haben berechnet, dass sich die Neigung der Erdachse allmählich im Laufe von 41 000 Jahren ändert. Das letzte Maximum wurde wahrscheinlich um 8500 v. Chr. erreicht (etwa 24,5°). Das nächste Minimum wird für 12000 n. Chr. erwartet (etwa 22,5°). Mit der derzeitigen Neigung von 23,4° liegt die Erde im mittleren Bereich.

Um 2500 v. Chr. betrug die Schiefe der Ekliptik circa 24°, sodass die Sonne zur Sommersonnenwende etwas weiter im Nordosten auf- und im Nordwesten unterging. Das exakte Wissen über diese Veränderung der Erdneigung erlaubt Archäoastronomen, Orte anhand ihrer Sonnen- (und Mond-) Ausrichtungen zu datieren.

STONEHENGE ENGLAND

Dieser Steinkreis im County Wiltshire, ein Weltkulturerbe, ist wohl der berühmteste archäoastronomische Ort der Welt. Die weithin verbreitete Annahme, dass die riesigen Sarsensteine auf den Sonnenaufgang zur Sommersonnenwende ausgerichtet sind, scheint jedoch zweifelhaft oder nur zum Teil richtig. Für ein Gesamtbild muss nicht nur der Sonnenaufgang zur Sommersonnenwende berücksichtigt werden, sondern auch der Sonnenuntergang zur Wintersonnenwende ein halbes Jahr und einen halben Tag später.

Trotz Beschädigungen ist Stonehenge weiterhin ein eindrucksvolles Monument, vor allem die Megalithblöcke aus Sarsen-Sandstein, die um 2450 v. Chr. von etwa 30 km weiter nördlich herbeigeschafft wurden. Die Anlage reicht bis auf das Jahr 7500 v. Chr. zurück und könnte einst als Zentrum für Mondrituale gedient haben (siehe Seiten 140–141). Gegen 2550 v. Chr., als Blausteine von den Preseli Mountains in Wales nach Stonehenge gebracht wurden, veränderte sich jedoch die Achse der Anlage um 4°, in Richtung des Sonnenaufgangs zur Sommersonnenwende.

Um 2450 v. Chr. wurde Stonehenge erneut umgebaut, als die großen Sarsensteine zu einem Ring mit 30 aufgerichteten Steinen gruppiert wurden. Gleich viele Steine wurden horizontal über den stehenden platziert, sodass sie etwa 4 m über dem Boden einen durchgehenden Steinreifen von 30 m Durchmesser bildeten.

In diesem Ring befanden sich die fünf „Trilithen": jeweils zwei Tragsteine, die von einem Deckstein überbrückt werden. Sie waren hufeisenförmig angeordnet und der größte, der Great Trilithon, war an der Spitze in etwa 7 m Höhe positioniert. Das offene Ende der Formation wies nach Nordosten mit Blick auf den Haupteingang. Ein Graben und ein Erdwall umschließen den ganzen Komplex abgesehen von einem schmalen Zugang im Süden. Da sich der Wall innerhalb des Grabens befindet (wie bei einer Burg), ist Stonehenge ein atypisches Henge-Monument, das üblicherweise aus einer erhöhten Einfriedung mit einer innen liegenden Vertiefung besteht.

Seit Jahrhunderten wird die Sommersonnenwende in Stonehenge gefeiert. Im Jahr 1223 protestierte der Bischof von Salisbury gegen die „widerlichen und unschicklichen Spiele", die dort zur Sonnenwende stattfanden. 1724 schrieb der Altertumsforscher William Stukeley, dass die Sarsensteine nach Nordosten orientiert waren, wo die Sonne zur Sommersonnenwende aufging. Auch bemerkte er, dass der Zwischenraum zwischen den aufgerichteten Steinen des Kreises an diesem Punkt am größten war. Und so

Sonnenanbeter Eine neue These enthüllt, welche Bedeutung der Sonnenuntergang zur Wintersonnenwende für die Erbauer von Stonehenge hatte.

strömen seither Generationen von Pilgern und Touristen nach Stonehenge, um vom Inneren des Kreises aus die aufgehende Sonne zu beobachten.

Ein neuer Ansatz

William Stukeley war es auch, der zum ersten Mal die Avenue entdeckte. Dieser Weg, der am Kreuzungspunkt mit dem Graben 21 m breit ist, stammt aus derselben Zeit wie die Sarsensteine. Die Avenue verläuft über eine Gesamtlänge von 2,8 km bis zum Fluss Avon.

Der Kreis aus Sarsensteinen und das Hufeisen aus Trilithen wurden wahrscheinlich so gestaltet, dass

man sie von außen erkennen konnte. Es wird vermutet, dass sich die Elite zur Wintersonnenwende am vorderen Teil der Avenue versammelte, um den Untergang der Sonne zwischen den Steinen zu beobachten. Wenn die Sonne über dem größten Blaustein unterging, der vor der schmalen Lücke zwischen den Pfeilern des großen Trilithen stand, wurde sie perfekt eingerahmt – als ob sie in ein steingesäumtes Grab sinke.

Der als Heel-Stein bezeichnete Menhir wurde vor den Sarsensteinen des Kreises, des Hufeisens, vor der Avenue und vermutlich auch vor den Blausteinen errichtet. Er stand früher neben einem anderen Megalithen (der vor Langem entfernt wurde). Der Heel-Stein und der andere Megalith wurden außerhalb des nordöstlichen Pfades positioniert, wo sie, von der Mitte der Anlage aus betrachtet, die Sonne umgaben, wenn sie zur Sommersonnenwende aufging. Auch wenn heutige Besucher mit der Annahme, dass die Sarsensteine Teil der Ausrichtung auf die Sommersonnenwende sind, falsch liegen könnten, liegen sie richtig, wenn sie zum Heel-Stein blicken, um den Sonnenaufgang zur Sonnenwende zu beobachten.

Widersprüche

Viele Menschen besuchen Stonehenge, um auf den Spuren seiner Erbauer zu wandeln und beim Anblick des Horizonts und der Sonne zur Sonnenwende Inspiration zu finden. Am bekanntesten sind die Zusammenkünfte der Druiden, denen der Altertumsforscher John Aubrey im 17. Jahrhundert die Errichtung von Stonehenge zuschrieb. Seit dem späten 19. Jahrhundert halten moderne Druiden in Stonehenge Feiern zur Sommersonnenwende ab. Die Geschichte dieser modernen Druiden ist jedoch erst wenige Jahrhunderte alt. Selbst die ursprünglichen Druiden, die von Julius Caesar in seinem Werk *De bello Gallico* (53 v. Chr.) beschrieben wurden, waren von den Erbauern von Stonehenge so weit entfernt wie wir heute von ihnen.

In der heutigen Zeit gibt es mehrere Richtungen der druidischen Religion. Ihre Anhänger treffen sich in Stonehenge und anderen Megalithstätten, um verschiedene Feste zu feiern. Farbenfrohe Rituale und

Megalith in Avebury

DAS RÄTSEL VON AVEBURY

Zum UNESCO-Weltkulturerbe von Stonehenge gehört das Megalithmonument in Avebury, der größte prähistorische Steinkreis der Welt mit einem Durchmesser von 335 m. Er wurde gegen 2600 v. Chr. zusammen mit einem Henge (Graben innerhalb einer Erdaufschüttung) errichtet. Der Henge und der Steinkreis umschließen einen kleineren Kreis und einen angrenzenden hufeisenförmigen Steinbogen (einige halten ihn für einen weiteren Kreis), die etwa 300 Jahre älter sind als der große Kreis. Ein weiteres Jahrhundert zuvor, um 3000 v. Chr., wurden am Ort des späteren Hufeisens drei hochragende Felsplatten aufgestellt, sodass sich eine rechteckige Fläche mit einer offenen Seite ergab. Von dieser Struktur sind nur mehr zwei Steine erhalten. Bei Sonnenaufgang zur Sommersonnenwende strömte Licht durch die offene Seite in dieses Bauwerk.

Mit fast 100 Steinen im großen Kreis und mindestens halb so vielen im Inneren sind zahlreiche zufällige Ausrichtungen möglich. Dies führte zu aufwändigen Versuchen, das Monument mithilfe komplexer Geometrie und Astronomie zu entschlüsseln, die meisten Archäologen bleiben jedoch skeptisch. Aubrey Burl etwa zeigte sich überrascht, wie wenige astronomische Orientierungen sich auf der großen Fläche finden. Die Ausrichtungen in Avebury scheinen sich auf die unmittelbare Landschaft von Hügeln, Tälern und Wasserläufen zu konzentrieren.

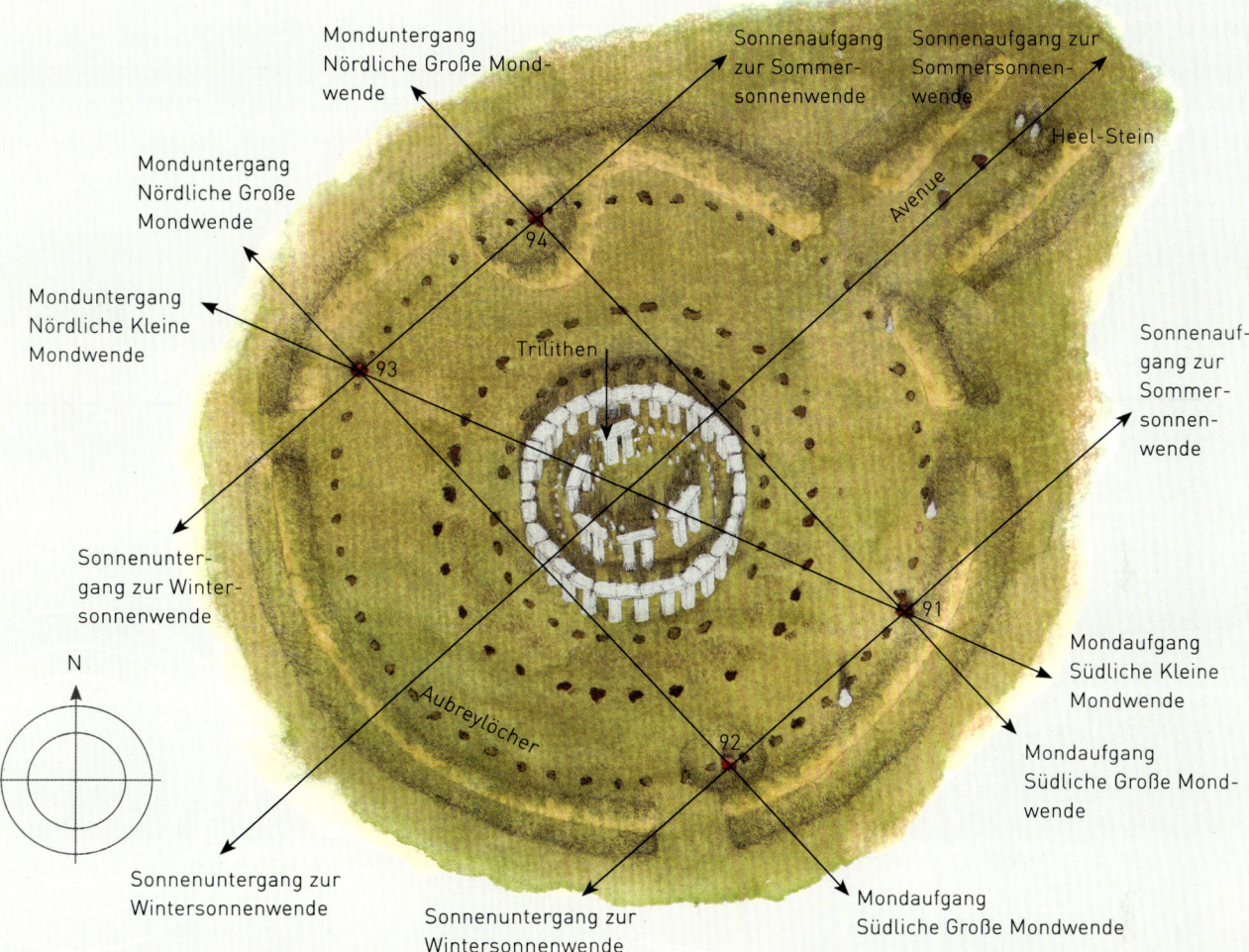

Monduntergang Nördliche Große Mondwende

Sonnenaufgang zur Sommersonnenwende

Sonnenaufgang zur Sommersonnenwende

Heel-Stein

Monduntergang Nördliche Große Mondwende

Avenue

Monduntergang Nördliche Kleine Mondwende

94

Trilithen

93

Sonnenaufgang zur Sommersonnenwende

Sonnenuntergang zur Wintersonnenwende

N

91

Mondaufgang Südliche Kleine Mondwende

Aubreylöcher

Mondaufgang Südliche Große Mondwende

92

Sonnenuntergang zur Wintersonnenwende

Sonnenuntergang zur Wintersonnenwende

Mondaufgang Südliche Große Mondwende

alternative Musikfestivals verleihen dem Ort Leben und sind für jedermann eine Attraktion.

Trotz unterschiedlicher spiritueller Ansätze sind sich diese Gruppen in vielen Fragen einig. Obwohl sie alle Freidenker sind, verschreiben sie sich jahreszeitlichen und kosmischen Zyklen der Erde.

Ein Teil der Faszination von Stonehenge liegt in den exakten Ausrichtungen auf die Sonnenwenden und die Wendepunkte der Sonnenbewegung. Viele Besucher kommen hierher, da sie selbst an einem Wendepunkt in ihrem Leben stehen. Einige berichten von heilenden Erlebnissen, was angesichts archäologischer Funde, die darauf hindeuten, dass Stonehenge einst ein Heilzentrum war, umso bedeutender scheint. Die Analyse von Knochenfunden ergab, dass nicht nur

Viele Ausrichtungen Die 2550 v. Chr. aufgestellten Stationssteine (rote Punkte) markieren die Ausrichtung auf den Sonnenuntergang zur Winter- und den Sonnenaufgang zur Sommersonnenwende sowie auf wichtige Mondereignisse.

Pilger aus dem bronzezeitlichen Britannien, sondern sogar aus Zentraleuropa hierher kamen, was auf die große Bedeutung von Stonehenge hinweist.

Eine weitere These geht davon aus, dass es sich bei der Anlage um eine Kremationsstätte und einen rituellen Ort, wo den Toten eine erfolgreiche Reise in das Leben nach dem Tod garantiert wurde, handelt. Diese Tradition lebt auch heute noch fort, da das English Heritage (das für die Erhaltung von Stonehenge verantwortlich ist) das beaufsichtigte Verstreuen von Asche erlaubt (jedoch nicht im Steinkreis selbst).

KARNAK ÄGYPTEN

Die zum Weltkulturerbe ernannte Anlage ist neben den Pyramiden von Gizeh wohl die bekannteste frühzeitliche Stätte Ägyptens. Ihr antiker Name lautete Ipet-Isut („gesegnetster aller Orte"). Der Komplex aus Tempeln und heiligen Seen liegt am Ostufer des Nils und umfasst ein Fläche von etwa 1,6 x 0,8 km.

Er war ein Teil der altägyptischen Hauptstadt Theben. Seine Ruinen liegen 650 km südlich des Nildeltas, etwa 3 km nördlich des heutigen Luxor. Der Tempel des Sonnengottes Amun-Re bildete das Zentrum der Anlage und stand auch im Mittelpunkt von Ritualen und zeremoniellen Verehrungen.

Wie die meisten ägyptischen Tempel blickt auch dieser auf den Nil. Direkt gegenüber, auf der Westseite des Flusses, liegt das Tal der Könige. Die Anlage von Amun-Re weist eine zentrale Ausrichtung der Tempel und Eingangstore (Pylone) auf. Der viktorianische Physiker und Wegbereiter der Archäoastronomie

J. Norman Lockyer glaubte, diese Achse sei auch auf den Sonnenuntergang zur Sommersonnenwende ausgerichtet. Mittels astronomischer Berechnungen fand er heraus, dass das Datum der Sonnenausrichtung (und somit der Gründung des Tempels) um 3700 v. Chr. war. Dieses Datum stimmte einigermaßen mit der allgemein akzeptierten Chronologie der alten Geschichte Ägyptens überein.

Ausrichtung auf die Sonnenwende

Zu Beginn des 20. Jahrhunderts wurde die Chronologie Ägyptens jedoch grundlegend revidiert und wir wissen heute, dass Karnak aus der Zeit um 1900 v. Chr., zu Beginn der Zwölften Dynastie, stammte. Es stellte sich heraus, dass Lockyer sich geirrt hatte. Zu diesem neuen Datum hätten die Sonnenstrahlen zur Sommersonnenwende nicht die Hauptachse des Amun-Re-Tempels durchdringen

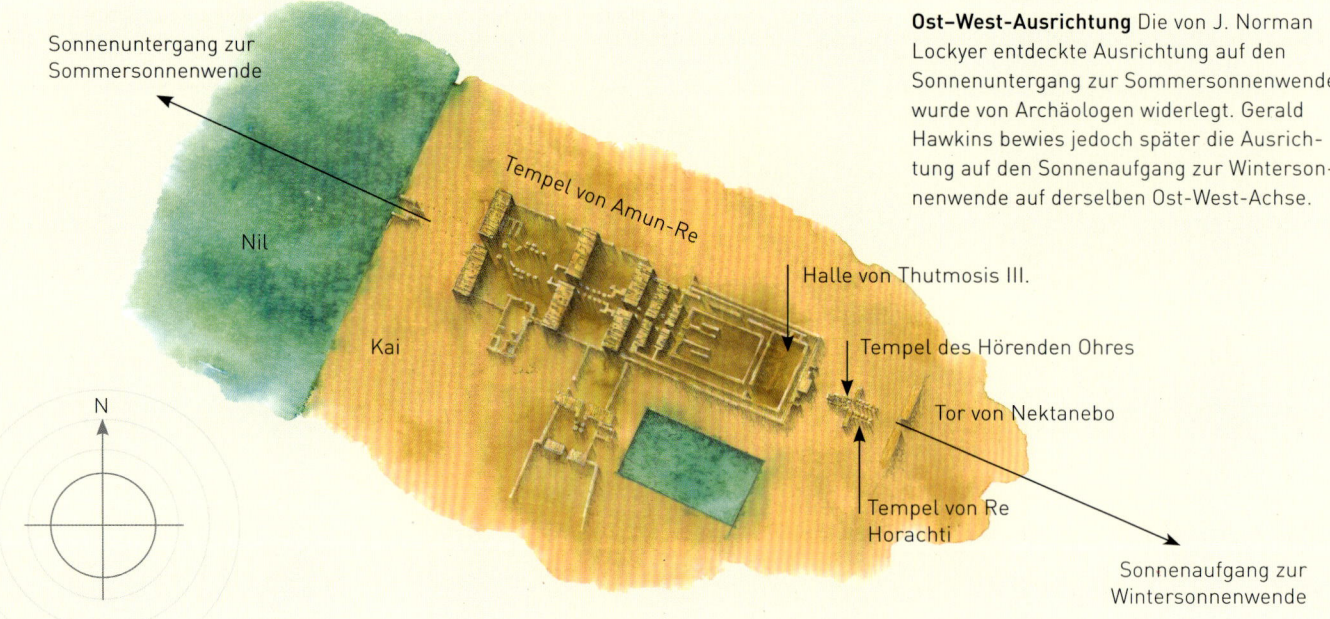

Sonnenuntergang zur Sommersonnenwende

Tempel von Amun-Re

Nil

Kai

Halle von Thutmosis III.

Tempel des Hörenden Ohres

Tor von Nektanebo

Tempel von Re Horachti

Sonnenaufgang zur Wintersonnenwende

N

Ost–West-Ausrichtung Die von J. Norman Lockyer entdeckte Ausrichtung auf den Sonnenuntergang zur Sommersonnenwende wurde von Archäologen widerlegt. Gerald Hawkins bewies jedoch später die Ausrichtung auf den Sonnenaufgang zur Wintersonnenwende auf derselben Ost-West-Achse.

Tempel des Königs der Götter Der größte Bereich in Karnak war Amun-Re geweiht, dem Gott, der die dualen Aspekte der Sonne vereinte – Verborgenes und Offenkundiges, Nacht und Tag.

können, da die Sonne bereits hinter den Hügeln am Westufer des Nils untergegangen war. Aufgrunddessen erklärten Archäologen Lockyers Theorien insgesamt für Unfug, übersahen dabei aber die Tatsache, dass der Sonnenuntergang zur Sommersonnenwende auf derselben Linie wie der Sonnenaufgang zur Wintersonnenwende liegt (unter Berücksichtigung der Horizonthöhe) – was Lockyer zufolge durch ein Fenster im Haupttempel angedeutet wurde.

Um 1960 beschäftigte sich Gerald Hawkins von Neuem mit der Ausrichtung des Tempels von Amun-Re und bestätigte nicht nur Lockyers These vom Wintersonnenwend-Fenster, sondern stellte auch fest, dass ein Fenster in der Halle von Tuthmosis III. auf den Sonnenaufgang zur Wintersonnenwende ausgerichtet war. Dieser Tempel verfügt über eine Inschrift, die den Pharao genau vor dem Fenster zeigt, durch das das Sonnenlicht der Morgendämmerung zur Wiedergeburt des Jahres drang. Die damit verbundene Inschrift preist das Gesicht von Amun-Re, des Königs der Götter.

Laut einer Studie von M. Shaltout und J.A. Belmonte im Jahr 2005 war ein von Hatschepsut, der Mutter von Thutmosis III., errichteter Bau so ausgerichtet, dass die Sonne zur Wintersonnenwende zwischen zwei großen Obelisken aufging. Hatschepsut, die von etwa 1472 bis 1458 v. Chr. regierte, ist bekannt dafür, dass sie sich selbst zum Pharao (König) erklärte.

Vielleicht wurde die Stelle Luxor–Karnak gewählt, da hier der Nil im rechten Winkel zur aufgehenden Wintersonne fließt, sodass sich die Tempel sowohl auf den Nil als auch auf den Sonnenaufgang zur Wintersonnenwende ausrichten ließen.

Der Prozessionsweg des Amuntempels in Meroe, etwa 900 km südlich von Karnak im heutigen Sudan, ist auf dieselbe Weise ausgerichtet, sodass die Strahlen der aufgehenden Sonne zur Wintersonnenwende in den Tempel des Sonnengottes dringen. Amun-Re genoss eine hohe Verehrung und viele Tempel wurden ihm geweiht, so ist anzunehmen, dass man noch auf weitere Ausrichtungen dieser Art stoßen wird.

Rituelle Achse Der Tempel des Sonnengottes Amun-Re in Karnak liegt auf der Ost-West-Achse, die sowohl auf den Sonnenaufgang zur Wintersonnenwende als auch auf den Nil ausgerichtet ist. Direkt gegenüber der Anlage liegt auf der anderen Seite des Nils die königliche Nekropole des Tals der Könige.

DIE ANTIKEN TEMPEL VON MALTA

Malta ist einer der kleinsten Staaten der Erde. Die ersten Siedler kamen um 5200 v. Chr. aus Sizilien und tausend Jahre später setzte das berühmte Zeitalter des Tempelbaus ein.

Die Bezeichnung „Tempel" ist im vorliegenden Fall mit Vorsicht anzuwenden, da die Anlagen nicht eindeutig Kultzwecken dienten. Da aber auch keine alternative Theorie allgemeine Akzeptanz erlangte, werden wir die Bauten wohl bis auf Weiteres als Tempel bezeichnen. Die Figuren korpulenter Frauen, die mit einigen der Anlagen in Verbindung stehen, dürften auf einen Fruchtbarkeitskult der Muttergöttin

Fruchtbarkeitskult Runde Formen, wie sie an den Figuren auf Malta erkennbar sind, finden sich auf den Tempeln wieder und deuten auf eine Verehrung der Muttergöttin hin.

hindeuten. Diese Annahme wird zumindest durch die weiblich anmutenden Formen der Tempel gestützt.

Über 40 Megalithtempel wurden auf Malta entdeckt. Manche davon bestehen aus Steinen, die über 30,5 Tonnen wiegen. Die meisten sind in schlechtem Zustand, sieben wurden jedoch zum Weltkulturerbe ernannt.

Während sich die Gestaltung der Tempel im Laufe des Jahrtausends, in dem sie entstanden, einem Wandel unterzog, wies ein typischer Tempel mehrere charakteristische Merkmale auf. Er besaß einen Eingang, der von großen Steinen gesäumt war. Von hier aus führte ein gerader, mit Steinen gesäumter Gang an beiden Seiten zu zwei halbkreisförmigen Kammern und setzte sich dann durch einen inneren Eingang zu zwei anderen Kammern fort. Der Gang endete schließlich in einer zentralen Kammer.

Die Ggantija-Tempel Diese zwei Tempel dürften die ältesten frei stehenden religiösen Bauten der Welt sein.

Obwohl die Tempel heute keine Dächer besitzen, deutet einiges darauf hin, dass (zumindest) die Kammern Dächer mit Kraggewölbe besaßen. Der gesamte Bau war von einer annähernd runden Steinmauer mit einem konkaven Segment am Eingang umgeben. Diese Mauern aus grau-weißen Kalksteinplatten reflektieren das Sonnen- und Mondlicht gut. Die Lücke zwischen der Außenmauer und den Tempelkammern war mit Schutt gefüllt.

Die Ausrichtung von geraden Gängen wurde genau untersucht. Von den Tempeln, deren Gangachse sich mit relativer Genauigkeit messen lässt, zeigen zwei Drittel zum Horizontbogen, der viel zu südlich ist, um den Auf- oder Untergang der Sonne oder des Mondes einzufangen. Daher nahmen die Forscher an, dass sie auf Sterne, Sterngruppen oder Sternbilder wie das Kreuz des Südens ausgerichtet sind. Solche Theorien

sind aber schwer zu bestätigen, da so viele Sterne in Frage kommen können und sich ihre Aufgangs- und Untergangspositionen im Laufe der Zeit durch die Bewegung der Erdachse in einem Zyklus von 26 000 Jahren verschieben. Diesen Zyklus nennt man Präzession der Tagundnachtgleichen (siehe Seiten 220–221). Einigen Forschern zufolge gibt es eine signifikante Anzahl an Ausrichtungen nach Südosten, die die Position des Mondes kurz nach seinem Aufgang zur südlichen Mondwende markieren (siehe Seiten 134–135). Wie wir noch sehen werden, deutet eine alternative Erklärung darauf hin, dass dieses Mondereignis reiner Zufall ist.

Die Ggantija-Tempel
Die beiden nebeneinanderliegenden Tempel dürften die ältesten freistehenden religiösen Bauten der Welt

Altäre in Ggantija Diese alten Bauten wurden ohne den Einsatz von Metallwerkzeug errichtet.

sein (ausgegraben wurden ältere Tempel wie Göbekli Tepe, Türkei, 9000 v. Chr.). Sie liegen auf der Insel Gozo und wurden gegen 3500 v. Chr. errichtet. Beide blicken Richtung Südosten und haben einen Mittelgang, der zu fünf halbkreisförmigen Kammern führt.

Der südliche Tempel ist der größte Maltas. Sein 26 m langer Gang wird von bis zu 6 m hohen Steinen flankiert. Dieser Gang ist auf den Sonnenaufgang zur Wintersonnenwende ausgerichtet, sodass das Sonnenlicht den Altar erhellt.

Die Mnajdra

Diese Tempelanlage liegt an der Südwestküste Maltas und besteht aus drei nebeneinanderliegenden Tempeln. Der nördliche Tempel ist der älteste und kleinste von

ihnen und dürfte gleich alt wie Ggantija sein. Der südliche Tempel reicht bis um 3000 v. Chr. zurück, während der mittlere Tempel um 2500 v. Chr. entstand.

Der südliche Tempel hat einen etwa 15 m langen Mittelgang mit nur vier Kammern. Anstelle der fünften Kammer befindet sich ein breites Altarbrett, das von zwei massiven Steinplatten flankiert wird. Dank der Ausrichtung des Tempels nach Osten scheint das Licht des Sonnenaufgangs zur Tagundnachtgleiche direkt durch den Eingang und den Gang auf den Altar.

Der Gang führt vom Eingang in die ersten beiden Kammern mit einem Eingang im Inneren zu weiteren zwei Kammern. Der Eingang ist von großen, aufrechten Steinplatten umgeben, die in die ersten Kammern hinausragen. Weitere Steinplatten bilden L-Formen zu beiden Seiten des Inneneingangs. Von diesen aus ist ein dünner Streifen des Horizonts zwischen den Steinen des Eingangs zu sehen. Diese kleinen Horizontabschnitte entsprechen genau jenen Abschnitten, wo die Sonne zu den Winter- und Sommersonnenwenden aufgeht – jeder Sonnenaufgang wirft einen Lichtstreifen direkt auf eine der Steinplatten.

Diese Markierung der beiden Enden der jährlichen Wanderung der Sonne über den Horizont erinnert an die Himmelsscheibe von Nebra (siehe Seite 36) und den Eingang von Angkor Wat in Angkor, Kambodscha (siehe Seite 210) – aber natürlich sind diese Parallelen nicht auf einen direkten kulturellen Kontakt zurückzuführen, sondern auf die Tatsache, dass die Wanderung der Sonne überall auf der Welt zu sehen ist.

EIN ALTES MYSTERIUM

Die Sonnenausrichtung von Mnajdra ist nicht unumstritten. Gegen 3000 v. Chr. tauchte auch erstmals der als Plejaden bezeichnete Sternhaufen vor Tagesanbruch am Osthimmel auf (ihr heliakischer Aufgang), und einigen Forschern zufolge war diese Sterngruppe der eigentliche Bezugspunkt und nicht die Sonne.

Die Sonnentheorie zu den antiken Tempeln auf den maltesischen Inseln wurde jedoch durch weitere Studien zur Ausrichtung der inneren Steinplatten und Altäre seitlich der Mittelgänge gestützt. Alle Tempel auf beiden Inseln, deren Gänge nach Südosten ausgerichtet waren, wurden 2001 von Klaus Albrecht erforscht, und jedes Mal beleuchtete die aufgehende Wintersonnenwendsonne den linken Altarstein.

Bei diesen Tempeln handelt es sich um komplexe Strukturen, die im Laufe vieler Jahre entstanden sind und die im Hinblick auf ihre ursprüngliche Nutzung einige Fragen aufwerfen. Mag sein, dass wir nie überzeugende Antworten auf die Rätsel ihrer astronomischen Ausrichtungen finden. Je ausgefeilter die Techniken der Archäoastronomie werden und je mehr Wissen die Forscher erlangen, umso größer ist die Wahrscheinlichkeit, eines Tages eindeutige Antworten zu finden.

Ausrichtungen in Mnajdra
(Rechts) Der südliche Tempel der Mnajdra-Anlage (Abbildung *unten*) ist auf den Sonnenaufgang zur Winter- und Sommersonnenwende ausgerichtet. Dann fällt das Licht auf die Steinplatten neben dem inneren Eingang zu den zweiten beiden Kammern. Dieser Tempel ist auch auf die Tagundnachtgleichen ausgerichtet, wenn die aufgehende Sonne den zentralen Altar erhellt.

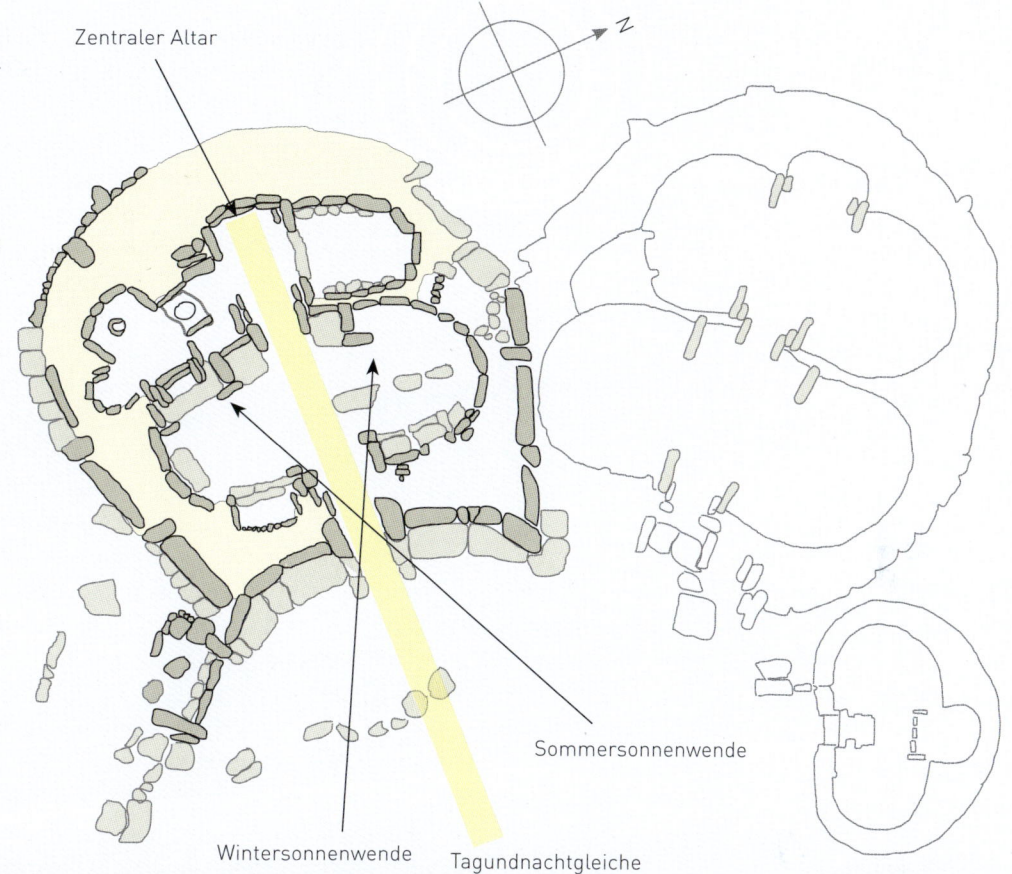

Zentraler Altar

N

Sommersonnenwende

Wintersonnenwende

Tagundnachtgleiche

DIE HIMMELSSCHEIBE VON NEBRA DEUTSCHLAND

Im Jahr 1999 fanden zwei Männer mithilfe von Metalldetektoren in einer prähistorischen Siedlung in Sachsen-Anhalt eine Reihe von Artefakten aus der Bronzezeit, darunter Schwerter, Beile, spiralförmige Armreife und eine korrodierte Bronzescheibe mit einem Durchmesser von 32 cm und einem Gewicht von etwa 2 kg, die mit Goldapplikationen versehen ist. Anstatt den wertvollen Fund Archäologen zu melden, die eine ordnungsgemäße Grabung an der Stätte durchführen und wichtige Informationen über den Fundort herausfinden hätten können, versuchten die Männer die Schätze illegal zu verkaufen, was zum Glück scheiterte. So wurde dieses bedeutende Fundstück 2002 in den Bestand eines öffentlichen Museums aufgenommen und als Himmelsscheibe von Nebra bekannt.

Goldenes Sonnenlicht

Die Artefakte wurden gegen 1600 v. Chr. in einer Steinkammer auf dem Mittelberg in der Nähe der Stadt Nebra versteckt. Von diesem historischen Fundplatz aus betrachtet geht die Sommersonnenwendsonne hinter dem etwa 85 km entfernten Brocken unter. Diese Ausrichtung ist besonders im Hinblick auf die beiden Goldbögen von Interesse, die einst die Scheibe zierten (nur ein Bogen ist erhalten).

Betrachtet man den Rand der Scheibe als Darstellung des Horizonts in der Umgebung der Stätte, entsprechen die beiden Goldbögen jener Reihe von Punkten, an denen die Sonne das Jahr über auf- und untergeht. Jeder Goldbogen bildet einen Winkel von 82,5° – der Bereich, über den die Sonne zwischen den Sonnenwenden auf diesem Breitengrad in der Bronzezeit wanderte. Die Enden der Goldbögen markieren jene Punkte, an denen die Sonnenauf- und Sonnenuntergänge zur Sonnenwende erfolgen.

Die Goldbögen wurden erst später hinzugefügt und überdecken einzelne der kleinen Goldpunkte, die die Sterne darstellen. Sieben von ihnen bilden eine auffällige Formation, die sich als der Sternhaufen der Plejaden deuten lässt. Die Bedeutung der großen Goldscheibe und der Sichel scheint zunächst offenkundig – Sonne und Mond –, doch ihre Positionen zueinander können kein Ereignis darstellen, das jemals am Himmel zu sehen war, da die beleuchtete Sichel auf der falschen Seite der Sonnenscheibe liegt.

Vielleicht symbolisiert die Sichel eine Sonnenfinsternis, während der die Sterne bei Tag sichtbar sind. Oder die Sichel und die Scheibe stellen beide die Mondphasen oder eine Mondfinsternis dar. Es ist sogar möglich, dass diese Symbole absichtlich zweideutig waren und all diese möglichen Deutungen zulässig sind, was der Darstellung eine bemerkenswerte Vielfalt verleiht.

Rätsel gibt auch der gerillte goldene Bogen auf, der sowohl auf die Scheibe als auch auf die Sichel zu zeigen scheint. Die Erklärungsversuche reichen von einem Regenbogen über den Lauf der Sonne am Himmel bis hin zu einer Barke, in der die Sonne den Himmel befährt oder ihre nächtliche unterirdische Überfahrt von West nach Ost unternimmt.

Die Himmelscheibe von Nebra lässt also noch einige Fragen offen, die es zu klären gilt. In der Nähe ihres Fundortes wurde ein Ausstellungszentrum und an der Fundstelle selbst ein Aussichtsturm errichtet, von dem man zur Sommersonnenwende den Sonnenuntergang hinter dem Brocken beobachten kann.

Himmelskarte Die Scheibe scheint die Sonne, den Mond und die Sterne zu zeigen. Die Enden der beiden Goldbögen am Rand markierten die Punkte am Horizont, an denen der Sonnenaufgang und Sonnenuntergang zu den beiden Sonnenwenden erfolgten.

DIE KREISGRABENANLAGE VON GOSECK DEUTSCHLAND

In Goseck, Sachsen-Anhalt, liegt eine jungsteinzeit-liche Kreisgrabenanlage, die als das bisher älteste entdeckte Sonnenobservatorium der Welt gilt.

Die rekonstruierten konzentrischen Palisadenringe sind von einem Graben von etwa 73 m Durchmesser umgeben, außen vorgelagert ist ein Erdwall. Während ein Graben, der außerhalb eines Walls verläuft, auf eine Verteidigungsanlage hinweist, unterstreicht der äußere Wall in Goseck, dass die Anlage eine kultische Funktion hatte – das Innere wurde von der Außenwelt abgeschirmt. Die Anlage hat drei Zugangswege, die Archäologen als Tore zum heiligen Raum deuten. Diese sind nach Norden, Südwesten und Südosten ausgerichtet. Der Nordeingang gibt Rätsel auf und seine Ausrichtung muss noch eingehend geklärt werden.

Wintersonnenwende Ein Scheinwerfer simuliert den Sonnenun-tergang bei der Eröffnung der rekonstruierten Anlage 2005.

Ausrichtung auf die Sonnenwende

Nach ihrer Entdeckung durch Luftbildaufnahmen im Jahr 1991 wurde die Anlage 2002 ausgegraben. Dabei traten Löcher für Holzpfosten zutage, die einst in zwei konzentrischen Kreisen aufgestellt worden waren. Zur Wintersonnenwende konnte ein Beobachter bei Tagesanbruch in der Mitte des Kreises durch die südöstliche Öffnung in den Palisaden zu jenem Punkt am Horizont blicken, an dem die Sonne aufging. Am selben Abend war durch die südwestliche Öffnung der Sonnenuntergang zu sehen.

Im Jahr 2005 wurden die Kreise mit etwa 2000 Eichenpfosten von 2,5 m Höhe rekonstruiert. Die Anlage wurde mit einer spektakulären Feier am 21. Dezember, zur Wintersonnenwende, offiziell wieder eröffnet.

Die jungsteinzeitliche Anlage liegt in der Nähe des Fundortes der Himmelsscheibe von Nebra (siehe Seite 36), doch die Kreisgrabenanlage von Goseck entstand etwa 3000 Jahre früher um 4900 v. Chr. Obwohl zwischen diesen beiden Funden etwa 130 Generatio-nen liegen, ist an beiden dieselbe Faszination für die Sonnenwenden erkennbar. Diese Parallelen unter-streichen, wie stark das prähistorische Interesse an kalendarischer Beobachtung und Astronomie war.

Das große Interesse an der Wintersonnenwende könnte auf einen Kult hindeuten, der in Verbindung mit der Symbolik des Tiefstandes der Sonne steht, dem Punkt, von dem aus die Dinge nur besser werden können. Wie in Stonehenge dürften bei den Zeremonien in Goseck Heilung, möglicherweise auch Fruchtbarkeit und die Jahreswende im Mittelpunkt gestanden haben.

Man nimmt an, dass es in Deutschland, Österreich und der Tschechischen Republik mindestens 250 Fundplätze gibt, die ähnliche Merkmale wie die Kreisgrabenanlage von Goseck aufweisen. Bisher wurden jedoch nur wenige davon archäologisch untersucht. Vielleicht erweisen auch sie sich als Stätten von astronomischer Bedeutung.

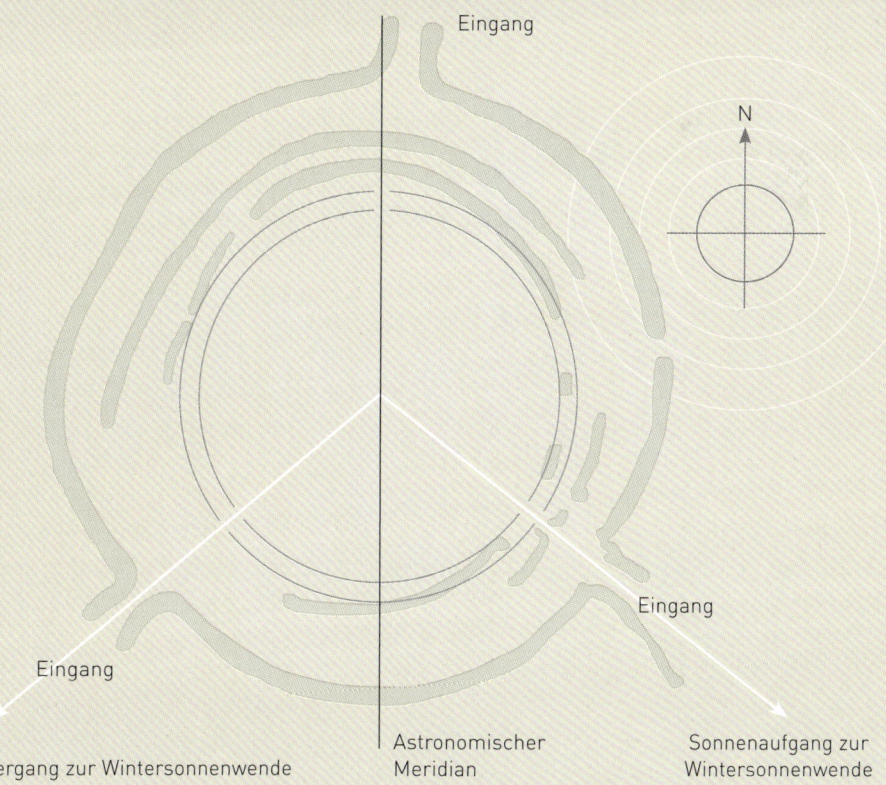

Europas ältestes Sonnenobservatorium Die rekonstruierte Palisade von Goseck *(oben)* ist 2,5 m hoch und hat einen Durchmesser von 73 m. Die Stätte ist durch ihre beiden Südeingänge *(rechts)* auf den Sonnenaufgang und Sonnenuntergang zur Wintersonnenwende ausgerichtet, doch die Funktion des Nordeingangs bleibt rätselhaft.

Eingang

N

Eingang

Eingang

Sonnenuntergang zur Wintersonnenwende

Astronomischer Meridian

Sonnenaufgang zur Wintersonnenwende

DIE EXTERNSTEINE DEUTSCHLAND

Die Externsteine sind eine Sandstein-Felsformation im Teutoburger Wald, im Nordwesten Deutschlands. Durch Verwitterung teilte sich die Formation in fünf einzelne Felssäulen und erhielt so eine außergewöhnliche Form. Der höchste der Felsen misst 37,5 m.

Das bemerkenswerteste archäoastronomische Charakteristikum ist die sogenannte Kapelle, die in einen Felsvorsprung des höchsten Felsen gebaut wurde. Die über Treppen und eine Brücke von einer anderen Felsspitze aus zugängliche Nische war einst schwer zu erreichen. Ein rundes Fenster von 50 cm Durchmesser in der Nordostwand zeigt sowohl auf den Sonnenaufgang zur Sommersonnenwende als auch auf den Mond bei seinem nördlichsten Aufgang.

Ausrichtung Das Kapellenfenster ist auf den Aufgangspunkt der Sonne zur Sommersonnenwende und den Mond bei seinem nördlichsten Aufgang ausgerichtet.

Aufgrund der geringen Größe der Kammer ist die Zahl ihrer möglichen Ausrichtungen begrenzt. Da die Reihe der Felssäulen nach Südosten ausgerichtet ist, blickt jede Öffnung in der Seitenwand Richtung Nordosten – dem Aufgangspunkt der Sonne zur Sommersonnenwende. Welche Bedeutung diese Sonnenausrichtung für die Menschen hatte, die diese beeindruckende Nische schufen, liegt im Dunkeln. Die einen glauben, dass die Kapelle einzig für diesen Zweck errichtet wurde, andere wiederum halten dies für reinen Zufall. Der Ausblick von der Kammer war nur einigen Auserwählten vorbehalten.

Der Legende nach diente die Stätte seit prähistorischen Zeiten heidnischen Kultzwecken. 772 n. Chr. soll Karl der Große im Zuge der Christianisierung die Zerstörung veranlasst haben. Es gibt jedoch keine gesicherten archäologischen Hinweise auf ein wichtiges Heiligtum aus dieser Zeit. Eine weitverbreitete Meinung ist, dass die Treppen und die Kapelle erst aus dem späten 8. Jahrhundert stammen und von christlichen Mönchen geschaffen wurden, die die Abgeschiedenheit und eine höhere Sicht auf das Leben suchten.

Kulturenkonflikt

Das berühmte *Kreuzabnahme-Relief* aus dem 12. Jahrhundert zeigt, wie Jesus vom Kreuz genommen wird. Es weist mehrere heidnische Elemente auf, darunter eine Figur, die auf einem gebogenen Gegenstand steht, den viele für eine *Irminsul*, eine Kultsäule der Sachsen, halten. Ein solches Element verweist auf den Sieg des Christentums über die alte einheimische Religion. Oben links ist eine weinende Sonne und rechts ein weinender Mond zu sehen, die wahrscheinlich die himmlische Trauer über das Leid Christi darstellen sollen. Manche deuten sie jedoch so, dass die Natur über die Zerstörung weint, die im Namen Christi angerichtet wird.

Die Externsteine erfreuen sich in neuheidnischen Kreisen großen Interesses. Jedes Jahr finden hier zur Sommersonnen- und Wintersonnenwende Feiern mit bunten Feuerwerken statt. Zu solchen Anlässen verströmt dieses spektakuläre Naturmonument eine ganz besondere Atmosphäre. Der Zugang zur Kapelle bei Tagesanbruch ist jedoch notwendigerweise beschränkt.

Heidnische Kultstätte Der Ort *(ganz oben)* zieht auch heute noch viele Menschen aus neuheidnischen Kreisen an; das *Kreuzabnahme-Relief (oben)* stellt möglicherweise den Sieg des Christentums über das Heidentum dar.

DAS HEILIGTUM DER NAZIS

Die Externsteine sind weniger bekannt als andere archäoastronomische Stätten in Europa – wahrscheinlich nicht zuletzt aufgrund des Interesses, das die Nazis im Zweiten Weltkrieg an der Felsformation hatten. Wilhelm Teudt, ein völkischer Laienforscher, der archäologische Belege für eine germanische Hochkultur zu finden versuchte, sah in der Stätte ein germanisches Heiligtum. Seine Ideen fanden großen Anklang bei Heinrich Himmler, der 1933 die Externstein-Stiftung gründete.

Himmler war Vorsitzender der Forschungsgemeinschaft „Deutsches Ahnenerbe", die die germanische Geschichte zu politischen Zwecken missbrauchte. Die Annahme, dass die Externsteine eine kulturelle und religiöse Stätte einer vermeintlich glorreichen arischen Vergangenheit waren, passte gut in die Ziele der Gruppe. Die Stätte ist noch heute ein Treffpunkt für Neonazis.

Schutzbauten Die Mauer in Barcola nahe Triest bot Mensch und Tier Schutz vor Angriffen.

DIE *CASTELLIERI* ITALIEN

In der Umgebung der nördlichen Adria, besonders in Nordostitalien und auf Istrien, findet sich eine bemerkenswerte Gruppe von Befestigungsanlagen, die *Castellieri* genannt werden. Sie wurden für gewöhnlich auf Hügeln, manchmal aber auch in der Ebene wie etwa im Friaul in Nordostitalien errichtet.

Mit ihren bis zu 5 m hohen Außenmauern dienten sie zweifelsohne als Befestigungsanlagen und viele umschlossen ein Gebiet von mehr als 200 m Durchmesser – groß genug, um ein ganzes Dorf zu schützen. Oft finden sich in ihrer Umgebung Erd- oder Steinhügel (bis zu 6 m hoch und 60 m Durchmesser). *Castellieri* entstanden um 1500 v. Chr. und verschwanden mit den Eroberungszügen der Römer im 3. Jahrhundert v. Chr.

Eine archäoastronomische Untersuchung

In den späten 1980er Jahren wurde an den gut erhaltenen Anlagen im Friaul eine archäoastronomische Untersuchung von A. F. Aveni und G. Romano durchgeführt. Die Forscher studierten die Anordnungen zwischen Erdhügeln und die Ausrichtung der *Castellieri* selbst, die im Gegensatz zu den *Castellieri* in anderen Gebieten häufig quadratisch angelegt waren. Ihre Studie ergab, dass von 48 Ausrichtungen zwischen den Hügeln drei auf den Horizont, wo die Sonne zur Juni-Sonnenwende aufging, und sieben auf den Sonnenaufgang zur Dezember-Sonnenwende zeigten. Die Ausrichtung der Strukturen der *Castellieri* konnte bei 17 Mauern und Diagonalen gemessen werden: Eine zeigt auf den Punkt am Horizont, wo die Sonne zur Juni-Sonnenwende aufging, vier waren auf den Sonnenaufgang zur Dezember-Sonnenwende ausgerichtet und zwei auf die Tagundnachtgleiche.

Zu den untersuchten Anlagen zählt Motte di Godego, nahe der Stadt Castello di Godego. Drei ihrer vier Seiten schienen auf die Sonnenwenden ausgerichtet zu sein und wiesen eine diagonale Ausrichtung zur Tagundnachtgleiche auf.

Bei der Anlage Motte di Oderzo in der Stadt Oderzo handelt es sich um einen konischen Hügel mit einem linearen Erdwall, der anscheinend auf den Sonnenaufgang zur Dezember-Sonnenwende deutete.

Im Rahmen einer unabhängigen Untersuchung einiger Stätten stellte sich jedoch heraus, dass die Ausrichtungen ungenau sind und keinen überzeugenden Beweis für eine bewusste Orientierung nach astronomischen Ereignissen liefern. Die archäoastronomische Bedeutung der Stätten bleibt umstritten.

Veronella Alta

Der hufeisenförmige, 300 m lange Erdwall Veronella Alta, 1 km nordwestlich von Veronella, ist auf den Sonnenaufgang zur Wintersonnenwende ausgerichtet. Er dürfte das einzige Überbleibsel einer ursprünglich eiförmigen Struktur sein. Nicht das spitze Ende zeigt auf den Sonnenaufgang, sondern eine Linie, die lotrecht zur Längsachse verläuft – anders als das steinerne Hufeisen in Stonehenge, das auf die Wintersonnenwendsonne entlang ihrer zentralen Achse ausgerichtet ist (siehe Seiten 24–27).

Veronella Alta wurde von Aveni und Romano als *Castelliere* bezeichnet und auch bei einer Welterbe-Konferenz der UNESCO im Jahr 2004 als offizielle archäoastronomische Stätte vorgeschlagen.

MACHU PICCHU PERU

Hoch in den Peruanischen Anden, fast 2500 m über dem Meeresspiegel, liegt die Inkastadt Machu Picchu. Um 1450 n. Chr. erbaut, wurde sie nach etwa einem Jahrhundert aufgegeben, vermutlich aufgrund von Krankheiten, die von Europäern eingeschleppt worden waren. Die Stätte, die entlang eines Berggrats über dem Urubambatal liegt, blieb von den spanischen Eroberern im 16. Jahrhundert unbemerkt und geriet in Vergessenheit, bis sie 1911 vom amerikanischen Archäologen Hiram Bingham wiederentdeckt wurde.

Gefesselte Sonne Der Intihuatana soll den Huayna Picchu (den großen Berg rechts) symbolisieren.

Machu Picchu, das heute zum Weltkulturerbe zählt, wurde im traditionellen Inka-Stil mit gemeißelten und polierten Steinblöcken errichtet. Obwohl kein Mörtel verwendet wurde, war die Konstruktion stabil genug, um auch stärkere Erdbeben zu überstehen. Die Stadt verfügt über einen Hauptplatz und rund 150 Bauten, darunter Häuser, religiöse Stätten, Brunnen, Tempel und Plätze. Die meisten sind noch ausgezeichnet erhalten.

Welchem Zweck die Stadt diente, ist ungewiss. Es könnte sich um ein königliches Anwesen, ein religiöses Zentrum und einen Wallfahrtsort, eine Garnisonstadt oder sogar um eine landwirtschaftliche Versuchsstätte

handeln – die einzelnen Terrassen bieten eine Vielzahl an Mikroklimata, die möglicherweise für Experimente mit unterschiedlichen Nutzpflanzen verwendet wurden. Die Terrassen brachten genug Ertrag für die etwa 800 Menschen, die die Stadt beherbergen konnte.

Der Ort, an dem man die Sonne fesselt

In Machu Picchu finden sich zahlreiche Bauten mit astronomischer Ausrichtung. Die bekannteste astronomische Konstruktion ist der Granit-Monolith namens Intihuatana – der Ort, an dem man die Sonne fesselt. Der Legende nach wurde die Sonne zu den Sonnenwenden von den Priestern an diesen Stein gebunden, um nicht von ihrem jährlichen Kurs abzukommen. Zur Sommersonnenwende (im Dezember) geht sie hinter dem Gipfel des heiligen Berges Pumasillo unter.

Der Intihuatana soll die Form des Huayna Picchu nachahmen, der von diesem Aussichtspunkt gut zu sehen ist (andere Berge wurden in ähnlicher Weise an anderen Plätzen der Stadt verehrt). Der Stein hat mehrere bearbeitete Ecken und Flächen, die vielleicht zu anderen wichtigen Zeitpunkten im Jahr beleuchtet oder verdunkelt wurden.

Der Besuch des Sonnengottes

Der Eingang zum königlichen Mausoleum, einer Höhle mit kunstvollen Verzierungen, war auf den Sonnenaufgang zur Wintersonnenwende (Juni) ausgerichtet. Intimachy, eine andere Höhle, wurde so umgestaltet, dass sie bis auf 20 Tage um die Zeit der Sommersonnenwende stets in Dunkelheit gehüllt war. Dann drangen die Strahlen der aufgehenden Sonne in die Höhle und erhellten sie. Felsblöcke am Eingang ähneln einem Kondor bei der Landung. Bei den Inkas symbolisierte der Kondor das Götterreich, und der Sonnengott Inti war ihr Hauptgott, von dem ihr Anführer abstammte. Die Gestaltung des Portals dürfte eine Anspielung auf Besuche der obersten Gottheit sein.

In die Landschaft eingebettet Machu Picchu ist auf heilige Berge in der Umgebung sowie auf astronomische Ereignisse ausgerichtet.

NAZCA-LINIEN PERU

Die Nazca-Linien liegen in der Wüste etwa 460 km südöstlich von Lima und 600 m über dem Meeresspiegel – in einem der trockensten und ödesten Gebiete der Welt. Die Scharrbilder, die zum Weltkulturerbe zählen, zeigen Tiere, Vögel und Pflanzen sowie über 1,6 km lange gerade Linien. Sie stammen aus der Zeit der Nazca-Kultur zwischen 200 v. und 600 n. Chr.

Die Linien, die am besten aus der Luft zu erkennen sind, entstanden, indem die obere schwarze Gesteinsschicht vom Boden entfernt wurde, sodass der beigegelbe Sand darunter zum Vorschein kam. Fast überall auf der Welt wären solche Bilder der Witterung zum Opfer gefallen, doch in dieser Ebene herrscht Windstille und es gibt nur leichten Regen. Im Laufe der Zeit richteten jedoch die Menschen, vor allem durch Fahrzeuge, enorme Schäden an.

Im Jahr 1939 beobachtete Paul Kosok von der Long Island University zufällig eine gerade Linie, die auf den Sonnenuntergang zur Wintersonnenwende (Juni) ausgerichtet zu sein schien. Er deutete in weiterer Folge die Nazca-Linien als gigantischen astronomischen Kalender. Diese Annahme wurde von Maria Reiche aufgegriffen, die ihr ganzes Leben der Erforschung der Nazca-Linien widmete.

Das Rätsel der Linien

Im Jahr 1968 untersuchte Gerald Hawkins die Fundstätte anhand einer computergestützten statistischen Analyse und konnte keine astronomische Ausrichtung bestätigen. Die Linien, die auf bedeutsame astronomische Ereignisse hinweisen sollten, ließen sich durch puren Zufall erklären. Seit damals konnte die Interpretation der Nazca-Linien als astronomisches Rätsel

nicht erhärtet werden. Aber die Vorstellung, dass die Geoglyphen einen kosmischen Zusammenhang haben, ist weitverbreitet und wird es wohl auch noch lange bleiben.

In Wahrheit dürften die Linien, Formen und Figuren eher mit irdischen Zwecken wie dem Erbitten von Regen und Fruchtbarkeit in Verbindung stehen. Viele der Linien führen in höhere Ebenen, als ob sie in der Hoffnung geschaffen worden wären, dass sich durch symbolische Bewässerungskanäle echtes Wasser in die trockenen Täler locken ließe. Es gibt mehr als nur eine Erklärung für die Entstehung dieser außergewöhnlichen Geoglyphen. So haben einige Komplexe mit strahlenförmigen Linien Ähnlichkeiten zu Khipu, einer Knotenschrift der Inka, bei der wichtige Daten anhand von Knoten aufgezeichnet wurden.

Um die Nazca-Linien ranken sich viele Mythen, die von unwahrscheinlichen (ihre Verwendung als Landeplätze für Außerirdische) bis zu plausibleren (als Markierungen für religiöse Rituale) reichen. Der große Vogel und die Tierfiguren gaben vielleicht den Weg bei heiligen Prozessionen vor und sollten deren Kraft oder Unterstützung beschwören. Es wurden Versuche unternommen, die Zeichnungen mit Sternbildern und Sterngruppen in Verbindung zu bringen, diese sind jedoch wissenschaftlich nicht anerkannt.

Vielleicht hatten die linearen Geoglyphen tatsächlich Ausrichtungen auf astronomische Ereignisse, die jedoch bei den Untersuchungen von Hawkins innerhalb der nicht-astronomischen Linien statistisch verschwunden sind. An der Fakultät Geoinformatik in Reiches Heimatstadt Dresden wird zurzeit eine neue Studie zur Ausrichtung der Linien durchgeführt.

Nazca-Linien Die Abbildungen von Vögeln und Tieren dienten möglicherweise rituellen Zwecken.

DIE TAGUNDNACHTGLEICHEN

Zwischen den Sonnenwenden gibt es zwei Tage, an denen die Sonne fast genau im Osten auf- und im Westen untergeht sowie Tag und Nacht gleich lang sind. Diese Tage werden als Tagundnachtgleiche (Äquinoktium) bezeichnet.

Die Schiefe der Ekliptik, die Neigung der Erdachse zur Ebene der Bahn um die Sonne (siehe Seiten 22–23), bedeutet, dass der scheinbare Verlauf der Sonne nicht dem Himmelsäquator (dem auf den Himmel projizierten Erdäquator) folgt. Zu beiden Tagundnachtgleichen kreuzt die Sonne den Himmelsäquator. Wenn sie von der südlichen Himmelshälfte in die nördliche übertritt, signalisiert dies den Beginn des nördlichen Frühlings (erster astrologischer Punkt des Tierkreiszeichens Widder).

Jeden Tag verändert sich der Aufgangs- und Untergangspunkt der Sonne am Horizont. Viele prähistorische Stätten wie Tempel und Gräber erinnerten an diesen regelmäßigen, jährlichen Zyklus.

Die Vierteilung des Jahres

Im Chaco Canyon in New Mexico (siehe Seiten 50–55) beleuchtet die aufgehende Sonne zur Sommersonnenwende ein Piktogramm der Anasazi-Stätte Wijiji 931. Dieses Kunstwerk entstand vermutlich um 800-1200 n. Chr. Das weiße Symbol zeigt vier gerade Linien oder Strahlen, die vertikal und horizontal von einer Scheibe wegführen. Es stellt offenbar die Sonne dar, die den Kreislauf des Jahres mit den Sonnenwenden und Tagundnachtgleichen vierteilt.

Das nahegelegene Wijiji ist das kleinste Pueblo im Chaco Canyon. 16 oder 17 Tage vor der Wintersonnenwende kann man von hier aus beobachten, wie die Sonne links (nördlich) von einer markanten Stelle am gegenüberliegenden Rand des Canyons aufgeht. Im Laufe der Tage wandert die Sonne immer weiter entlang dieses Punktes, bis sie zur Sonnenwende selbst rechts (südlich) davon aufgeht. Diese Ausrichtung würde vermutlich unbemerkt bleiben, wenn nicht eine Felszeichnung aus konzentrischen Kreisen auf dem Piedra del Sol („Sonnenstein") in der Nähe des heutigen Besucherzentrums darauf hindeuten würde. Dreht man diesem Symbol den Rücken zu, blickt man auf einen dreieckigen Felsen, über dem die Sonne zwei Wochen vor der Sommersonnenwende aufgeht.

Vielleicht werden eines Tages weitere Ausrichtungen entdeckt, die die Sonnenwenden und Tagundnachtgleichen anzeigen. Vermutlich markierten sie wichtige Daten des Jahres und verkündeten, dass bestimmte Feste und Rituale bevorstanden.

Sonnenkalender in Wijiji Die Bedeutung der Tagundnachtgleichen und Sonnenwenden, die möglicherweise durch markante Punkte des Canyons gegenüber von Wijiji angezeigt wurden, wird durch eine Felszeichnung betont.

↑ ZENIT

Die scheinbare Bewegung der Sonne Zu den Tagundnachtgleichen erfolgt überall auf der Erde der Sonnenaufgang fast genau im Osten und der Sonnenuntergang im Westen. Die Abbildung zeigt die Positionen des Sonnenauf- und Sonnenuntergangs am Breitengrad von Stonehenge (51° N) im Jahr 2550 v. Chr., als hier die ersten Steine errichtet wurden. Im Sommer erfolgen der Sonnenauf- und Sonnenuntergang nördlicher; im Winter südlicher.

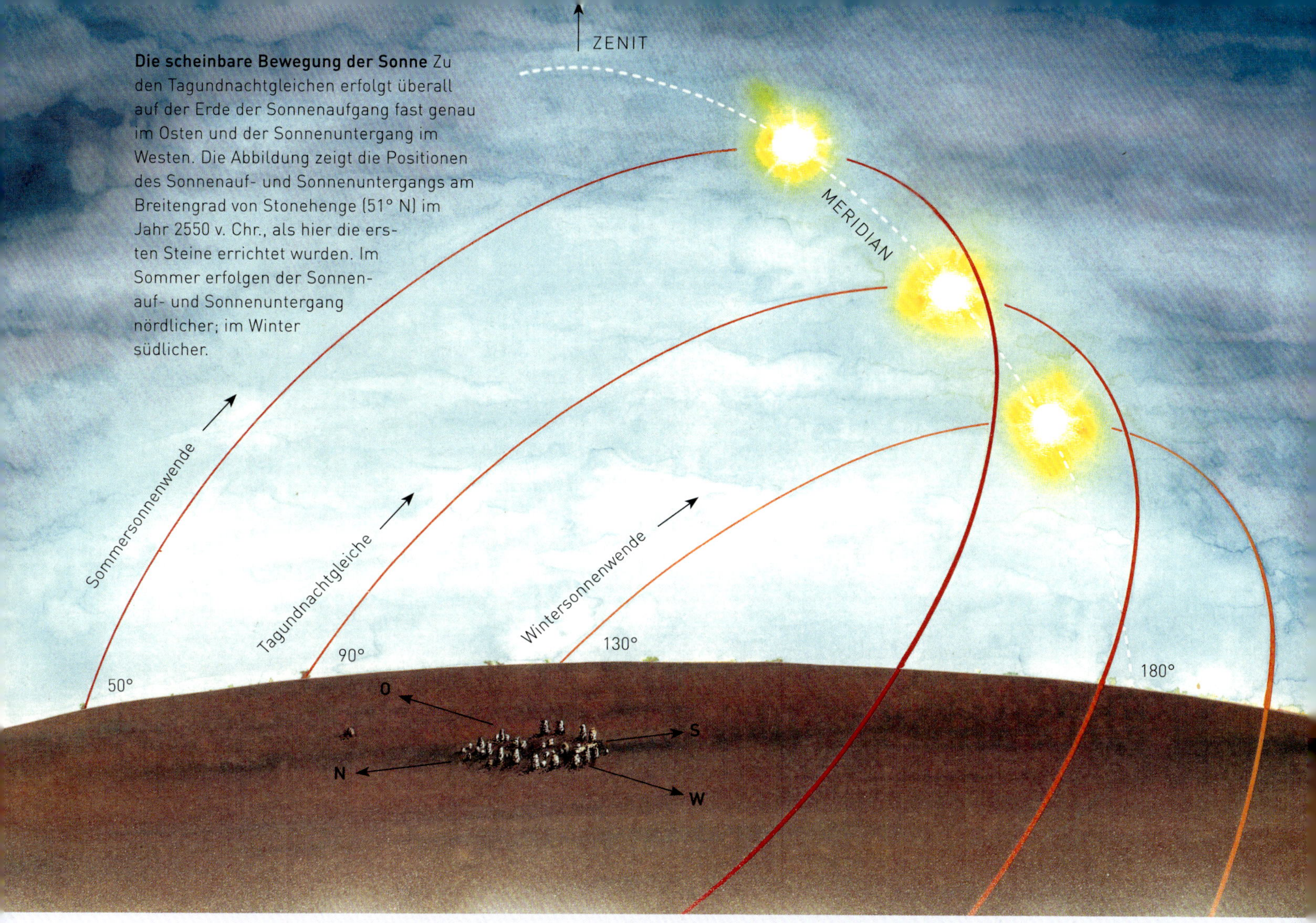

MERIDIAN

Sommersonnenwende

Tagundnachtgleiche

Wintersonnenwende

50°   90°   130°   180°

O

S

N

W

SYMBOL DER JAHRESZEITEN

Die Sonnenwenden und Tagundnachtgleichen bieten einen praktischen Kalender, der den jährlichen Zyklus der Sonne in vier Jahreszeiten unterteilt – genauso wie die vier Himmelsrichtungen des Horizonts. Diese Vorstellung einer viergeteilten Welt spiegelt sich in einem einfachen Diagramm wider, das zum Symbol unseres Planeten wurde – ein senkrechtes Kreuz in einem Kreis. Bevor die Menschen erkannten, dass die Erde um die Sonne kreist, diente dieses Symbol als Zeichen für die Sonne. Es wird manchmal Sonnenrad genannt und erinnert an das keltische Kreuz. Es stand auch für den Streitwagen, in dem die Sonne über den Himmel fährt. Beispiele dafür sind der Wagen des indischen Sonnengottes Surya, der von sieben Pferden gezogen wird, oder jener des griechischen Sonnengottes Helios. Sein Wagen mit vier Pferden wurde später mit dem römischen Sonnengott Sol in Verbindung gebracht.

CHACO CANYON USA

In der Wüste Nordwest-Mexikos, fast 2000 m über dem Meeresspiegel, liegt die verlassene Siedlung des Chaco Canyon. Angesichts der gleißenden Hitze bei Tag und der klirrenden Kälte bei Nacht ist es kaum zu glauben, dass hier jemals Menschen lebten.

Das etwa 16 km lange Tal, das fast 140 Quadratkilometer umfasst, wurde in die Liste des UNESCO-Welterbes aufgenommen. Die frühesten Spuren von menschlicher Besiedlung in dieser Gegend reichen bis zu nomadisch lebenden Jäger- und

Rätselhaft Vermutlich wird man nie erfahren, warum Pueblo Bonito in der Nähe einer gefährlichen Klippe gebaut wurde.

Sammlergesellschaften um 2900 v. Chr. zurück. Die ersten sesshaften Bauern ließen sich um 200 n. Chr. nieder. Diese Stämme werden heute allgemein als Anasazi bezeichnet, was in der Navajo-Sprache so viel wie „Alte Feinde" bedeutet. Sie werden auch Ancestral Puebloans genannt.

Gegen 850 n. Chr. begannen die Anasazi mit der Errichtung von Großhäusern – massiver, bis zu fünf Stockwerke hoher Wohnbauten aus Stein und mit Holzböden. Gesteinsmaterial gibt es in dieser Gegend genug, doch die nächsten Bäume finden sich heute in 110 km Entfernung. Die Abholzung und eine schwere Dürreperiode, die für die Region typisch ist, führten

PUEBLO BONITO

Viele der Strukturen im Chaco Canyon sind auf die Sonne ausgerichtet (auch einige Ausrichtungen auf den Mond werden angenommen, sind aber umstritten). Die Seiten 50–55 beleuchten einige der Stätten im Hinblick auf die Sonnenwenden und Tagundnachtgleichen. Das größte Großhaus wird Pueblo Bonito („schönes Dorf") genannt. Das halbkreisförmige Bauwerk, das im Zentrum des Canyons liegt, umfasst etwa 8000 Quadratmeter und besitzt über 650 Räume sowie 35 runde *Kivas*.

Die geradlinige Grenze von Pueblo Bonito verläuft von Ost nach West entsprechend den Tagundnachtgleichen. Der Halbkreis wird von einer Mauer, die exakt von Nord nach Süd angelegt ist, in zwei Hälften geteilt, dass zu Mittag der Schatten der Mauer verschwindet. Auf jeder Seite dieser Mauer liegt eine große *Kiva* (diese sind aber nicht symmetrisch angelegt).

Pueblo Bonito wurde in der Nähe der Klippenwand des Canyons errichtet, von der ein Teil einzustürzen drohte. Obwohl wahrscheinlich versucht wurde, die Felswand zu stützen, war dies eine gefährliche Stelle, um das Großhaus zu errichten. Es muss daher einen wichtigen Grund für ihre Errichtung genau hier gegeben haben. Vermutlich hatte der Ort eine besondere Bedeutung, die es erst herauszufinden gilt. Die Stätte genießt unter all den anderen Anlagen im Chaco Canyon eine bedeutende Rolle.

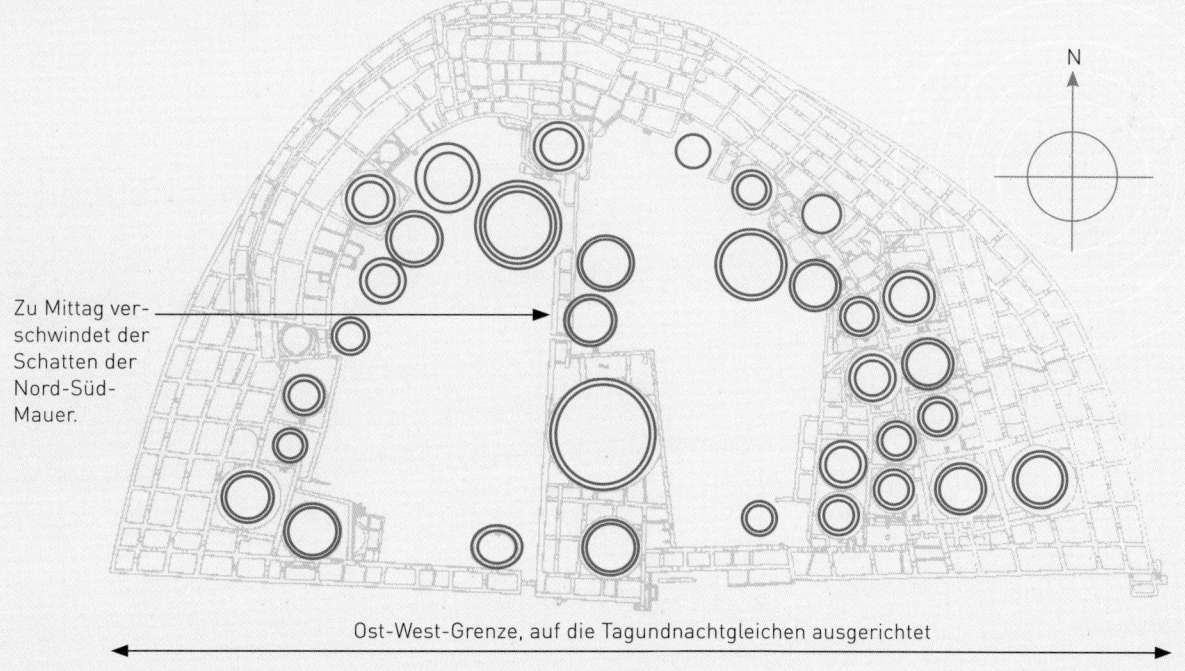

Zu Mittag verschwindet der Schatten der Nord-Süd-Mauer.

N

Ost-West-Grenze, auf die Tagundnachtgleichen ausgerichtet

um 1150 n. Chr zu einer Abwanderung der Völker aus dem Canyon.

Es ist unklar, ob es sich bei den Großhäusern um ständige Dörfer oder Pilgerorte handelte, die von Priestern betreut wurden. Man nimmt an, dass die *Kivas* (runde, teils vertieft angelegte Räume) für Anbetungen und Zeremonien benutzt wurden.

Noch heute kann man von der Stätte aus in der Nacht einen klaren Sternenhimmel erkennen. Dieser bot den Bewohnern einst die Möglichkeit, Veränderungen am Himmel zu beobachten und danach ihre jahreszeitlichen Tätigkeiten wie Aussaat oder Vorbereitungen für den Winter auszurichten.

Casa Rinconada

Ein weiteres Monument im Chaco Canyon, die große *Kiva* Casa Rinconada, ist insofern ungewöhnlich, als sie separat und nicht als Teil eines Großhauses errichtet wurde. Ihre Orientierung erfolgte nach den Himmelsrichtungen, mit Eingängen im Norden und Süden.

Der Legende nach erhielt die erste *Kiva* eine runde Form, um den Himmelskreis widerzuspiegeln. Die *Kivas*, die noch heute von den Ureinwohnern Amerikas zu zeremoniellen Zwecken genutzt werden, sind vertieft angelegt. So soll beim Verlassen symbolisch die Reise der Geister *(Kachinas)* durch ein Loch im Boden *(Sipapu)* in die Unterwelt bzw. der Weg, durch den die Menschen in diese Welt kamen, beschritten werden. Diese Symbolik könnte aber auch das Sprießen von Pflanzen aus der Erde oder den Weg eines Neugeborenen aus dem Mutterleib darstellen.

Die Orientierung nach den Himmelsrichtungen im Chaco Canyon scheint auf Beobachtungen der Sonne (siehe Sun Dagger, Seiten 54–55) zu beruhen und nicht auf dem Himmelspol, wie es sonst oft der Fall ist (siehe Seiten 168–169). Die Zuhilfenahme eines solchen Bauplans lässt sich als Versuch deuten, den geordneten Kosmos auf die Erde zu bringen und dadurch möglichst im Einklang mit dem Kreislauf der Natur zu leben – die sicherste Überlebensstrategie in einer rauen Umwelt. Dieses Bestreben fand seinen Höhepunkt in der Errichtung der Great North Road (siehe Seite gegenüber).

Himmelsrichtungen Die Casa Rinconada wurde präzise ausgerichtet, mit Eingängen im Norden und Süden.

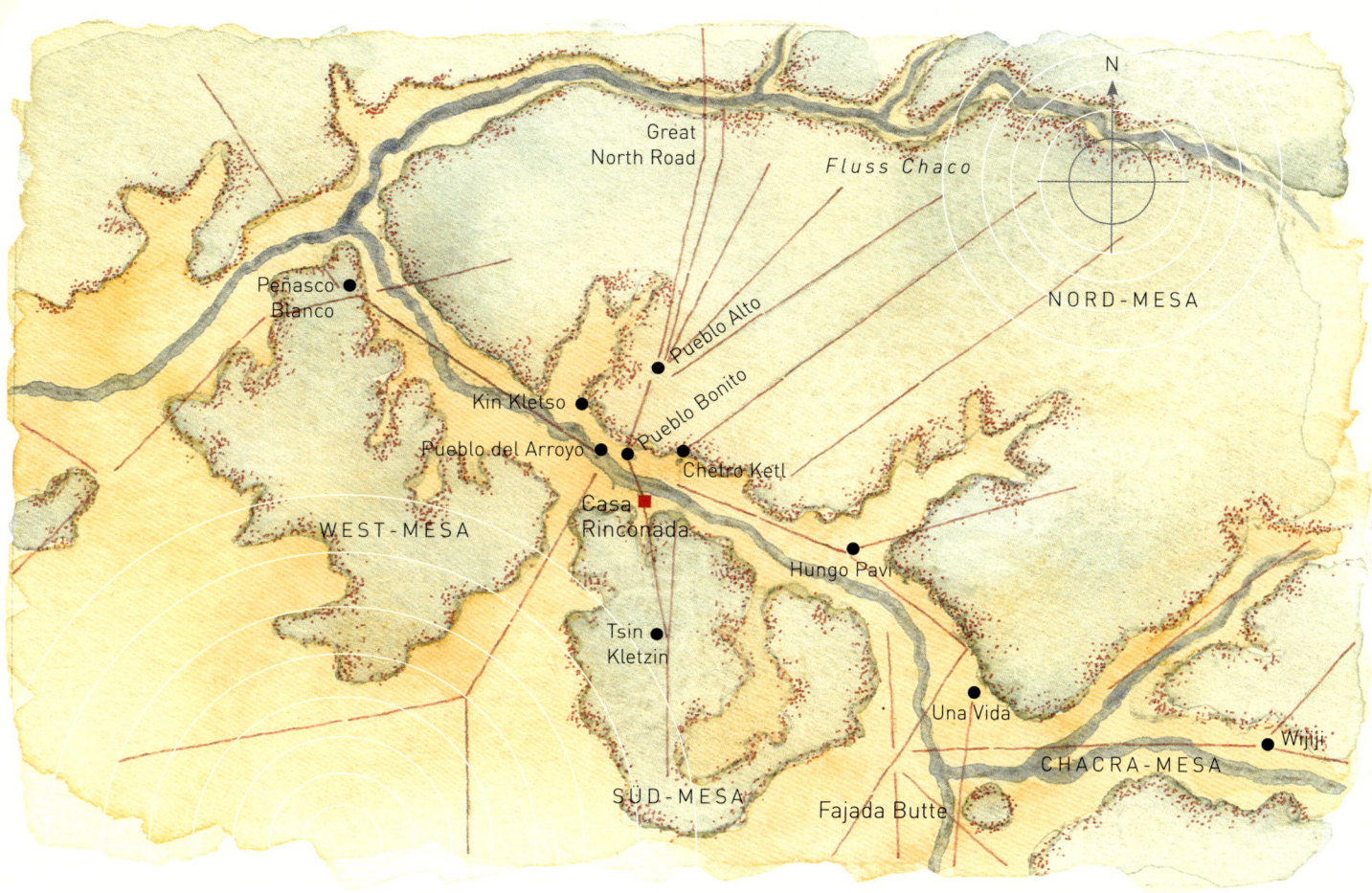

Great
North Road

Fluss Chaco

N

Peñasco
Blanco ●

Pueblo Alto

NORD-MESA

Kin Kletso ●

Pueblo Bonito

Pueblo del Arroyo ● ●

Chetro Ketl ●

Casa
Rinconada ■

WEST-MESA

Hungo Pavi ●

Tsin
Kletzin ●

Una Vida ●

Wijiji ●

CHACRA-MESA

SÜD-MESA

Fajada Butte

DIE AUSRICHTUNGEN DES CHACO CANYON

Diese Karte zeigt die Position der neun Großhäuser, der Casa Rinconada und anderer Stätten im Chaco Canyon zueinander sowie die rätselhaften „Straßen", die in mehrere Richtungen verlaufen. Die 9 m breite Great North Road ist die beeindruckendste dieser prähistorischen Straßen und führt direkt in Richtung Norden. Sie weicht nie von dieser Route ab – selbst Klippen werden mit schmalen, gefährlichen Treppen erklommen. Die Straße ist mindestens 55 km lang. Der Aufwand,

der für ihren Bau notwendig war, deutet auf ihre große Bedeutung hin.

Es ist schwer vorstellbar, dass sie einem anderen als einem symbolischen oder geistlichen Zweck diente. Der Norden gilt noch heute bei vielen indigenen Völkern als Pfad in die Heimat der Geister, und das Leben selbst wird als Straße oder Weg betrachtet. Ob diese Reise vom Chaco Canyon Richtung Norden verlief oder die Straße es den Geistern aus dem Norden ermöglichen sollte, die Großhäuser zu besuchen, wird wohl immer ein Rätsel bleiben. Es könnte auch beides in Betracht gezogen werden.

Bemerkenswert ist auch, dass Pueblo Alto und Tsin Kletzin nach Nord–Süd ausgerichtet sind. Chetro Ketl und Pueblo Bonito (die beiden größten Großhäuser) liegen fast in gleichem Abstand zu beiden Seiten dieser Nord-Süd-Ausrichtung. Sie selbst weisen in Richtung Ost-West. Darüber hinaus sind sowohl Pueblo Alto als auch Tsin Kletzin sowie Pueblo Bonito nach den Himmelsrichtungen orientiert. Dasselbe gilt für eine der Diagonalen in Chetro Ketl.

Der Sonnendolch

Der Fajada Butte ist eine steile, 135 m hohe Sand-steinformation im Chaco Canyon. Hier finden sich Spuren von mehr als 20 Siedlungen und die Ruinen eines kreisförmigen Baus, der wahrscheinlich ein Zeremonienraum war (Kiva). Der Zugang war nur über eine Rampe und eine Treppe möglich, deren Überreste Ende des 20. Jahrhunderts entdeckt wurden, doch selbst damit war das Betreten schwierig.

Der Fajada Butte ist vor allem wegen des Sun Daggers (Sonnendolch) bekannt. Am Fuße des letzten, 12 m langen Abschnitts befinden sich drei massive Sandsteinplatten, die jeweils etwa 2,5 m hoch x 1 m breit und 0,4 m dick sind. Zwischen ihnen gibt es eine 10 cm breite Lücke. Die Platten sind gegen die Klippen-wand gelehnt. Wie viele andere Steinplatten im Canyon gelangten sie wahrscheinlich infolge eines natürlichen Felssturzes dorthin, auch wenn sie vermutlich neu angeordnet wurden. Die Platten stehen im Schatten der Spitzkuppe und eines überhängenden Felsens, sodass sie meist verdunkelt sind. Zu bestimmten Zeitpunkten zeigt sich hier jedoch ein Naturereignis, das den Ort wohl zu einer der berühmtesten archäoastronomischen Stätten Nordamerikas macht.

Die Spiralen der Zeit

In der dreieckigen Nische hinter den drei Steinplatten wurden zwei spiralförmige Petroglyphen in den Fels graviert. Die größere Spirale verläuft gegen den Uhrzeigersinn nach außen, während sich die kleinere links davon im Uhrzeigersinn windet. Im Jahr 1977 entdeckte die Künstlerin Anna Sofaer ein besonderes Lichtspiel: Zur Sommersonnenwende kurz vor Mittag berührt ein Lichtstrahl die Oberseite der größeren Spirale. Mit der Zeit verlängert er sich nach unten hin, bis er zu Mittag einen vertikalen Strich bildet, der genau durch das Zentrum der Spirale schneidet – die Klinge des sogenannten Sonnendolches. Der Lichtstrahl setzt seine Bewegung nach unten fort, bis er am Ende der Spirale verschwindet.

Zur Wintersonnenwende erzeugen die Spalten zwischen den Platten zwei identische Dolche, die die größere Spirale exakt umgeben. Nicht nur die Position der Spirale auf dem Fels ist vorgegeben, sondern auch ihre Größe wird durch das Sonnenlicht zur Sommer- und Wintersonnenwende bestimmt.

Lichtschau zur Sonnenwende Der Sun Dagger (links) durch-bohrt die Spirale zu Mittag zur Sommersonnenwende (unten, links), während zur Wintersonnenwende zwei Dolche den Außenrand der Spirale berühren (unten, rechts).

Sommersonnenwende, Mittag   Wintersonnenwende, Mittag

Sonnenuntergang am Fajada Butte Ruinen aus dem 10.–13. Jahrhundert n. Chr. deuten darauf hin, dass in der unwirtlichen Gegend dieses wasserlosen Felsens einst Menschen lebten.

Die kleine Spirale wird zu den Tagundnachtgleichen von einem Sonnenstrahl durchbohrt, während ein anderer quer durch die größere Spirale verläuft.

Die ungewöhnliche Position der Platten muss bemerkt und die Petroglyphen nach mindestens einem Jahr sorgsamer Beobachtung erschaffen worden sein. Warum Spiralen statt Kreise (ein gebräuchlicheres Sonnensymbol) gewählt wurden, ist unklar. Vielleicht sollten sie den Schamanenpriester daran erinnern, dass die Jahreszyklen einen Anfang und ein Ende haben.

Bedauerlicherweise wurden 1989 die Platten durch Erosion, die vermutlich durch den Tourismus verursacht wurde, in ihrer Position verschoben, sodass die Lichteffekte heute nicht mehr zu sehen sind.

DIE BEDEUTUNG DES MONDES

Im Jahr 1979 stellte man fest, dass auch das Mondlicht die Fajada-Butte-Petroglyphen beleuchtete. Zur kleinen Mondwende (siehe Seiten 134–135) ist die rechte Seite der großen Spirale hell erleuchtet, während die linke dunkel bleibt. Zur großen Mondwende berührt der Mondschein nur den linken Rand, während der Rest der Spirale dunkel ist. Solche Effekte könnten zwar Zufall sein, würden sich aber die Annahmen einer Ausrichtung auf den Mond bestätigen, müssten auch andere Stätten der rätselhaften Anasazi-Kultur neu untersucht werden.

HOVENWEEP USA

Das Hovenweep National Monument, ein Gebiet mit sechs Ruinen der Anasazi (Ancestral Puebloans), erstreckt sich über 32 km entlang der Grenze zwischen den Bundesstaaten Colorado und Utah. Hinsichtlich Architektur und Bautechniken weist es Ähnlichkeiten zum Chaco Canyon auf. Die gut erhaltenen Bauten, die großteils zwischen 1150 und 1200 n. Chr. entstanden, wurden in der Nähe von Quellen auf Felsen und Überhängen errichtet.

Sie sind auf die Sonnenwende sowie Sonnenauf- und -untergänge zu den Tagundnachtgleichen aus- gerichtet. Im sogenannten Hovenweep Castle gibt es einen Raum mit zwei kleinen Öffnungen, die nach den

Sonnenuntergängen zur Sonnenwende orientiert sind, sowie Innen- und Außentüren, die auf die untergehende Sonne zu den Tagundnachtgleichen zeigen.

Die Brücke des Lichts

Ein Fries aus Felszeichnungen in der Schlucht unter dem Holly House weist verblüffende Ähnlichkeiten mit dem berühmten Sonnendolch von Fajada Butte auf (siehe Seiten 54–55). Etwa 45 Minuten nach Sonnen- aufgang zur Sommersonnenwende schneidet ein horizontaler Sonnenstrahl quer durch die linke Spirale (ein Sonnensymbol der Anasazi) und nur Minuten später erscheint ein ähnlicher Strahl auf der rechten Spirale. Während die Sonne weiter aufgeht, bewegen sich diese Strahlen aufeinander zu, bis sie schließlich ineinandertreffen. Dadurch entsteht eine Lichtbrücke quer über beide Spiralen.

Komplexe Sonnenausrichtung Zwei Wandöffnungen im Westturm von Hovenweep sind auf den Sonnenuntergang zur Wintersonnen- und Sommersonnenwende ausgerichtet, wäh- rend sowohl Innen- als auch Außentüren das Sonnenlicht bei Sonnenuntergang zu den Tagundnachtgleichen hindurchlassen.

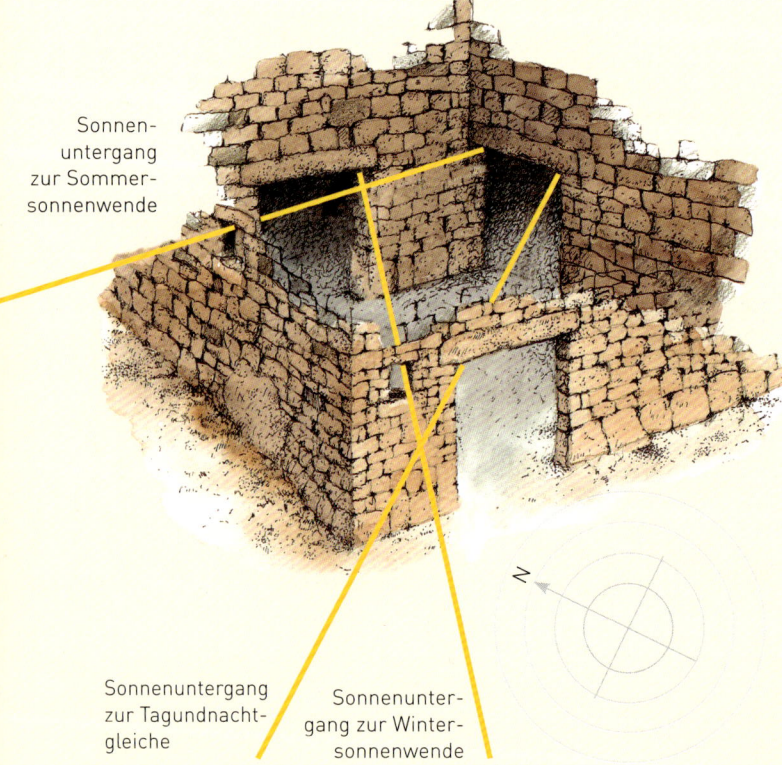

Sonnen- untergang zur Sommer- sonnenwende

Sonnenuntergang zur Tagundnacht- gleiche

Sonnenunter- gang zur Winter- sonnenwende

CASA GRANDE USA

Wenig ist über die Hohokam-Kultur bekannt, die zwischen dem 1. und der Mitte des 15. Jahrhunderts n. Chr. existierte. Unter ihr entstand der Bau, der als Casa Grande („großes Haus") bekannt ist und etwa 58 km südöstlich von Phoenix, Arizona, liegt. Das Haus und das Dorf wurden um 1300 n. Chr. errichtet und 1892 als erste prähistorische und kulturelle Stätte in den Vereinigten Staaten unter Schutz gestellt. Die Ruinen sind heute durch einen Überbau geschützt.

Es sind kaum Reste von der Siedlung erhalten geblieben, die noch dazu Vandalismus zum Opfer gefallen sind. Vermutlich war Casa Grande das Zentrum des Dorfes. Auf dem Plan misst es 18 x 12 m und ist etwa 11 m hoch, mit vier Stockwerken einschließlich eines kleinen, einräumigen Aufbaus. Die Wände sind nach den Himmelsrichtungen orientiert. Die Funktion des Gebäudes ist unbekannt. Zwei Öffnungen, eine runde und eine rechteckige, in der Westmauer sind offenbar auf astronomische Ereignisse ausgerichtet. Die rechteckige (südliche) Öffnung scheint auf den untergehenden Mond zur großen Mondwende zu zeigen, während das runde Fenster auf den Sonnenuntergang zur Sommersonnenwende blickt.

Der oberste Raum hat ein Loch in der Ost- und eines in der Westwand. Kurz nach Sonnenaufgang wirft das östliche Loch einen Lichtstrahl auf die Westmauer. Etwa zur Zeit der beiden Tagundnachtgleichen ist der durch die östliche Wand dringende Strahl auf das Loch im Westen ausgerichtet.

Der Grundriss des Baus könnte auch Muster darstellen, die in Zeremonien zur Segnung der umgebenden Felder ausgelegt wurden. Diese Theorie wurde vom Anthropologen Frank Hamilton Cushing 1887 aufgestellt – vor Kurzem wurde sie von David Wilcox, Anthropologe am Museum of Northern Arizona, gestützt.

Wüstenrätsel Es existieren viele archäoastronomische Theorien über Casa Grande, etwa dass der Grundriss des Baus rituelle Muster darstellt, mit denen Ackerland gesegnet wurde. Möglicherweise ist die mysteriöse runde Öffnung auf den Sonnenuntergang zur Sommersonnenwende bzw. die rechteckige Öffnung auf die große Mondwende ausgerichtet.

CAHOKIA USA

Die präkolumbische Stadt Cahokia liegt im fruchtbaren Überschwemmungsgebiet des Mississippi etwa 7 km östlich von St. Louis, Illinois. Gegen 700 n. Chr. gab es hier eine Siedlung, deren Bevölkerung um 1050 rapide zunahm, um 1400 war die Stadt jedoch nahezu verlassen. Der ursprüngliche Name der Stadt ist nicht überliefert – sie wurde nach dem Indianerstamm benannt, der im späten 17. Jahrhundert hierher kam. Heute zählt sie zum Weltkulturerbe.

Nord–Süd-Orientierung Von den Mound-Zwillingen aus verläuft eine Nord-Süd-Ausrichtung durch Central Plaza zum Monks Mound, dem größten künstlich angelegten Erdhügel Nordamerikas.

Stadt der Hügel
Die nahezu diamantenförmig angelegte Siedlung umfasst etwa 15 Quadratkilometer und beherbergte in ihrer Blütezeit mehr als 20 000 Menschen. Es gibt hier über 120 Erdhügel, die nach den Himmelsrichtungen orientiert sind. Manche von ihnen waren Grabstätten, während andere als Platz für zeremonielle Zwecke dienten. Im Zentrum von Cahokia liegt der größte Erdhügel Nordamerikas – der Monks Mound. Auf diesem etwa 30 m hohen und schätzungsweise 623 000 Kubikmeter Erde umfassenden Hügel lagen einst ein Tempel und/oder Palast.

Der ungefähr 2 m hohe Mound 72 war vermutlich der Grabhügel eines angesehenen Oberhaupts. Sein Leichnam wurde auf einem Bett aus 20 000 Muschelperlen aufgebahrt, auch waren zahlreiche kunstvoll

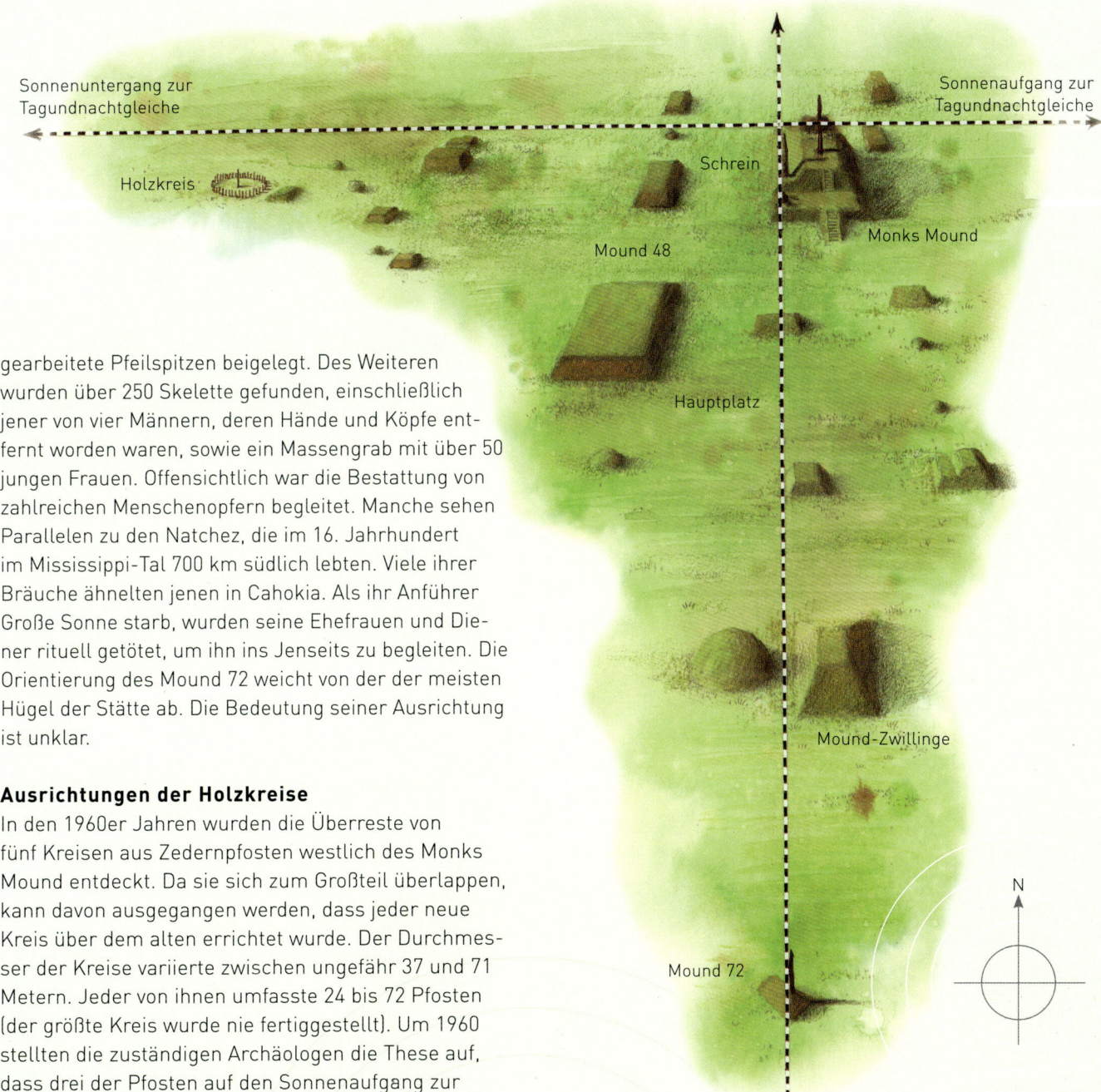

Sonnenuntergang zur
Tagundnachtgleiche

Sonnenaufgang zur
Tagundnachtgleiche

Holzkreis

Schrein

Monks Mound

Mound 48

Hauptplatz

Mound-Zwillinge

N

Mound 72

Richtung Mound 66

gearbeitete Pfeilspitzen beigelegt. Des Weiteren wurden über 250 Skelette gefunden, einschließlich jener von vier Männern, deren Hände und Köpfe entfernt worden waren, sowie ein Massengrab mit über 50 jungen Frauen. Offensichtlich war die Bestattung von zahlreichen Menschenopfern begleitet. Manche sehen Parallelen zu den Natchez, die im 16. Jahrhundert im Mississippi-Tal 700 km südlich lebten. Viele ihrer Bräuche ähnelten jenen in Cahokia. Als ihr Anführer Große Sonne starb, wurden seine Ehefrauen und Diener rituell getötet, um ihn ins Jenseits zu begleiten. Die Orientierung des Mound 72 weicht von der der meisten Hügel der Stätte ab. Die Bedeutung seiner Ausrichtung ist unklar.

Ausrichtungen der Holzkreise

In den 1960er Jahren wurden die Überreste von fünf Kreisen aus Zedernpfosten westlich des Monks Mound entdeckt. Da sie sich zum Großteil überlappen, kann davon ausgegangen werden, dass jeder neue Kreis über dem alten errichtet wurde. Der Durchmesser der Kreise variierte zwischen ungefähr 37 und 71 Metern. Jeder von ihnen umfasste 24 bis 72 Pfosten (der größte Kreis wurde nie fertiggestellt). Um 1960 stellten die zuständigen Archäologen die These auf, dass drei der Pfosten auf den Sonnenaufgang zur Winter- und Sommersonnenwende und zum Sonnenaufgang zur Tagundnachtgleiche ausgerichtet waren. Obwohl die Kreise weithin als kalendarisches Instrument der Ureinwohner Amerikas angesehen werden, hält man diese Ausrichtungen in der Fachwelt heute für bloßen Zufall.

Raster Monks Mound ist sowohl auf die Punkte des Auf- und Untergangs der Sonne zur Tagundnachtgleiche ausgerichtet als auch auf die Nord-Süd-Achse, die den Komplex von Cahokia als Ganzes dominiert.

DZIBILCHALTÚN MEXIKO

Dzibilchaltún in Yucatán, Mexiko, ist eine alte Siedlung der Maya mit über 8000 Gebäuden. Sie erstreckt sich auf einem Gebiet von rund 25 Quadratkilometern und liegt 15 km nördlich der Hauptstadt Mérida im Gebiet des Chicxulub-Kraters, der durch einen Meteoriteneinschlag entstand. Dieser Einschlag soll für das Aussterben der Dinosaurier vor 65 Millionen Jahren verantwortlich sein. Dzibilchaltún bedeutet so viel wie „Ort mit Schriften auf den Steinen".

Die Bauten reichen mindestens bis ins Jahr 500 v. Chr. zurück. Zu ihrer Blütezeit um 750 n. Chr. beherbergte die Stadt bis zu 40 000 Menschen. Sie war bei der Ankunft der Spanier im 16. Jahrhundert noch bewohnt, verfiel jedoch mit der Zeit zu Ruinen.

Tempel der Sieben Puppen

Eines der herausragendsten Monumente ist der Templo de las Siete Muñecas (Tempel der Sieben Puppen), der seinen Namen den Tonfiguren verdankt, die bei den Ausgrabungen in den 1950er Jahren zutage gefördert wurden. Dieser Tempel wurde gegen 700 n. Chr. erbaut, doch nur zwei Jahrhunderte später wurde er mit Gestein gefüllt und eine größere Pyramide darüber errichtet – ein Schicksal, das auch viele andere Stätten erlitten.

Der schlichte, aber solide Bau hat in jeder Wand hohe Eingänge. Die Eingänge im Osten und Westen sind auf den Sonnenaufgang zur Tagundnachtgleiche ausgerichtet. Dies gilt auch für Öffnungen in den Innenmauern, wodurch die aufgehende Sonne das Innere des Tempels eindrucksvoll beleuchtet. Kein Wunder, dass sich jedes Jahr unzählige Besucher dieses Schauspiel nicht entgehen lassen möchten.

Der Tempel war aber nicht nur schön anzusehen, sondern erfüllte auch eine wichtige Funktion: Die Tagundnachtgleiche im Frühling markierte den Zeitpunkt für den Anbau von Mais, der für die Maya von besonderer Bedeutung war. Die Tagundnachtgleiche im Herbst wiederum signalisierte den Zeitpunkt für die Ernte.

Bisher wurde nur das Zentrum des Komplexes untersucht, der Rest gibt weiterhin Rätsel auf. Im 16. Jahrhundert entfernten die spanischen Eroberer Steine aus mehreren Bauten und verwendeten sie für eigene Gebäude wie die offene Kapelle. Die Zerstörung einer Stätte durch Fremde ist immer eine Tragödie – und bedauerlich ist, dass auch noch heute auf der ganzen Welt Fundstätten irreversibel zerstört werden.

Bei der Vielzahl an Ausgrabungsstätten ist es mitunter eine große Herausforderung, die nötigen

Verstecktes Juwel Jahrhundertelang war der Tempel der Sieben Puppen im Inneren einer größeren Pyramide verborgen. Erst in den 1950er Jahren wurde er freigelegt.

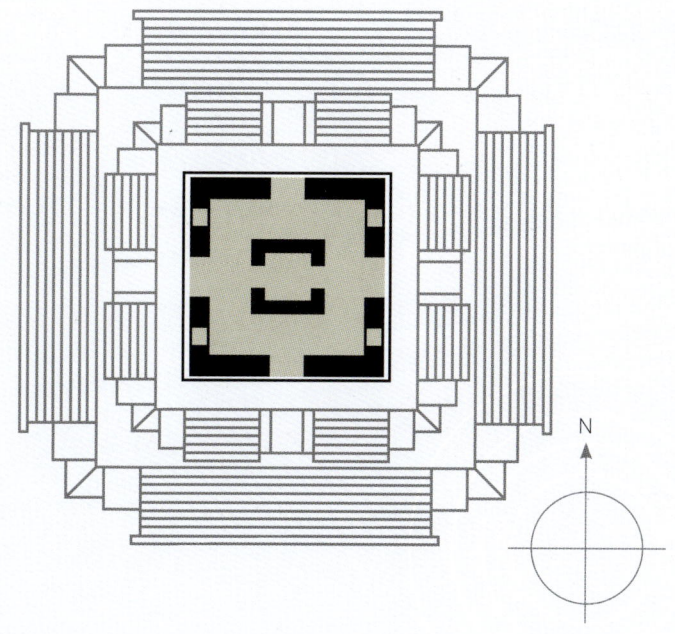

Spektakel Zu beiden Tagundnachtgleichen leuchtet bei Sonnenaufgang die Sonne durch den Tempel und bietet der Besucher-menge ein Schauspiel der besonderen Art.

finanziellen Mittel für eine genaue Untersuchung der Ruinen aufzutreiben. Bei oberflächlicher Betrachtung von Dzibilchaltún offenbart sich eine Vielzahl an Ausrichtungen der Bauten. Es bedarf aber weiterer Untersuchungen der gesamten Anlage, um festzustellen, ob solche Ausrichtungen Absicht oder bloßer Zufall waren. Im Falle des Tempels der Sieben Puppen gibt es jedoch eindeutige Hinweise darauf, dass die Astronomie bei den damaligen Bewohnern ein bedeutende Rolle spielte.

Landwirtschaftlicher Kalender Die Riten, die im Tempel der Sieben Puppen abgehalten wurden, gaben wahrscheinlich das Signal für Aussaat und Ernte.

N

CHICHÉN ITZÁ MEXIKO

Etwa 105 km östlich von Mérida liegt Chichén Itzá. Besonderes Interesse erweckt das spektakuläre Lichtschauspiel zu den Tagundnachtgleichen auf der Kukulcan-Pyramide („El Castillo").

Die neunstufige Pyramide ist 24 m hoch und hat auf allen vier Seiten einen Treppenaufgang. Auf der Spitze befindet sich ein zweistöckiger Tempel. Addiert man die je 91 Stufen und den Gebäudesockel (4 x 91 + 1), so erhält man 365 – die Anzahl der Tage im Maya-Jahr (siehe Seite 106). Die quadratische Basis der Pyramide ist nach allen vier Richtungen der Sonnenwende orientiert: die Nordwestseite auf den Sonnenuntergang zur Sommersonnenwende, die Südostseite auf den Sonnenaufgang zur Wintersonnenwende, und die Diagonalen auf den Sonnenuntergang zur Wintersonnenwende und den Sonnenaufgang zur Sommersonnenwende.

Schauspiel der gefiederten Schlange

Was die Menschen zu Tausenden anzieht, ist das Schauspiel aus Licht und Schatten, das an der Nordtreppe zu den Tagundnachtgleichen zu beobachten ist. Dabei wirft die untergehende Sonne einen Schatten von den Terrassen der nordwestlichen Ecke der Pyramide auf die Westseite der Balustrade der Nordtreppe. Als Höhepunkt projiziert die Sonne ein Zickzackmuster auf das Bauwerk, das von der Spitze bis zur Basis der Pyramide hinabläuft, wo es im Kopf einer riesigen Schlange endet, die ebenso in Sonnenlicht getaucht ist. So entsteht ein Abbild des göttlichen Kukulcan – der gefiederten Schlange. Kukulcan ist das Maya-Wort für die aztekische Gottheit Quetzalcoatl, die in Verbindung mit dem Planeten Venus gebracht wurde (siehe Seiten 160–161 und 223–224).

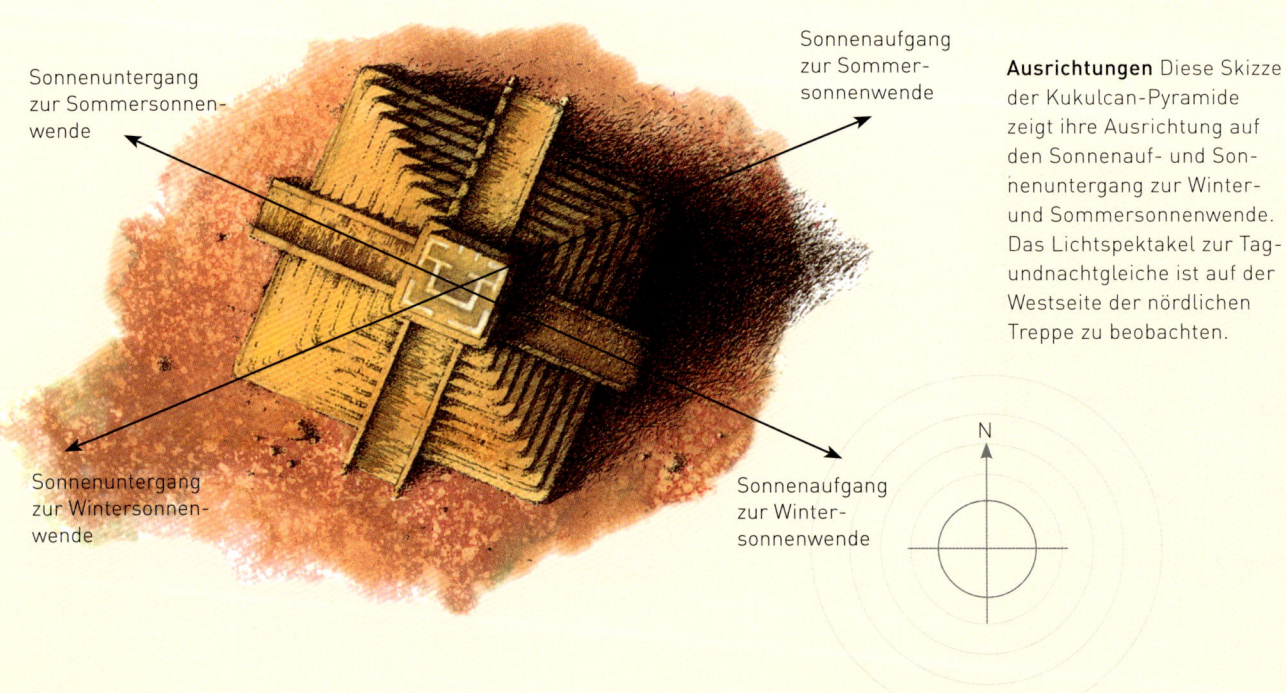

Sonnenuntergang zur Sommersonnenwende

Sonnenaufgang zur Sommersonnenwende

Sonnenuntergang zur Wintersonnenwende

Sonnenaufgang zur Wintersonnenwende

N

Ausrichtungen Diese Skizze der Kukulcan-Pyramide zeigt ihre Ausrichtung auf den Sonnenauf- und Sonnenuntergang zur Winter- und Sommersonnenwende. Das Lichtspektakel zur Tagundnachtgleiche ist auf der Westseite der nördlichen Treppe zu beobachten.

Die Pyramide des Kukulcan
Auf der beeindruckenden neunstufigen Pyramide thront ein zweistöckiger Tempel, der an allen Seiten über eine steile Treppe erreichbar ist *(oben)*. Zu beiden Tagundnachtgleichen ist in einem grandiosen Lichtspiel zu bestaunen, wie sich die Schlangengottheit Kukulcan die Westseite der Nordtreppe hinabwindet. Der Kopf wird an der Basis der Treppe beleuchtet *(links)*.

UAXACTÚN GUATEMALA

Diese Ruinenstätte der Maya liegt im Regenwald von Petén im Norden Guatemalas, 20 km nördlich der bekannten Maya-Stadt Tikal. Die Siedlung, die ab dem 1. Jahrtausend v. Chr. bewohnt war, erreichte ihren Höhepunkt zwischen 330 und 880 n. Chr., war jedoch gegen 900 weitgehend verlassen.

Neueste Ergebnisse in der Entzifferung der Maya-Schriftsysteme deuten darauf hin, dass der ursprüngliche Name der Stätte wahrscheinlich Siaan K'aan („geboren im Himmel") lautete. Der Name Uaxactún („acht Steine") geht auf den Amerikaner Sylvanus Morley zurück, der die Stadt 1916 wiederentdeckte. Die Ruinen erstrecken sich auf einer Fläche von etwa 4 x 2,3 km und sind großteils unerforscht.

Aussichtspunkte zum Sonnenaufgang

Zwischen den Pyramiden, Plätzen und Tempeln liegt ein faszinierender Gebäudekomplex (Gruppe E). Er umfasst drei kleine Tempel auf einem etwa 180 m langen Plateau, das von Norden nach Süden ausgerichtet ist. Im Westen liegt eine kleine Treppenpyramide, die als Tempel der Masken bezeichnet wird. Steht man auf dieser Pyramide, wirkt es, als ob die Morgensonne zur Tagundnachtgleiche direkt über dem zentralen Tempel auf dem gegenüberliegenden Plateau aufgehen würde: Zwei stehende Steine zwischen den beiden Bauten markieren diese Orientierung. Zur Wintersonnenwende scheint die Sonne, vom Aussichtspunkt des Tempel der Masken aus betrachtet, vom südlichsten Rand des Südtempels auf dem Plateau aufzugehen und zur Sommersonnenwende vom nördlichsten Rand des Nordtempels (dieser Effekt erinnert an die Ausrichtungen am Haupteingang von Angkor Wat – siehe Seite 210.)

Tempel der Masken *(Oben)* Steht man zur Sonnenwende oder zur Tagundnachtgleiche auf dieser Treppe, so sieht man die aufgehende Sonne über einem der drei Tempel der Gruppe E.

Ausrichtungen *(Unten)* Der Grundriss zeigt die Positionen auf dem Tempel der Masken, von denen aus der Sonnenaufgang zur Sommersonnen-, Wintersonnenwende und den Tagundnachtgleichen zu sehen ist. Der Aufriss zeigt, wie die Sonne hinter einem Tempel zu diesen Zeiten aufging.

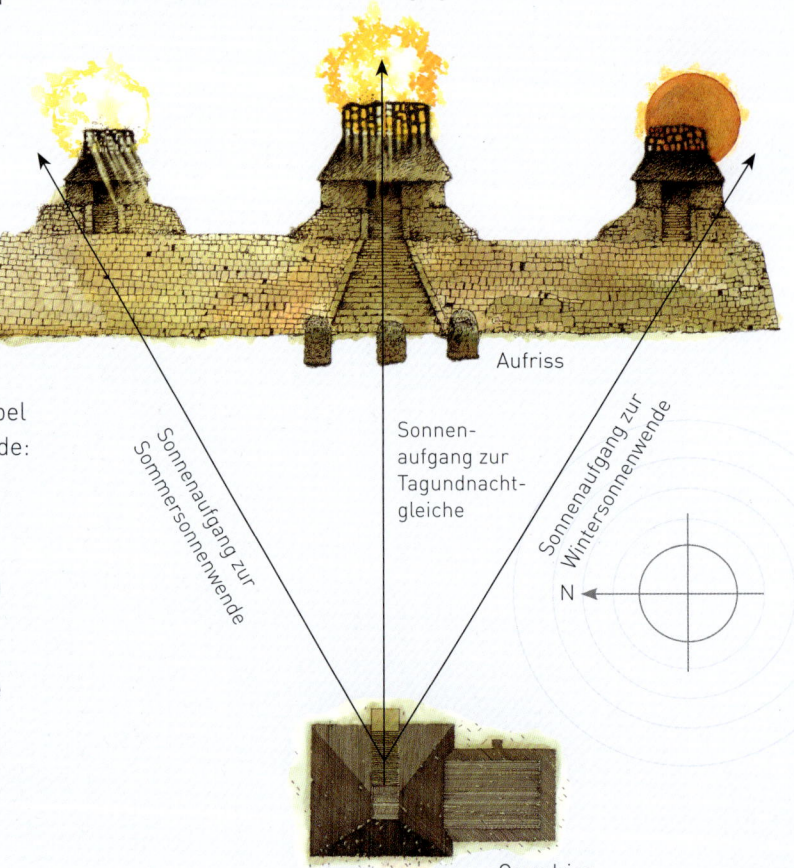

Aufriss

Sonnenaufgang zur Sommersonnenwende

Sonnenaufgang zur Tagundnachtgleiche

Sonnenaufgang zur Wintersonnenwende

N

Grundriss

WURDI YOUANG AUSTRALIEN

Die Ureinwohner Australiens verfügen über ein reiches Repertoire an Erzählungen über die Geister von Sonne, Mond und Sternen (das Entflammen der Sonne aus dem Dotter eines Emu-Eis ist nur ein Beispiel). Es wurden jedoch nur wenige Aborigines-Stätten von astronomischer Bedeutung entdeckt. Die raue Umwelt zwang die Menschen zu einem Nomadendasein, weshalb vermutlich kaum dauerhafte Denkmäler errichtet wurden. Diese Lebensweise, die mindestens 40 000 Jahre betrieben worden war, wurde von den kolonialen Siedlern ausgelöscht. Ein Großteil des Erbes, das von Generation zu Generation weitergegeben worden war, scheint heute für immer verloren. Daher ist es umso wichtiger, das archäologische Erbe der ältesten noch bestehenden Kultur unserer Erde zu verstehen.

Raue Landschaft Die Steine von Wurdi Youang liegen im trockenen Gebiet des Stammes der Wathaurong.

Orientierung nach den Himmelsrichtungen

Auf trockenem Grasland nahe Little River, etwa 35 km südwestlich von Melbourne, liegt Wurdi Youang, eine geschützte Kulturerbestätte der Aborigines, die vom Stamm der Wathaurong errichtet wurde. Es handelt sich dabei um einen eiförmigen Kreis aus ungefähr 100 Basaltsteinen, dessen 50 m lange Achse von Osten nach Westen orientiert ist. Er ist einer von mehreren Steinkreisen in dieser Gegend, von denen ein Großteil eindeutig auf die Himmelsrichtungen ausgerichtet ist. Bis jetzt konnte das Alter des Kreises nicht bestimmt werden.

Zehn Meter westlich der drei größten Steine liegt ein Komplex aus fünf Steinen, von denen drei Ost-West orientiert sind. Im Jahr 2003 bemerkte John Morieson,

Ausrichtungen auf den Sonnenuntergang Vom Westende des Kreises in Wurdi Youang aus sind Ausrichtungen auf Tagundnachtgleiche sowie auf Sonnenuntergänge zur Winter- und Sommersonnenwende zu erkennen. Ähnliche Ausrichtungen finden sich vom Ostende des Kreises aus betrachtet.

dass die Dreierreihe auf den Sonnenuntergang zur Tagundnachtgleiche und die zwei anderen Steine auf den Sonnenuntergang zur Winter- und Sommersonnenwende ausgerichtet sind. Möglicherweise stehen die drei großen Felsblöcke im Kreis selbst auch in Verbindung mit diesen drei Ausrichtungen.

Im Jahr 2010 veröffentlichten der Astrophysiker Ray Norris und seine Kollegen ihre Beobachtung, dass die Steine des Kreises vom Ostende des Eis aus betrachtet auf den Sonnenuntergang zur Winter- und Sommersonnenwende orientiert sind. Dies lässt darauf schließen, dass die Erbauer von Wurdi Youang bewusst astronomische Ereignisse dokumentierten, die für sie von Bedeutung waren.

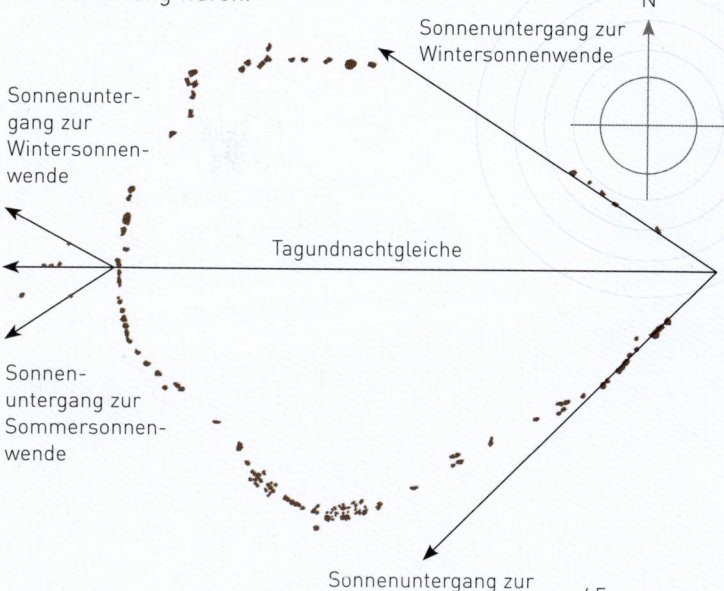

KARAHUNJ ARMENIEN

Auf einem Hügel nahe der Stadt Sisian im Süden von Armenien findet sich ein Komplex aus jungsteinzeitlichen Megalithen, die im oder um das 3. Jahrtausend v. Chr. errichtet wurden und „Stonehenge von Armenien" genannt werden. Allerdings ist diese Bezeichnung unpassend gewählt, da die beiden Stätten deutliche Unterschiede aufweisen.

Der Komplex ist nach der Siedlung Karahunj benannt, die 1,6 km südlich der Stadt Goris liegt. Die Stätte umfasste mehr als 200 Basaltsteine, von denen heute noch um die 150 vorhanden sind. Sie sind zwischen 0,6 und 3 m hoch. Im Zentrum des Komplexes befindet sich ein eiförmiger Kreis aus etwa 40 Steinen mit einem Durchmesser von ungefähr 43 m, der nach den vier Himmelsrichtungen orientiert ist.

Sichtrohre Die durchbohrten Steine von Karahunj sind wahrscheinlich auf die Sonnenwenden oder bisher unbekannte Sternenereignisse ausgerichtet.

Sichtrohre und Periskope?

Auf jeder Seite dieses Eis verlaufen direkt nach Norden und Süden Steinreihen, die sich wie Flügel eines Vogels ausbreiten. Jede Reihe ist etwa 205 m lang und weist ungefähr 40 m vor dem Ende eine Biegung nach Westen auf. Diese beiden symmetrischen Reihen haben das Interesse von Archäoastronomen geweckt, da sich in über 80 ihrer Steine Löcher finden (etwa 50 sind intakt). Die Löcher mit einem Durchmesser von 4–5 cm befinden sich an schmaleren Stellen der Megalithen, meist in Nähe der Spitze – manche Löcher haben jedoch eine Tiefe von bis zu 20 cm. Der geringe Durchmesser und die beachtliche Tiefe dieser Löcher oder Röhren könnten bedeuten, dass sie auf ein fernes Ziel wie den Horizont ausgerichtet wurden.

Mehrere Löcher zeigen auf den Punkt, an dem die Sonne zur Sommersonnenwende aufgeht, und andere auf den Punkt, an dem sie später wieder untergeht.

Stonehenge von Armenien Insgesamt 150 Steine sind an dieser beeindruckenden, doch relativ unbekannten Stätte erhalten.

Der Großteil ist jedoch auf kein astronomisches Ereignis ausgerichtet. Außerdem sind die meisten so geneigt, dass sie ein wenig über den Horizont hinausragen. Drei Löcher, die den Stein bis zur Hälfte durchdringen und dann gerade nach oben führen, wurden als mögliche Periskope aus der Steinzeit interpretiert. Polierter Obsidian, der in den Löchern platziert wurde, könnte das Sternenlicht vom Zenit widergespiegelt haben.

Kontroversen
Die astronomische Deutung der Löcher ist höchst umstritten: Bei so vielen Löchern ist es unvermeidbar, dass das eine oder andere davon auf bestimmte Sterne am Himmel zeigt. Behauptungen, dass diese Ausrichtungen beabsichtigt seien, werden kritisch betrachtet. Dies bedarf noch weiterer Untersuchungen. Rätsel wirft auch die Frage auf, wie die Löcher entstanden sind. Außerdem gibt es keine Erklärung, warum die Löcher poliert und ursprünglich erscheinen – obwohl die stehenden Steine stark verwittert und zum Teil mit uralten Flechten überwachsen sind.

Nichtsdestotrotz deutet die Orientierung von Karahunj auf die Himmelsrichtungen darauf hin, dass es sich dabei um eine Stätte von großer archäoastronomischer Bedeutung handelt.

DAS VIERECK VON CRUCUNO FRANKREICH

Im Zusammenhang mit der Erde und der Sonne tauchen immer wieder geometrische Formen auf, wie etwa ein Kreuz, das von den vier Himmelsrichtungen gebildet wird. Es gibt aber auch andere geometrische Sonnenmuster, die nur in einer bestimmten Gegend zu finden sind. Ein Beispiel hierfür ist das Steinviereck von Crucuno, das auf dem Breitengrad 47° 38' liegt, weniger als 5 km nordwestlich der berühmten Megalith-Fundstelle Carnac in der Bretagne (siehe Seiten 84–85).

Das Viereck von Crucuno ist ein Megalithbau, dessen 22 erhaltene Steine durchschnittlich 1,5 m hoch sind. Die kurzen Seiten des Vierecks sind von Norden nach Süden ausgerichtet und 24,9 m lang, während die längeren Seiten von Osten nach Westen zeigen und 33,2 m messen. Die Länge der verschiedenen Seiten und der Diagonalen, die das Viereck in zwei gleiche rechtwinkelige Dreiecke teilen, weisen ein Verhältnis von 3:4:5 auf. Angenommen, die kurze Seite des Vierecks von Crucuno misst drei Einheiten,

DAS MEGALITHISCHE YARD

Der Schotte Alexander Thom, Professor für Ingenieurwesen und Hobbyarchäologe, entdeckte, dass viele der von ihm untersuchten Stätten ähnliche Maße aufwiesen. Sie schienen das Vielfache einer 0,83 m langen Einheit zu messen, die er das Megalithische Yard nannte. Im Jahr 1970 besuchte er Crucuno und fand heraus, dass die rechtwinkeligen Dreiecke im Viereck beide 30 x 40 x 50 Megalithische Yards maßen. Damit ist Crucuno einer der besten Belege für das Megalithische Yard.

Im nahegelegenen Le Manio finden sich drei Menhire – der Géant du Manio, die Dame du Manio und das Steinviereck – die laut Vertretern der Theorie ebenso das Verhältnis 3:4:5, gemessen im Megalithischen Yard, aufweisen:

Dame zu Viereck = 24,9 m = 20,7 my = 3 x 6,9 MY
Viereck zu Géant = 33,2 m = 27,5 my = 4 x 6,9 MY
Géant zu Dame = 41,5 m = 34,4 my = 5 x 6,9 MY

Die Messungen ergeben einen Faktor von ungefähr 7 MY, doch Kritiker sehen sogar diesen kleinen Fehler als großen Mangel. Viele der von Thom im Zusammenhang mit dem Megalithischen Yard erforschten Stätten wurden einer erneuten Prüfung unterzogen. Dabei konnte die von ihm entwickelte Maßeinheit nicht nachgewiesen werden.

Géant du Manio

Frühzeitliche Geometrie Auf diesem Breitengrad markieren die Proportionen von 3:4:5 des Vierecks von Crucuno den Sonnenaufgang und Sonnenuntergang zu beiden Tagundnachtgleichen und beiden Sonnenwenden.

dann wäre die lange Seite vier und die Diagonale fünf Einheiten groß.

Auf diesem Breitengrad ist ein Viereck mit dieser Ausrichtung und diesen Proportionen von besonderem archäoastronomischem Interesse, da um 1800 v. Chr. die Sonne zur Sommersonnenwende entlang der einen Diagonale und zur Wintersonnenwende entlang der anderen Diagonale aufging. An jedem Tag ging sie auch entlang der gegenüberliegenden Diagonale unter. Die Anordnung in Crucuno fängt daher nicht nur exakt die Himmelsrichtungen, sondern auch den Sonnenauf- und -untergang zu den beiden Tagundnachtgleichen und Sonnenwenden ein.

Es ist ungewiss, ob den Erbauern die genauen mathematischen Eigenschaften ihres Vierecks bewusst waren. Manche behaupten jedoch, dass sie genau diese Stelle wählten, da sie wussten, dass es der einzige Breitengrad war, auf dem sie ein Viereck

errichten konnten, dessen Maße das besondere Verhältnis von 3:4:5 aufwiesen. Der Archäoastronom Alexander Thom vertrat die Meinung, dass solche rechtwinkeligen Dreiecke in vielen britischen und europäischen Megalithbauten zu finden wären, doch seine Maßeinheit Megalithisches Yard ist umstritten.

Manche Forscher halten die Proportion des Vierecks von Crucuno für reinen Zufall. Andere hingegen sehen in der Stätte einen Beweis dafür, dass es eine mathematisch gebildete Gesellschaft gab, die über Stammesgrenzen hinweg Monumente erbaute, die auf einer Kombination aus Astronomie und heiliger Geometrie beruhten.

ELEUSIS GRIECHENLAND

Die griechische Sage von Persephone gehört zu den berühmtesten Erzählungen über die Entstehung der Jahreszeiten. Sie beginnt damit, wie die Jungfrau Persephone unbekümmert Blumen auf einer Wiese sammelt, als sie von Hades in die Unterwelt entführt wird. Sie kann zwar gerettet werden, muss jedoch für einen Teil des Jahres wieder in die Unterwelt zurückkehren.

Persephone verkörpert die Farbenpracht und Vitalität von Frühling und Sommer. Bei ihrem Verschwinden hinterlässt sie den Verfall und die Trostlosigkeit von Herbst und Winter. Die Muttergöttin Demeter begegnet dem Schicksal ihrer Tochter mit einem fortwährenden Kreislauf aus Freude über ihren Aufenthalt in der Welt der Lebenden und Trauer über ihre Abwesenheit.

Obwohl viele die Sage von Persephone als rein landwirtschaftlichen Mythos betrachten, deutet die Tatsache, dass sie die Grundlage für die Mysterien von Eleusis bildet, auf eine tiefere Bedeutung hin. Die Mysterien von Eleusis zählen zu den bedeutendsten Mysterienkulten der Athener. Geheimnisse des Kults wurden nur Auserwählten preisgegeben.

Das kultische Zentrum in Eleusis lag weniger als 20 km westlich von Athen. Als Wohlstand und politischer Einfluss der Stadt zunahmen, erlebten auch die Mysterien von Eleusis eine Blütezeit. Man nimmt an, dass sich der Kult vom minoischen Kreta aus verbreitete und um 1500 v. Chr. Fuß fasste. Er bestand bis zum späten 4. Jahrhundert n. Chr., als er unter dem Christentum verboten wurde. Es ist erstaunlich, wie wenig von solch langlebigen Lehren erhalten geblieben ist. Die Teilnehmer der Mysterienfeiern waren zu Verschwiegenheit verpflichtet und es scheint, dass ihre Geheimnisse bis heute bewahrt blieben.

Licht und Dunkelheit

Der Mythos von Persephone teilt das Jahr in zwei Hälften: eine Zeit von Licht und Wärme, wenn sie auf der Erde weilt, und eine Zeit von Dunkelheit und Kälte, wenn sie in der Unterwelt ist. So ist es passend, dass ihre Geschichte zur Herbsttagundnachtgleiche gefeiert wurde – einer Zeit, in der sich nicht nur ein Wandel von einer Jahreszeit zur anderen vollzog, sondern in der auch der Tag in zwei gleiche Hälften geteilt war.

Der athenische Festtagskalender begann jedes Jahr mit der ersten Sichtung einer neuen Mondsichel nach der Sommersonnenwende. Der dritte Vollmond des Jahres markierte den Beginn der zehntägigen Mysterienfeiern. Dadurch wurde sichergestellt, dass der

Triptolemus Detail einer Vase, das in Griechenland um 460 v. Chr. gemalt wurde. Sie zeigt Triptolemus mit der Göttin Demeter. Dem Mythos nach gab Demeter Triptolemus die geheimen Riten der Mysterien von Eleusis preis.

Der Raub der Persephone Dieses Fresko des italienischen Renaissancekünstlers Luca Signorelli in der Kathedrale von Orvieto zeigt, wie Hades Persephone in die Unterwelt entführt, ein beliebtes Motiv der westlichen Kunst.

Termin möglichst nah auf die Herbsttagundnachtgleiche fiel. Bei den Festen wurde sowohl ausgiebig gefeiert als auch gefastet. Am Ende wurde ein Trankopfer gebracht, bei dem ein Gefäß im Osten und eines im Westen ausgegossen wurde – ein weiterer Hinweis auf die Bedeutung der Tagundnachtgleiche, dem Datum, an dem die Sonne in diesen Himmelsrichtungen auf- und untergeht.

Viele Wissenschaftler glauben, dass der Mythos von Persephone und Hades möglicherweise als göttliche Botschaft der persönlichen Erlösung gedeutet werden kann: die Fähigkeit, die Welt der Toten zu betreten und sie dann wieder zu verlassen, um erneut zu leben. Wie die Jahreszeiten einen Wandel vollziehen und die Nacht auf den Tag folgt, konnte die Seele den körperlichen Tod überwinden und am Beginn eines neuen Lebenszyklus wiedergeboren werden. Heute würden wir den Mythos auf eine andere Art und Weise betrachten: Menschen, die sich in einem Tief befinden (Hades), können einen Weg in die Freiheit und ein neues Leben finden. Die Befreiung von psychischen Problemen, die sie daran hindert, ihr menschliches Potenzial auszuschöpfen, schien stets ein wichtiges Element von Mysterien zu sein.

Die Bewahrung dieses Gedankens zur Zeit der Herbsttagundnachtgleiche, wenn Persephones einsames Dasein von Neuem beginnt, könnte für Eingeweihte eine Erinnerung dargestellt haben, es ihr nicht gleichzutun. Es war vielleicht auch ein guter Zeitpunkt, sich vor Augen zu führen, dass die Frühlingstagundnachtgleiche selbst in harten Zeiten wieder kommen und die Dunkelheit vertreiben würde.

SONNENGRÄBER

Obwohl die Iberische Halbinsel und die Orkney-Inseln ungefähr 2000 km voneinander entfernt liegen, gibt es in beiden Gegenden viele Megalithgräber. Diese Grabanlagen wurden etwa ab dem frühen 5. Jahrtausend v. Chr., seit der Jungsteinzeit, bis zur frühen Bronzezeit um 2000 v. Chr. errichtet.

Architektonische Details unterscheiden sich je nach Ort und Zeit, ein grundlegendes Element haben jedoch alle gemein: Bei Megalithgräbern handelte es sich um gemeinschaftliche Begräbnisstätten. Ihre astronomische Bedeutung liegt darin, dass sie stark mit der aufgehenden Sonne in Verbindung standen.

Ihre einfachste Form wird oft als Dolmen („Steintisch") oder Cromlech („gebogener Stein") bezeichnet. Ein Dolmen kann aus nur drei großen Steinen bestehen: zwei Tragsteinen im Boden und einem Deckstein. Oft wurde ein weiterer aufrechter Stein hinzugestellt, um eine geschlossene Kammer zu erhalten. Die Gräber wurden vermutlich mit einer Erdschicht bedeckt, die im Laufe der Zeit abgetragen wurde, sodass das Steinwerk wieder zum Vorschein kam.

Ein Dolmen mit parallelen Wänden und einem offenen Ende kann auf einen schmalen Bereich am Horizont gerichtet sein. Komplexe Grabstätten wie Ganggräber können jedoch viel präziser orientiert sein. Der Eingang eines Ganggrabs führt zu einem Korridor, der tief in den Erdhügel des Grabes hineinreicht. Manchmal gibt es nur eine einzige Kammer am Ende, oder es finden sich zwei weitere Seitenkammern. Dank des langen, geraden Ganges können Forscher die Ausrichtungen mit großer Genauigkeit bestimmen.

Tod und Wiedergeburt

Die Ausrichtung auf die Sonne sollte möglicherweise bewirken, dass ihre Fruchtbarkeit in das Grab gelang, um die Vorfahren zu nähren oder zum Leben zu

Dolmen von Mané-Groh Dieses aufwendige vierräumige Grab entstand etwa um 4000–3500 v. Chr. in Frankreich.

erwecken, damit ihre Geister wieder in die Gemeinschaft hineingeboren werden konnten.

Chantal Jègues-Wolkiewiez erforschte Höhlen wie Lascaux, die Malereien aus der Altsteinzeit enthalten (siehe Seiten 200–203). Von 130 untersuchten Stätten zeigten die Eingänge von 122 auf Sonnenpunkte am Horizont zu den Sonnenwenden. Vielleicht wurden diese Höhlen ausgewählt, damit das Sonnenlicht in den Schoß von Mutter Erde dringen konnte, um die in ihrem Inneren gemalten Tiere zum Leben zu erwecken und die Welt draußen zu besiedeln.

Dolmen von Ballykeel Wie auch andere Dolmen war diese Grabanlage in Ballykeel, Irland, einst mit Erde bedeckt, die im Laufe der Zeit abgetragen wurde.

SONNENAUSRICHTUNGEN IM ÜBERBLICK

Mithilfe mathematischer Wahrscheinlichkeiten lässt sich herausfinden, ob die Ausrichtungen einer Stätte Zufall oder Absicht sind. Diese Glockenkurve basiert auf einer Arbeit von David Le Conte. Sie zeigt die Orientierung von mehr als 1500 neolithischen Gräbern auf der Iberischen Halbinsel und in Teilen der Causses, Südfrankreich. Die große Mehrheit der Gräber war auf den Sonnenaufgang ausgerichtet. Die beliebtesten Daten (durch den Scheitelpunkt der Glockenkurve angezeigt) waren entweder ein paar Wochen nach der Herbsttagundnachtgleiche oder ein paar Wochen vor der Frühlingstagundnachtgleiche. Eine mögliche Erklärung für diese Häufung ist, dass die Gräber am ersten Tag ihrer Errichtung nach der aufgehenden Sonne orientiert wurden und diese Arbeiten im Herbst begannen – nachdem die Ernte vorüber war und bevor sich das Wetter verschlechterte.

Im Jahr 2008 veröffentlichte Michael Hoskin einen Überblick über mehr als 1700 Gräber von der Iberischen

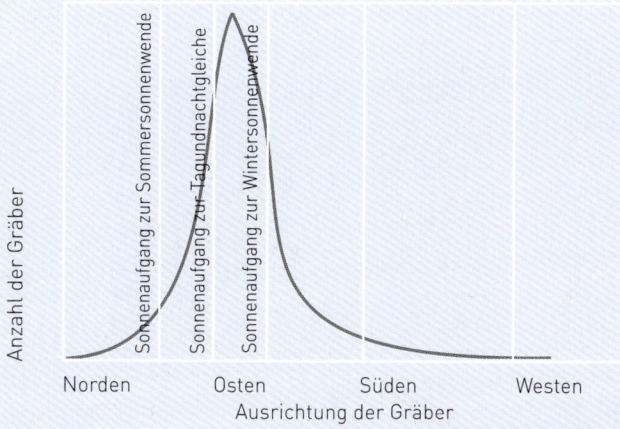

Halbinsel bis zu den Kanalinseln, von denen 95 Prozent auf die aufgehende Sonne ausgerichtet waren.

NEWGRANGE, KNOWTH UND DOWTH IRLAND

Im Tal des Flusses Boyne im Osten Irlands liegt der Megalith-Komplex Brú na Bóinne („Palast des Boyne"). Zu dieser Weltkulturerbestätte gehört eine der ältesten bekannten astronomischen Ausrichtungen: Die Orientierung der Anlage Newgrange auf den Sonnenaufgang zur Sommersonnenwende ist mehr als ein halbes Jahrtausend älter als die der Cheops-Pyramide in Ägypten.

Die drei wichtigsten Monumente des Komplexes entstanden in der Jungsteinzeit um 3200 v. Chr. Jeder Erd- und Steinhügel enthält steingesäumte Gänge, die zu Kammern führen, in denen die Knochen der Toten aufbewahrt wurden.

Die berühmteste Stätte des Komplexes ist Newgrange, ein Ganggrab mit einer Höhe von etwa 14 m und einem Durchmesser von 88 m. Es wurde auf einer kleinen Anhöhe errichtet. Die Außenmauer des Erdhügels verläuft steil nach unten, seine Fassade wurde mit weißen Quarzsteinen versehen, die das Licht reflektieren. Dadurch ist die Anlage auch aus der Ferne zu sehen – besonders im Mondschein. Es wird jedoch als kritisch betrachtet, dass zur Instandhaltung Zement verwendet wurde, um die Steine der Mauer in ihrer Position zu halten.

Die Reise des Geistes

Der Gang in Newgrange ist 19 m lang und führt zu drei kleinen Kammern, die dem Bau eine Kreuzform verleihen – möglicherweise in Anlehnung an die vier Jahreszeiten. Jede der kleinen Kammern ist ein Grab, in dem die Knochen der Toten bestattet wurden. Die Kammern enthielten auch Steinbecken von mehr als 1 m Durchmesser. Archäologen vermuten, dass in ihnen die Asche der Toten aufbewahrt wurde. In diesem Fall könnten die Becken mit der Legende des unerschöpflichen Kessels des Gottes Dagda, der in der Gegend von

Kreuzform Das stimmungsvolle Innere von Newgrange enthält einen langen Gang und drei Grabkammern.

Brú na Bóinne lebte, in Verbindung gebracht werden. Andere keltische Mythen erzählen von Kesseln, die Tote wieder zum Leben erwecken konnten.

Es war offensichtlich, dass der Eingang zum Hügel auf den Sonnenaufgang zur Wintersonnenwende zeigte. Doch erste Analysen im 20. Jahrhundert ergaben, dass die aufgehende Sonne nur einen Teil des ansteigenden Bodens des Durchganges erhellte. Im Jahr 1963 stellte man etwas Eigentümliches auf dem Dach des Eingangsbereiches fest: eine steingesäumte Öffnung mit den Maßen von 1,2 x 1 x 0,9 m. Nähere Untersuchungen zeigten, dass durch diese Öffnung das Licht der aufgehenden Sonne zur Wintersonnenwende direkt in die zentrale Kammer im hintersten Teil des Hügels drang und diesen etwa 15 Minuten lang mit strahlendem Wintersonnenlicht durchflutete.

Symbolische Kunst Steinblöcke, die den Hügel von Newgrange zieren, sind mit vielerlei Mustern versehen, deren Bedeutung wir heute nur erahnen können.

An dieser Stelle befindet sich eine Gravur, die sich aus drei miteinander verbundenen Spiralen zusammensetzt. Ihre ursprüngliche Bedeutung ist unbekannt, sie dürfte im Zusammenhang mit der Vorstellung stehen, dass der Geist in einem ewigen Kreislauf zwischen Leben und Tod hin und her wandert. Diese Gravur gilt als ältestes erhaltenes Exemplar dieses faszinierenden geometrischen Musters. Die Genauigkeit, mit der das Monument errichtet wurde, macht Newgrange zu einer der berühmtesten archäoastronomischen Stätten.

Die Orientierung der Grabanlage muss vor seiner Errichtung genau geplant worden sein. Dies deutet auf einen bewussten Versuch hin, eine Verbindung zwischen den verstorbenen Ahnen, die in dem Grab bestattet wurden, und dem Sonnenaufgang zur Wintersonnenwende herzustellen.

Neolithische Kunst

Ein besonders faszinierendes Merkmal von Newgrange sind die Begrenzungssteine, die wahrscheinlich aus einem 15 km entfernten Steinbruch stammen. Den gesamten Hügel umgaben an seiner Basis 97 Randsteine. Viele von ihnen sind zum Teil reich verziert mit Spiralen, Zickzacklinien und Rauten. Man vermutet, dass es sich bei den Spiralen um Sonnensymbole handelt, eine These, die durch den Steinblock am Grabeingang gestützt wird. Eine vertikale Linie trennt die Oberseite dieses Steins: Rechts befindet sich eine dreifache Spirale, die entgegen dem Uhrzeigersinn verläuft; links drehen sich die Spiralen im Uhrzeigersinn. Das Spiralenmotiv scheint für die Künstler von Newgrange von besonderer Bedeutung gewesen zu sein.

Sonnengrab *(Links)* Über dem Eingang von New-grange befindet sich die Lichtöffnung, durch die die aufgehende Sonne zur Wintersonnenwende ins Innere des Hügels vordringt.

Heilige Symmetrie *(Rechts)* Die Skizze des Newgrange-Hügels von außen zeigt, wie der Gang zur zentralen Kammer auf derselben Ost–Westachse liegt wie der Randstein 52; die Muster dieses Steins greifen jene des Eingangssteins wieder auf. Sie dürften im Zusam-menhang mit der Sonne und den Sternen stehen.

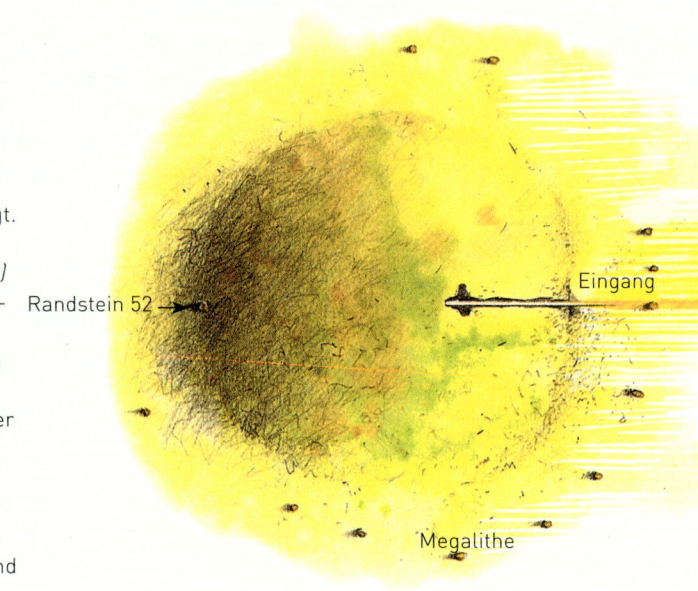

Randstein 52

Eingang

Megalithe

Jährliche Zeremonie Der Aufriss und die Draufsicht zeigen, wie das Son-nenlicht durch die Lichtöffnung in den Hügel von Newgrange dringt und eine Dreifach-Spirale auf der hinte-ren Wand der zentralen Kammer für nur 15 Minuten im Jahr erhellt.

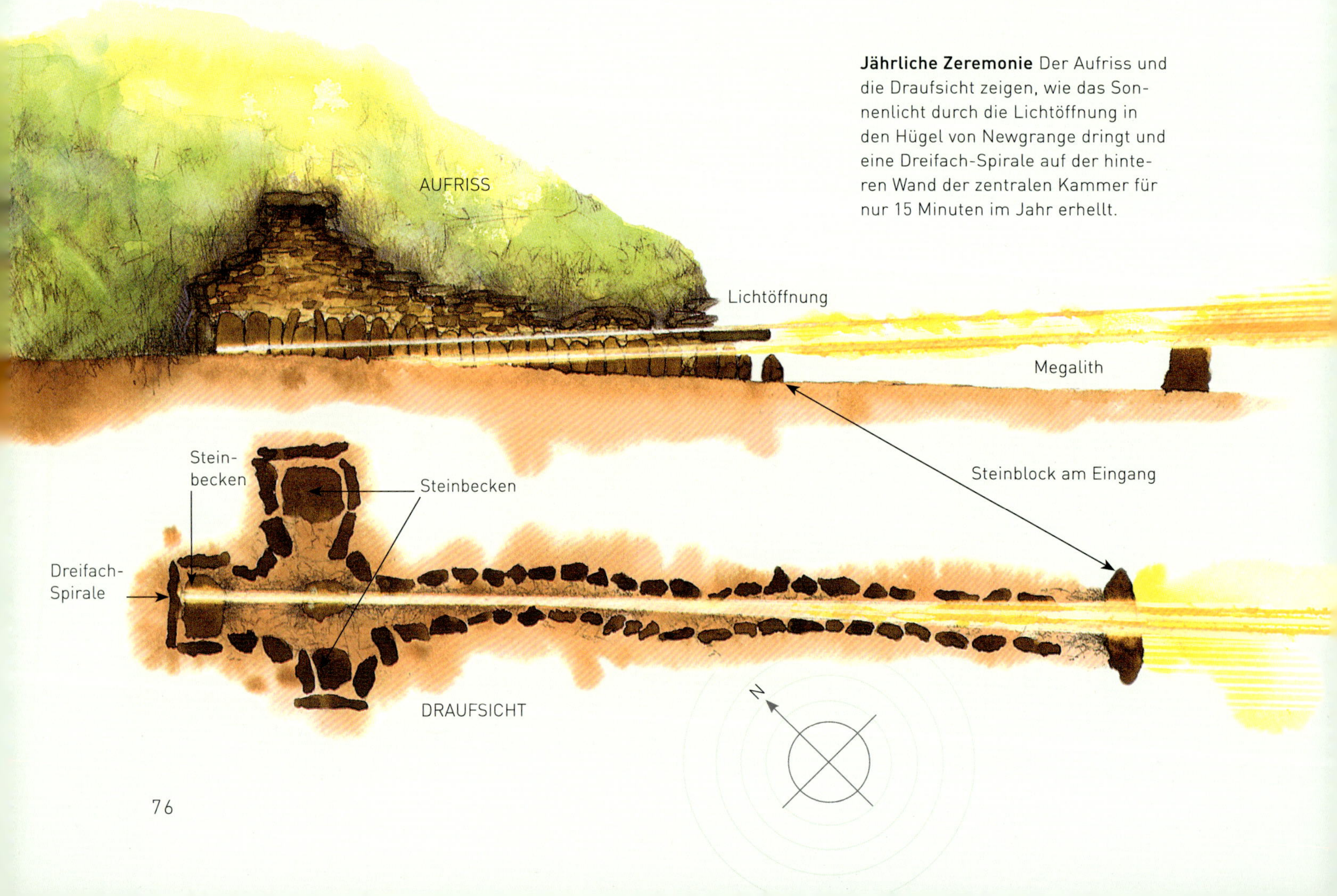

AUFRISS

Lichtöffnung

Megalith

Steinblock am Eingang

Stein-becken

Steinbecken

Dreifach-Spirale

DRAUFSICHT

Der Hügel war auch von einem Kreis aus ursprünglich 32 bis 35 Megalithen umgeben, die ungefähr 10 m entfernt von den Begrenzungssteinen lagen. Die meisten der Steine sind heute nicht mehr vorhanden. Zur Wintersonnenwende warf der Megalith vor dem Eingang einen Schatten auf die Dreifach-Spirale des davorliegenden Steinblocks. Ein anderer Stein im Kreis warf zur Tagundnachtgleiche im Frühling einen ähnlichen Schatten auf die Dreifach-Spirale.

Verblüffenderweise ist der Randstein an der Hinterseite des Hügels, diametral gegenüber dem Eingangsstein, ebenfalls durch eine vertikale Linie zweigeteilt. Zu den weiteren Mustern zählen Diamanten und Löcher sowie Spiralen. Die Löcher dürften im Zusammenhang mit den Sternen stehen, während sich die Spiralen auf die Sonne beziehen. Mit seiner Kunst, Architektur und Astronomie ist Newgrange eine ganz besondere Stätte, die Raum für viele Erklärungen bietet.

Knowth

Zwar ist Newgrange der eindrucksvollste der drei großen Erdhügel in der Gegend von Brú na Bóinne, doch Knowth ist etwas größer. Er liegt ungefähr 1,3 km nordwestlich von Newgrange und enthält sogar zwei getrennte Gänge, die von West nach Ost verlaufen.

Diese beiden Gänge sind vermutlich auf die Tagundnachtgleichen ausgerichtet, obwohl sie das Datum nur ungenau markieren. Deshalb halten viele diese Ausrichtung für bloßen Zufall. Die Ungenauigkeit dürfte aber auch darauf zurückzuführen sein, dass der Hügel ab etwa 2500 v. Chr. nicht weiter genutzt wurde und daher verfiel.

DIE SONNENSPIRALE

Die Spirale könnte auf frühere Vorstellungen über die Sonnenbewegung hinweisen. Wenn wir die Bewegung der Sonne über den Himmel zur herbstlichen Tagundnachtgleiche darstellen müssten, würden wir einen großen Bogen zeichnen. Einen Monat später würde die Sonne noch immer einen Bogen am Himmel beschreiben. Da er jedoch kleiner wäre, würden wir einen Bogen innerhalb des ersten zeichnen. Und so würde in jedem darauffolgenden Monat der Bogen immer kleiner ausfallen.

Wenn wir glauben würden, dass die Sonne jede Nacht unter die Erde taucht und die Unterwelt passiert, würden wir wohl des linke Ende des Bogens mit dem rechten des nächsten Bogens verbinden. Und wenn wir davon ausgingen, dass der nächtliche Verlauf der Sonne auch in Form eines Bogens erfolgt, so erhielten wir eine schöne Spirale.

Nur ein Beobachter auf dem nördlichen oder südlichen Polarkreis würde eine Spirale erhalten, die zur Wintersonnenwende zu einem Punkt in der Mitte zusammenläuft. Doch auch die Menschen von Newgrange, Knowth und Dowth waren sich wahrscheinlich bewusst, dass der Winter immer kälter werden würde. Diese Angst könnte sich im Glauben und in Zeremonien widergespiegelt haben. Möglicherweise stellen die Spiralen von Newgrange eine Welt dar, in die die Menschen von damals nicht eindringen wollten.

Dreifach-Spirale in Newgrange

Grenzsteine, die durch Linien halbiert sind und die in den zwei Eingangsbereichen gefunden wurden, deuten auf eine genaue Planung hin. Das gleiche gilt für den Megalith vor dem westlichen Eingang, dessen Schatten bei Sonnenuntergang zur Zeit der Tagundnachtgleichen in die Mitte des halbierten Begrenzungssteins fallen. Der Ostgang endet wie in Newgrange in einer kreuzförmigen Grabkammer, was erneut ein Verweis auf die Jahreszeiten sein dürfte.

Dieser Hügel ist von Grenzsteinen umgeben, die besonders vielfältige Verzierungen aufweisen. Zwei davon dürften astronomische Merkmale besitzen. Der eine im Osten ähnelt einer Sonnenuhr mit eingravierten Strahlen, die von einem Mittelpunkt aus im Halbkreis nach unten verlaufen. Obwohl wir keine Nachweise für eine Verwendung als Sonnenuhr haben, halten viele Forscher dies durchaus für möglich. Ein anderer Stein im Südsüdwesten scheint die Mondphasen während des 29-tägigen Lunarmonats zu zeigen (siehe Seiten 126–127).

Mit seinen über 400 verzierten Steinen umfasst Knowth fast die Hälfte aller Megalith-Kunstwerke, die in Westeuropa bekannt sind. Die schiere Vielfalt an Bildern und Mustern, die in die Steine graviert wurden, würde viele Erkenntnisse liefern, wenn wir imstande wären, sie zu entziffern.

Dowth

Die Grabanlage Dowth, die 2 km nordöstlich von Newgrange liegt, befindet sich in einem schlechten Zustand. Dies ist teils auf Vernachlässigung, teils auf Ausgrabungsarbeiten im 19. Jahrhundert zurückzuführen. Obwohl der Erdhügel ungefähr so groß wie Knowth und Newgrange ist, sind die Grabkammern kleiner und die beiden Gänge mit einer Länge von etwa 15 m kürzer. Auch finden sich weniger Verzierungen als bei den anderen zwei Anlagen, und diese sind von schlechterer Qualität. Dennoch scheint es auch hier spezifische Ausrichtungen zu geben.

Die beiden Gänge, die in den Hügel führen, liegen auf der Westseite. Der nördlichste Gang besitzt einen Arm, der in einem kleinen kreuzförmigen Grabbereich mit einem Anbau neben der rechten Kammer endet. Der gewundene Gang nördlich der Grabkammer ist relativ jung – er entstand vermutlich erst zu Beginn des 1. Jahrtausends n. Chr.

Der Eingang des Südgangs blickt Richtung Newgrange. Dieser Gang endet in einer kreisförmigen Grabkammer, rechts von ihr liegt eine nischenartige Kammer. Die Steine in dieser Nische sind mit Sonnensymbolen versehen, wie Kreisen, konzentrischen Kreisen und einem Sonnenrad (Sonnenräder finden sich auch außerhalb des Hügels auf Randstein 51). Beobachtungen von Anne-Marie Moroney zufolge ist dieser Gang auf den Sonnenuntergang zur Wintersonnenwende ausgerichtet und vervollständigt somit die Orientierung von Newgrange. Wenn die Sonnenstrahlen auf den Stein hinten im Gang treffen, wird das Licht in die Nische reflektiert und beleuchtet die Sonnenbilder.

Sonnenuhr von Knowth Bei einem Randstein außerhalb des Hügels Knowth (hier zur besseren Sichtbarkeit künstlich beleuchtet) könnte es sich um eine alte Sonnenuhr handeln.

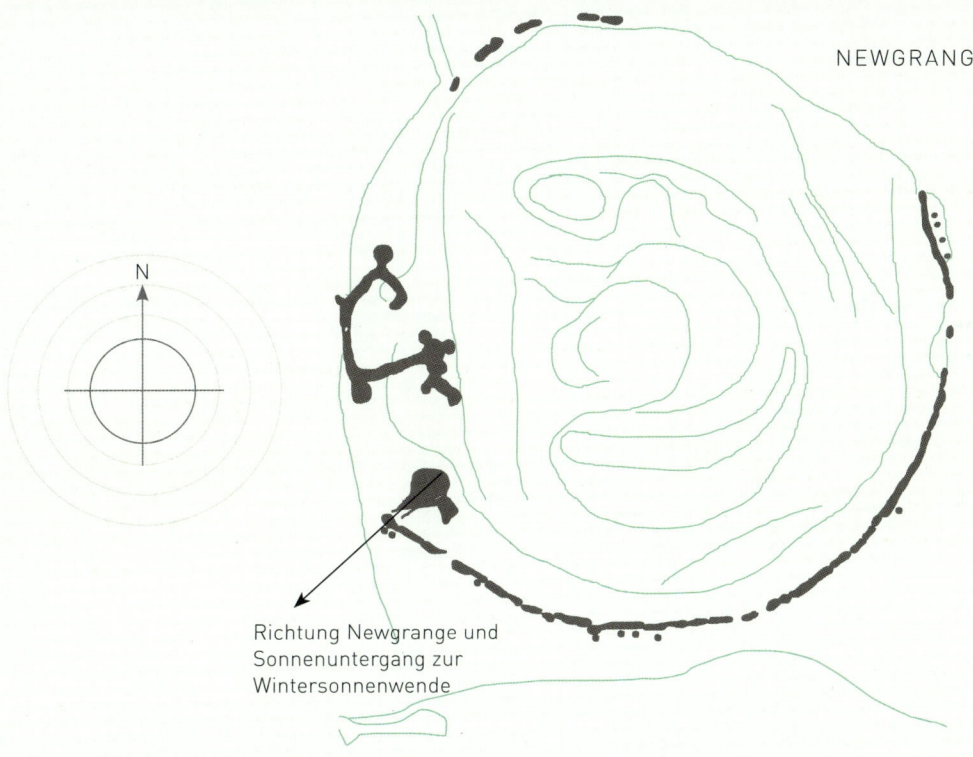

N

Richtung Newgrange und
Sonnenuntergang zur
Wintersonnenwende

Ausrichtung Der Süd-
gang von Dowth ist auf
den Sonnenuntergang zur
Wintersonnenwende ausge-
richtet. Wie in Newgrange
beleuchten die Strahlen
beim Auftreffen auf die
Rückwand des Hügels
Sonnenbilder. Der Eingang
im Norden zeigt ungefähr in
Richtung Knowth, während
der Eingang im Süden nach
Newgrange weist. Dadurch
stehen alle drei Anlagen
miteinander in Verbindung.

DIE ERRICHTUNG VON DOWTH

Eine Legende, die den Namen Dowth
(„Dunkelheit") erklärt, wurde im
frühen Mittelalter in die Dindsenchas,
eine Sammlung von Ortsnamen-
erklärungen Irlands, aufgenommen.
Sie erzählt davon, wie der König von
Irland nach einer Pestepidemie alle
Männer seines Königreichs einberief,
um sie einen Turm in den Himmel
bauen zu lassen. Ungern willigten sie
ein. Ihre Arbeitskraft wollten sie nur
für einen Tag zur Verfügung stellen.
Die Schwester des Königs verstand
jedoch die Kunst der Magie und
brachte die Sonne zum Stillstand,
sodass die Arbeiter einen endlosen
Tag hatten, um den Turm zu bauen.
　Der Legende nach war der König
so berauscht von der Macht seiner
Schwester, dass er sie unbedingt
verführen wollte. Eine fatale Ent-
scheidung, denn als sie ihre Jungfräulichkeit an ihn verlor, war auch
ihre Zauberkraft verschwunden und
die Sonne nahm ihren täglichen Lauf.

Der Hügel von Dowth

Die Männer gingen nach Hause und
hinterließen nicht mehr als den Hügel
von Dowth.
　Diese Erzählung verbindet Magie
mit einer möglichen Beobachtung des
Verhaltens der Sonne. Zu den Sonnenwenden scheint der schrittweise
Verlauf ihrer Aufgangs- und Untergangspunkte am Horizont zu einem
Stillstand zu kommen. Wenngleich

die Legende in ihrer heutigen Form
wahrscheinlich keltischen Ursprungs
aus der Eisenzeit ist, scheint sie einige
der wichtigsten Themen zu behandeln,
die die Menschen der Jungsteinzeit
beschäftigten.

MAESHOWE SCHOTTLAND

Die Orkney-Inseln besitzen rund 3000 neolithische Fundstätten und waren einst ein bedeutendes kulturelles Zentrum. Die Inseln waren den extremen Wetterbedingungen vom Nordatlantik und dem nördlichen Polarkreis sowie Eindringlingen aus dem skandinavischen Raum ausgesetzt. Das fruchtbare Land und das reiche Nahrungsangebot aus dem Meer boten jedoch gute Lebensgrundlagen, außerdem besticht die Gegend durch ihre raue Schönheit.

Die Weltkulturerbestätte besteht aus mehreren Anlagen. Darunter sind die Küstensiedlung Skara Brae, das Passage Tomb Maeshowe, der Steinkreis Stones of Stenness sowie der Ring of Brodgar, die zwischen 3100 und 2800 v. Chr. entstanden.

Maeshowe ähnelt mit seiner kreuzförmigen Grabkammer der älteren Grabanlage von Newgrange (siehe Seiten 74–77). Sie misst etwa 4,5 x 4,5 m x 3,8 m und liegt am Ende eines ungefähr 9 m langen Ganges. Maeshowe ist mit einer Höhe von 7,3 m und einem Durchmesser von 35 m etwas kleiner als Newgrange.

Der Eingang zu Maeshowe weist auf den Sonnenuntergang zur Wintersonnenwende. Von dieser Perspektive aus war für einige Tage zu sehen, wie die Sonne in einer Senke zwischen zwei etwa 15 km entfernten Hügeln auf der Insel Hoy unterging. Die untergehende Sonne zu dieser Sonnenwende beleuchtete auch die Innenkammer des Grabes. In einer Nische abseits des Ganges liegt ein Steinblock, der zwar genauso breit wie der Gang ist, aber ein wenig zu kurz, um den Eingang völlig zu verschließen. Wurde er vor den Eingang bewegt, so blieb oben ein 50 cm großer Schlitz offen, der wohl wie die Lichtöffnung von Newgrange das Licht des Sonnenuntergangs zur Sonnenwende direkt in die innere Kammer lenkte.

Wikingergraffiti *(Links)* Bei den Ausgrabungsarbeiten von Maeshowe im Jahr 1861 entdeckten die Archäologen, dass sie sich nicht als Erste Zutritt zu dem antiken Grab verschafft hatten: Die Wände waren mit Runen versehen, die ins 12. Jahrhundert zurückreichen.

Maeshowe *(Gegenüber)* Mit seinem kreuzförmigen Inneren (einschließlich eines langen Ganges mit drei kleinen Kammern, die von einer zentralen Kammer abzweigen) weist Maeshowe Parallelen zu Newgrange auf.

EINE GANZHEITLICHE LANDSCHAFT?

Ein einzelner etwa 3 m hoher Megalith, der als Barnhouse Stone bezeichnet wird, scheint bewusst auf der Wintersonnenwend-Ausrichtung des etwa 760 m entfernten Maeshowe positioniert worden zu sein. In dieser Gegend gibt es noch viele weitere, fast ebenso alte Monumente, die höchstwahrscheinlich demselben Zweck dienten. Eines von ihnen, der Ring von Brodgar, ist mit einem Durchmesser von 104 m einer der größten Steinkreise Großbritanniens (er wird nur von den Kreisen in Avebury und Stanton Drew übertroffen). Bei seiner Errichtung um 3000 v. Chr. bestand er aus 60 Steinen, von denen heute noch 27 erhalten sind, einige wurden im Jahr 1906 wiedererrichtet. Wie Stonehenge war Brodgar von einem Graben umgeben, der in den Felsuntergrund gehauen worden war, doch das Gestein wurde nicht zu einem Schutzwall aufgeschichtet, sondern auf ungeklärte Weise entfernt.

Bis um 1840 war der Ring von Brodgar als Temple of the Sun bekannt (der nahegelegene Steinkreis von Stenness galt als Temple of the Moon). Der Ring von Brodgar ist auf die meisten Sonnenereignisse am Horizont ausgerichtet. Es gibt jedoch so viele Steine in Brodgar und am Horizont sind so viele Vertiefungen und Erhebungen in der Landschaft zu erkennen, dass einige Ausrichtungen zwangsläufig zutreffen müssen. So

etwa erfolgt der Sonnenuntergang zur Wintersonnenwende von der Kreismitte aus betrachtet hinter einem der beiden Hills of Hoy – eine Ausrichtung, die auch vermutlich durch einen Grabhügel gekennzeichnet ist, der rund tausend Jahre nach der Errichtung des Steinkreises angelegt wurde. Es ist schwer nachzuweisen, ob solche Orientierungen bewusst zur ursprünglichen Planung des Kreises gehörten.

Der Steinkreis von Stenness, der etwas älter ist, enthält zwei Steine, die exakt den Grabhügel von Maeshowe umgrenzen. Solche Orientierungen deuten darauf hin, dass die Anlagen einen ganzheitlichen Komplex in der Landschaft bildeten. Weitere bedeutsame Ausrichtungen gilt es noch zu entdecken. Doch bevor nicht alle möglichen Konstellationen untersucht werden, wird diese Annahme in wissenschaftlichen Kreisen nicht anerkannt. Wahrscheinlich sind nicht alle der Anlagen auf astronomische Ereignisse ausgerichtet. Bevor dies nicht nachgewiesen werden kann, werden wir nicht imstande sein, die Grundlagen und Zusammenhänge prähistorischer Astronomie zu verstehen.

Ring von Brodgar *(Folgende Seiten)* Viele Sonnenausrichtungen wurden für diesen riesigen Steinkreis vermutet – ein Nachweis ist jedoch schwer.

CARNAC FRANKREICH

Die Steinreihen von Carnac in der Bretagne zählen zu den wenigen archäologischen Stätten, die weltweit Bekanntheit erlangten. Sie wurden eingehend von Archäologen und Archäoastronomen untersucht.

Die Reihen bestehen aus über 3000 einzelnen Menhiren, von denen die ältesten um das Ende der mittleren Steinzeit vor 4500 v. Chr. datieren. Sie sind in drei Reihen gruppiert, die sich vom Norden der Stadt Carnac in Richtung Nordosten und des Dorfes Kerlescan erstrecken. Obwohl sie scheinbar in geraden, parallelen Linien verlaufen, weisen sie in Wirklichkeit Kurven auf, die gegen eine astronomische Ausrichtung sprechen. Die Sonne könnte aber dennoch von Bedeutung sein, da jeweils die größten Menhire der drei Gruppen am westlichen Ende liegen.

In dieser Gegend wurden viele Monumente errichtet, darunter Gräber, von denen manche anscheinend astronomische Merkmale aufweisen. Zum Beispiel ist der Tumulus St. Michel, ein etwa 120 m langer Grabhügel, von Ost nach West auf die aufgehende Sonne ausgerichtet. An seinem Ostende befindet sich eine christliche Kapelle, die 1663 erbaut wurde und offenbar auch auf die Morgensonne gerichtet ist. Diese Ost–West-Orientierung findet sich häufig in der christlichen Architektur (siehe Seite 88). Bis ins 19. Jahrhundert hinein zündeten die Einwohner von Carnac auf diesem Hügel zu jeder Sommersonnenwende ein Leuchtfeuer.

Die Grabanlage von Kercado liegt verborgen an einer der höchsten Stellen im Waldgebiet um Carnac. Der runde Hügel misst ungefähr 25 x 5 m und wird zum Teil noch von den Überresten eines Steinkreises eingefasst. Der Grabeingang zeigt in Richtung des Sonnenaufgangs

zur Wintersonnenwende, der einen 6,5 m langen Gang beleuchtet. In den Abdeckstein ist das Bild eines Axtkopfes graviert. Axtköpfe, Bogenköpfe und Keramik wurden auch in der Grabkammer am Ende des Ganges gefunden, was darauf hindeutet, dass es sich vermutlich um ein sehr bedeutsames Grab handelt. Es datiert um das Jahr 4800 v. Chr. und zählt zu den ältesten Megalithanlagen Europas, die noch erhalten sind.

Sonnenausrichtung Die westlichen Menhire in jeder der drei Steinreihen von Carnac sind größer als die anderen. Daher wird eine Ausrichtung auf die untergehende Sonne vermutet.

DER GEFALLENE RIESE

Drei Grabkammern, die rund 10 km östlich von Carnac liegen, haben eines gemeinsam: Ihre Decksteine beinhalten einen Teil eines Megalithen, der wahrscheinlich zu jenen gehörte, die einst neben dem Grand Menhir Brisé in Locmariaquer (siehe Seite 146) standen. Dieser umgestürzte und zerbrochene Stein besaß auffällige Gravuren, darunter eine Axt und einen von einem Ochsen gezogenen Pflug. Die drei Stücke passen perfekt zusammen und deuten darauf hin, dass der Stein einst mindestens 13 m hoch war – eigentlich ein Riese, doch klein im Vergleich zum Grand Menhir.

Ein Bruchstück findet sich im Kammer-Deckstein des Table des Marchand wieder, auf den die Schatten der Menhire fielen. Sein Eingangsbereich ist so orientiert, dass er vom Licht der aufgehenden Sonne zur Sommersonnenwende beleuchtet wird. Ein weiterer Teil befindet sich in der 160 m langen Grabstätte Er Grah, die direkt auf den Grand Menhir Brisé ausgerichtet zu sein scheint.

Das dritte Fragment des umgestürzten Steins liegt in 2 km Entfernung auf der Insel Gavrinis, wo die Grabkammer offensichtlich auf die Sonne kurz nach dem Sonnenaufgang zur Wintersonnenwende ausgerichtet wurde (siehe Seite 147).

Table des Marchand

LOS MILLARES SPANIEN

Etwa 17 km von der Küstenstadt Almería, Andalusien, entfernt liegt die Siedlung Los Millares, eine der wichtigsten Megalithanlagen Spaniens, die auf 3000 bis 2500 v. Chr. datiert.

In ihrem Zentrum befindet sich eine befestigte Zitadelle, die auf einer Erhebung über dem Rio Andarax liegt. Darunter erstreckt sich ein Dorf aus Steinhütten. Die gesamte Siedlung ist von einer 2 m dicken Mauer mit mindestens 17 Türmen und Bastionen und zwei Festungstoren umgeben. Die starke Befestigung der Anlage deutet darauf hin, dass die Siedlung großen Reichtum besaß (wahrscheinlich durch Kupferverarbeitung) und sich vor feindlichen Übergriffen schützen musste.

Außerhalb der Siedlung liegt ein Friedhof mit ungefähr 80 Ganggräbern. Diese unterscheiden sich stark von den Megalithgräbern, die in anderen Teilen Westeuropas etwa zur selben Zeit entstanden. Anstatt wenige sehr große Steine (Megalithen) zu verwenden, wurden die Gräber mit vielen kleinen Steinen erbaut. Ein paar wenige Megalithen zieren den Eingang. Der Gang und die Grabkammer wurden in Trockenmauertechnik errichtet und besaßen ein rundes Dach, das als *Tholos* bezeichnet wurde. Später wurde der Begriff Tholos auf runde Grabbauten übertragen. Abschließend wurde jedes Grab mit einem Erdhügel bedeckt. Bei den Gräbern handelte es sich um Gemeinschaftsgräber, die jeweils zwischen 30 und 100 Bestattungen enthielten. Unter den Grabbeigaben fanden sich Straußeneier, Elfenbein, Tonwaren, Artefakte aus Knochen sowie Werkzeuge aus Kupfer und Feuerstein.

Los Millares ist zweifelsohne ein bedeutendes Megalithmonument und seine Gräber deuten auf ein großes Interesse an der aufgehenden Sonne hin. Bis auf wenige Ausnahmen weisen alle Gräber von Los Millares nach Osten. Ihre Zugänge sind so orientiert, dass das

Tholoi Die meisten der Ganggräber von Los Millares mit ihren typischen bienenstockförmigen Dächern sind nach Osten, der Richtung der aufgehenden Sonne, ausgerichtet.

Licht der aufgehenden Sonne ihren Gang beleuchtet. Jedoch sind nur zwei Gräber direkt auf den Sonnenaufgang zur Sommersonnenwende und nur eines auf jenen zur Wintersonnenwende ausgerichtet. Die wenigen Gräber, die nicht in Richtung des Sonnenaufgangs liegen, dürften auf spätere Zeitpunkte, an denen die Sonne am Himmel aufsteigt, zeigen.

Obwohl die Erbauer die Gräber auf die Sonnenwenden ausrichten hätten können, beschränkten sie sich offenbar darauf, das Morgenlicht einzufangen. Die Hintergründe dafür werden uns vermutlich immer verborgen bleiben. Zum Beispiel könnte eine Ausrichtung den Zeitpunkt wiedergeben, an dem die Erbauer begannen, ein Grab zu errichten, vielleicht eine bestimmte Anzahl von Tagen nach dem Tod des ersten Bestatteten. Wie Michael Hoskin, Elizabeth Allan und Renate Gralewski herausfanden, ist die Mehrheit der Gräber auf den Sonnenaufgang in den Wintermonaten ausgerichtet. Im Gegensatz dazu finden sich nur wenige, die auf die Wintersonnenwende selbst orientiert sind. Dies herauszufinden wird weiteren Untersuchungen vorbehalten bleiben.

HASHIHAKA-KOFUN JAPAN

Die offizielle japanische Bezeichnung für die Nation – Nippon („Sonnenursprung") – wird oft mit „Reich der aufgehenden Sonne" übersetzt und fand erstmals in der Korrespondenz mit dem chinesischen Kaiserhof um 600 n. Chr. Erwähnung. Der Einfluss Chinas wird in den Grabanlagen ersichtlich, die zu jener Zeit in Japan entstanden, wie in der Abbildung von Sternkarten (siehe Seite 219). Andere Zusammenhänge mit Himmelsereignissen wurden für diese Grabstätten ebenfalls vermutet, besonders für die *Kofun,* die eine schlüssellochähnliche Form besitzen (sogenannte Schlüsselloch-gräber). Ihre Symmetrieachse könnte möglicherweise eine bestimmte Orientierung anzeigen. Mehrere *Kofun,* die 1,5–3 km nordwestlich der Stadt Nara liegen, sind ungefähr von Nord nach Süd ausgerichtet, während andere offenbar zufällig positioniert wurden.

Das Hashihaka-Kofun in der Nähe von Sakurai ist 280 m lang, 150 m breit und 30 m hoch und dürfte das

Ahnenkult Prestigeträchtige Gräber wie Hashihaka-Kofun stärkten die Macht und Autorität der herrschenden Elite.

Grab der Herrscherin Himiko sein. Vor Ort entdeckte Töpferwaren wurden um 250 n. Chr. datiert, dem vermutlichen Sterbejahr der Herrscherin. Dieses Grab beherbergt möglicherweise archäoastronomische Schätze wie Sternkarten, die in ähnlichen Gräbern entdeckt wurden. Da es jedoch als kaiserliches Grab gilt, steht es unter Schutz und Ausgrabungen sind verboten.

Die kleine Insel im See nördlich des Hashihaka-Kofun ist ein Grabhügel, der als *Baicho* bezeichnet wird und Grabbeigaben enthält. Von hier aus ist ein Vorsprung auf dem Berg Miwa oberhalb des Hashihaka-Kofun zu erkennen, der den Punkt des Sonnenaufgangs zur Wintersonnenwende markiert.

Ein weitere Ausrichtung verläuft entlang der Achse des *Kofun,* vom Keilende und über den runden Teil des Grabhügels bis zum Gipfel eines 3 km entfernten Hügels, wo die Sonne zur Sommersonnenwende aufgeht. Diese Orientierungen auf die Sonnenaufgänge zu den Sonnenwenden könnten darauf hindeuten, dass Himiko bis über den Tod hinaus den geordneten Ablauf der Jahreszeiten regelte.

ANDERE SONNENAUSRICHTUNGEN

Die Sonnenwenden und Tagundnachtgleichen vierteilen weltweit das Jahr, doch gibt es auch andere astronomische Ereignisse von regionaler Wichtigkeit. Einige der Sonnenausrichtungen, die diese Zeitpunkte markieren, mögen heute als willkürlich erscheinen, waren aber vermutlich einst von großer Bedeutung.

Die meisten Stätten in diesem Buch sind prähistorisch. Doch spielen astronomische Ausrichtungen durchaus auch in jüngerer Zeit eine Rolle – Kirchen sind zum Beispiel ein interessantes Studienobjekt. Sie sind oft in Richtung der Sonnenwenden oder Tagundnachtgleichen oder aber auf eher ungewöhnliche Sonnenereignisse ausgerichtet.

Die Ausrichtung von Kirchen

Es ist allseits bekannt, dass Kirchen oft nach Osten orientiert sind. Wenn die Sonnenstrahlen durch die großen Ostfenster fielen und über dem Hochaltar in das Gesicht der Gläubigen schienen, wurde der Priester symbolisch zum auferstandenen Christus, der Erleuchtung bringen sollte.

Studien über österreichische und italienische Kirchen ergaben, dass manche Kirchen auf den Sonnenaufgang am Feiertag ihres Schutzheiligen ausgerichtet sind. In Ungarn wiederum sind Kirchen aus dem 13. und 14. Jahrhundert vielfach auf den Sonnenaufgang zu den Sonnenwenden und Tagundnachtgleichen orientiert.

Eine Annahme, wonach britische Kirchen in Richtung Sonnenaufgang am Heiligentag ihres Schutzpatrons liegen, wurde im Rahmen einer zehnjährigen, 2006 veröffentlichten Studie an fast 1750 mittelalterlichen Kirchen in England und Wales von Ian Hinton überprüft. Das Ergebnis: Zwar zeigen alle Kirchen annähernd in Richtung Osten, doch wurden die Sonnenaufgänge zu den Feiertagen offenbar nicht berücksichtigt. Die Ausrichtung von vier von fünf Kirchen weicht höchstens 15° von Osten ab. Hinton bemerkte auch etwas Ungewöhnliches: Die Ausrichtung der Kirchen im Westen des untersuchten Gebietes war beinahe 10° nördlich des Durchschnitts der Kirchen im Osten. Weitere Untersuchungen dazu stehen noch aus.

Kaiserliche Zurschaustellung

Der Aachener Dom wurde um die Pfalzkapelle errichtet, die von Karl dem Großen 805 n. Chr. erbaut wurde. Zur Sommersonnenwende beleuchtet ein Sonnenstrahl den Kopf der Person, die auf dem Thron sitzt. Zur Wintersonnenwende wird zu Mittag die Christusfigur, die von den Symbolen der Ewigkeit begrenzt wird, angestrahlt: Alpha und Omega, der Anfang und das Ende.

Heilige Krönung Zur Sommersonnenwende strahlt ein Sonnenstrahl auf den Kopf desjenigen, der auf dem Thron Karls des Großen in der Pfalzkapelle sitzt. In der Kapelle fanden 600 Jahre lang Krönungen statt.

LICHT AUS DEM MARTINSLOCH

In den Tschingelhörnern in den Alpen nordöstlich der Schweiz findet sich ein annähernd rundes Loch von etwa 15 m Durchmesser, das Martinsloch genannt wird und zum Weltkulturerbe zählt. Zweimal im Jahr, am 12. oder 13. März sowie am 30. September oder 1. Oktober (die Schwankungen ergeben sich aufgrund der Schaltjahre), scheint die aufgehende Sonne durch das Loch. Ihre Sonnenstrahlen beleuchten das Sernftal über eine Distanz von 5 km und scheinen direkt auf den Kirchturm des Ortes Elm.

Neue Glaubensstätten werden oft über älteren errichtet und es wäre interessant zu wissen, ob es hier und in den anderen vier alpinen Orten, in denen ähnliche Lichtstrahlen Kirchen bescheinen, vorchristliche religiöse Aktivitäten gab.

AMARNA ÄGYPTEN

Pharao Amenhotep IV, der mit seinen großen Visionen Jahrtausende während Traditionen abzuschaffen versuchte, ereilte ein unheilvolles Schicksal. Er wurde zum Häretiker erklärt und sein Name sollte aus allen Aufzeichnungen verbannt werden, um jede Erinnerung an ihn auszulöschen. Erst durch die Entdeckung und Ausgrabung von Amarna im 19. Jahrhundert gelangte er als Erschaffer der Stadt Achet-Aton erneut zu Ruhm.

Um 1353 v. Chr. wurde er Pharao und erbte ein florierendes Königreich. Im fünften Jahr seiner Regent-schaft wandte er sich dem Sonnengott Aton zu, dessen Symbol die Sonnenscheibe war, und nannte sich fortan Echnaton ("Der Aton dient").

Echnatons Verehrung von Aton empörte die mächti-gen Priester, deren Polytheismus Hunderte, wenn nicht Tausende Götter umfasste. Seine geistige Revolution wird gerne als frühes Beispiel für den Monotheismus genannt. Es gibt Parallelen zwischen den Hymnen für Aton und den Beschreibungen von Jehovah, die Moses zugeschrieben werden, der möglicherweise zur selben Zeit lebte. Obwohl Echnaton die Zerstörung der Namen und Bilder der Hauptgottheit Amun anordnete, duldete er untergeordnete Götter.

Der Pharao wählte den Ort seiner neuen Hauptstadt sorgfältig. Hieroglyphen an den Klippen in dieser Gegend deuten darauf hin, dass der Gott Aton Echnaton zeigte, wo er sie bauen sollte. Die heute als Amarna bekannte Stadt wurde Achet-Aton ("Horizont des Aton") genannt.

Hommage an den Sonnengott *(Links)* Echnaton überreicht dem Gott Aton Lotosblumen.

Ein großer König *(Folgende Seite)* Diese imposante Statue von Echnaton wurde in einem von mehreren Tempeln für Aton auf-gestellt, die der Kaiser in Karnak errichten ließ.

Ein bedeutendes Symbol aus der Zeit von Amarna ist eine runde Scheibe, von der zahlreiche dünne Strahlen ausgehen, die Scheibe des Aton. Die Strahlen enden oft in einer kleinen Hand, die die Hieroglyphe *Anch* ("Leben") hält. Echnaton und seine Königin Nofretete werden häufig bei der Verehrung des Aton dargestellt, von dessen Strahlen sie genährt werden. Die Scheibe selbst stellt auch eine Hieroglyphe dar, die "Schein" oder einfach "Licht" bedeutete.

Das Ende eines Traums

Das große spirituelle Experiment währte jedoch nicht lange. Echnaton starb im 17. Jahr seiner Herrschaft. Um 1332 v. Chr. wurde der junge Tutanchaton (lebendes Abbild des Aton) sein Nachfolger. Er änderte seinen Namen und führte die Verehrung des Amun wieder ein. Mit der Entdeckung seines Grabes 1922 wurde er zum bekanntesten ägyptischen König: Tutanchamun. Echnatons Hauptstadt wurde verlassen und ihre großen Steinbauten zerstört. Sogar die Aton-Tempel in Karnak wurden niedergerissen und ihr Schutt für die Funda-mente anderer heiliger Bauten verwendet, wie für einen Ausbau des Amun-Tempels.

ACHET

Die Hieroglyphe *Achet* bedeutet "Horizont" und zeigt, wie die Sonne aus einer konkaven Fläche aufsteigt. Die Achse des kleinen Aton-Tempels in Amarna ist auf eine markante Stelle am östlichen Horizont in 4 km Entfernung ausgerichtet. Die Sonne ging hier um den 23. Februar und 24. Oktober auf und bildete zwischen den Bergketten die *Achet*-Hieroglyphe. Diese Daten haben keine astronomische Bedeutung, könnten aber für Echnaton wichtig gewesen sein (die Ausrichtung verläuft bis zu seinem Grab). Die Stadt wurde nach Aton und dieser Hieroglyphe benannt ("Horizont des Aton").

ABU SIMBEL ÄGYPTEN

Die vier Statuen vor dem Großen Tempel in Abu Simbel machten in den 1960er Jahren weltweit Schlagzeilen, als sich durch die Errichtung des Assuan-Staudamms der Nassersee bildete und der steigende Wasserpegel die Stätte zu überschwemmen drohte. Die kolossalen Statuen entstanden um 1265 v. Chr. und zeigen Pharao Ramses II. Trotz ihrer sitzenden Position sind die Figuren an die 22 m hoch. Sie wurden aus Stein gehauen, wobei der Tempel selbst tief ins Felsmassiv dahinter gebaut wurde.

Dank einer modernen technischen Meisterleistung wurde der gesamte Tempel abgetragen und um 200 m

Riesengroß *(Vorherige Seite)* Alle vier Kolossalstatuen von Abu Simbel stellen Ramses II. dar

Das Herz des Großen Tempels *(Unten)* Die Sonnenstrahlen erreichen die vier Statuen im inneren Heiligtum am 21. Februar und 21. Oktober – die Bedeutung dieser Daten ist unbekannt.

auf eine Hochebene versetzt. Dasselbe geschah mit dem kleineren Tempel, der Hathor (der Muttergöttin und Göttin der Liebe) und Nefertari, der Gemahlin von Ramses, geweiht ist. Dieser Tempel ist auf den Sonnenaufgang zur Wintersonnenwende ausgerichtet. Die Anlage von Abu Simbel zählt zum Weltkulturerbe und ist ein beliebtes Touristenziel, trotz ihres abgelegenen Standorts nahe der Grenze zum Sudan.

Der Große Tempel

Oberhalb der vier imposanten Statuen von Ramses befindet sich ein Fries aus hockenden Pavianen, die sich zu sonnen scheinen. Zu Füßen von Ramses sind kleinere Statuen seiner Familienmitglieder. Im Zentrum der Fassade gibt es ein Flachrelief mit dem Schutzpatron des Tempels – dem falkenköpfigen Sonnengott Re in seiner Manifestation als Horus –, unter dem der Tempeleingang liegt. Von hier aus

Neuer Standort des Tempels Im Zuge der Errichtung des Assuan-Staudamms wurde der Große Tempel in den Jahren 1963 bis 1968 zwar versetzt, behielt aber seine ursprüngliche Sonnenausrichtung bei.

ragt der Tempel 56 m ins Felsmassiv hinein. Die Erbauer erzielten eine exakte Ausrichtung, indem sie eine Reihe von Kammern schufen, die als riesige Säulenhallen begannen und bis zum letzten Heiligtum kleiner wurden.

In dieser hintersten Kammer, die nur an zwei Tagen im Jahr direkt von Sonnenschein beleuchtet wurde, befanden sich vier weitere Statuen – neben Ramses die drei wichtigsten Götter der damaligen Zeit, von denen jeder mit einem der bedeutendsten kultischen Zentren seines Königreichs in Verbindung steht: Re-Harachte von Heliopolis, Ptah von Memphis und Amun-Re von Theben. Ptah war ein Herrscher der Unterwelt und die Sonnenstrahlen berühren seine

Statue kaum, sodass er eine geheimnisvolle Schattenfigur bleibt.

Geheimnisvoll sind auch die Daten dieser Sonnenausrichtung – 21. Februar und 21. Oktober. Ihre Bedeutung ist nicht geklärt, doch wird vermutet, dass der Tempel zum Jubiläum von Ramses im 34. Jahr seiner Herrschaft erbaut wurde. Gerald Hawkins hat das Jahr der Ausrichtung mit 1257 v. Chr. datiert, wodurch sich eine Lücke zwischen den historischen Aufzeichnungen schließt. Ägyptologen nehmen die Jahre 1304, 1290 oder sogar 1279 v. Chr. als Krönungsjahr von Ramses an. Angenommen, 1257 war tatsächlich das 34. Regierungsjahr, dann lässt sich diese Auswahl auf ein einziges Datum eingrenzen – 1290 v. Chr.

DENGFENG CHINA

Das Gaocheng-Observatorium in der Provinz Henan ist das älteste seiner Art in China und zählt zum Weltkulturerbe. Dengfeng liegt am Fuße des Berges Song, einem der fünf heiligen Berge des Taoismus. Zur Zeit der Han-Dynastie (206 v. Chr. bis 220 n. Chr.) galt Dengfeng bei den Chinesen als spirituelles Zentrum der Welt und bereits davor hatte die Stätte als Observatorium gedient.

Bessere Kalender und Karten

Der Mönch und Gelehrte Yi Xing (683–727 n. Chr.) war der bekannteste chinesische Astronom seiner Zeit. Zwischen 721 und 725 beauftragte ihn der Hof der Tang- Dynastie mit astronomischen Untersuchungen zur Erstellung eines genaueren Kalenders und zur Vorhersage von Finsternissen. Er errichtete 13 Beobachtungsstationen, die sich von Russland bis Vietnam erstreckten, was einer Distanz von rund 2500 km entspricht. Die Messergebnisse von der Station in Gaocheng dienten als Richtwert für die anderen Daten.

Yi Xing errichtete 2,5 m hohe Gnomone (Schattenstäbe), um den Mittagsschatten der Sonne zu den Sonnenwenden und Tagundnachtgleichen zu messen. Durch Vergleich der Ergebnisse der 13 Stationen konnte er bestimmen, wie der Breitengrad innerhalb des Königreichs variierte. Es war unerlässlich, dass die Gnomone exakt dieselbe Länge besaßen, und die Länge der Schatten am selben Datum gemessen wurde. Der Gnomon, der dem Äquator am nächsten war, hatte den kürzesten Schatten, je weiter nördlich die Stationen waren, desto länger die Schatten. Dank dieser Informationen konnte Yi Xing die Breitengrade der 13 Observatorien berechnen und Territorialgrenzen bestimmen.

Das Observatorium, das heute in Dengfeng zu sehen ist, wurde 1276 errichtet und vom Astronomen und Ingenieur Guo Shoujing geplant. Es ist etwa 12,6 m hoch und besitzt als Gnomon einen horizontalen Stab. Die Länge des Schattens wird auf dem *Shigui* abgelesen. Es handelt sich dabei um eine 31 m lange Konstruktion aus 36 quadratischen Steinblöcken, die nach Norden verläuft und auf die der Schatten des Gnomons fällt. Zwei miteinander verbundene Wasserrinnen dienen als Wasserwaage zur Messung des Schattens. Diese Technik lieferte genauere Daten als frühere Systeme mit vertikalem Gnomon.

Guo Shoujing erhielt von Kaiser Kublai Khan den Auftrag, den Kalender zu aktualisieren. Mithilfe des Gaocheng-Observatoriums berechnete er die Länge des Jahres mit einer Genauigkeit, die der Westen erst mit Einführung des Gregorianischen Kalenders 300 Jahre später kannte. Guo Shoujing wählte die Wintersonnenwende von 1280 als Beginn für den neuen Kalender.

Gaocheng-Observatorium Der Schatten, der auf den langen Maßstab am Boden fällt, wurde gemessen, wenn die Mittagssonne zur Sommersonnenwende am Höchstpunkt und zur Wintersonnenwende am Tiefstpunkt stand.

Sonne zu Mittag, Sommersonnenwende

Sonne zu Mittag, Wintersonnenwende

Shigui

Sonnenwend-Stele

Vor Ort finden sich auch Repliken anderer alter astronomischer Geräte wie die Armillarsphäre von Guo Shoujing aus dem Jahr 1276, ein Gerät zur Bestimmung der Position von Himmelskörpern, oder der erste Seismograf der Welt. Im Jahr 723 n. Chr. errichtete der Astronom Nangong Yue eine Stele auf einem Sockel. Die Konstruktion misst insgesamt 2 m. Nur zu Mittag zur Sommersonnenwende bleibt der Schatten der Stele zur Gänze auf dem Sockel.

Schattenlesen Die Länge des Schattens, den der Gnomon des Gaocheng-Observatoriums wirft, wird auf dem *Shigui* abgelesen.

MAGIE DER BERGE

Die Sonne spielt zwar im westlichen Feng Shui eine tragende Rolle, doch in der Umgebung des heiligen Berges Song regiert eine andere Macht, und zwar das *Luan Tou* – die Positionierung des Hauses in Bezug auf die Landschaftsformation. Die dominierende Landschaftsform ist hier das Gebirge.

Der Lehre des *Luan Tou* zufolge wurden die Berge durch die Anziehung bestimmter Sterne hochgezogen. Folglich wurde die Geologie der Erde durch himmlische Elemente so beeinflusst, das einige Berge rund und friedlich sind, während sich andere zerklüftet und ehrfurchtgebietend präsentieren. Die Berge in der Umgebung des Shaolin-Klosters (5. Jahrhundert n. Chr.) und des Friedhofes der Mönche im Pagodenwald werden mit dem Stern Mizar im Sternbild Großer Bär in Verbindung gebracht. Er soll die Inspirationsquelle für die berühmte Kampfkunst des Shaolin Kung Fu gewesen sein, die hier entstand.

Pagodenwald im Shaolin-Kloster

CHANKILLO PERU

Das unter dem Namen Dreizehn Türme bekannte Sonnenobservatorium stammt aus dem 4. Jahrhundert v. Chr. Es gehört zu einer riesigen Anlage in Chankillo, die 320 km nördlich von Lima und rund 15 km von der Pazifikküste in einer trockenen, felsigen Gegend liegt.

Die Dreizehn Türme

Diese Reihe aus Türmen erstreckt sich über eine Länge von 300 m auf einem niedrigen Berg, wobei sich einer der Türme auf der Bergspitze befindet. Die zehn Türme nördlich des Gipfels sind von Nord nach Süd orientiert, während die beiden im Süden nach Südwesten zeigen. Der Abstand zwischen den einzelnen Bauwerken beträgt 5 m.

Die Bezeichnung Turm ist leicht irreführend, da die 2 bis 6 m hohen Bauwerke eine größere Breite als Höhe aufweisen. An den Nord- und Südseiten der Türme führen Treppen empor. Obwohl die Türme durch

Sonnenobservatorium Mithilfe der Türme von Chankillo lässt sich der Lauf der Sonne über das Jahr hinweg verfolgen.

natürliche Verwitterung und durch das Abtragen von Steinen zur Errichtung anderer Bauwerke im Laufe der Zeit verkommen sind, stellen sie heute noch ein eindrucksvolles archäoastronomisches Monument dar.

Eine Karte des Sonnenjahres

Die Anlage ist seit dem 19. Jahrhundert bekannt, doch erforscht wurden die Dreizehn Türme erst im 21. Jahrhundert. Im Jahr 2007 untersuchten Ivan Ghezzi von der Universidad Católica de Perú und Clive Ruggles von der University of Leicester die Bauwerke und fanden heraus, dass es sich um ein Sonnen- und möglicherweise Mondobservatorium handelte.

In einer Entfernung von 230 m östlich und westlich der Turmlinie liegen zwei Beobachtungspunkte. Sie sind nahezu exakt nach Ost-West ausgerichtet und befinden sich auf derselben Höhe wie die Türme. Der westliche Beobachtungspunkt liegt in einem Gang, der außen an einem Zeremoniengebäude entlangführt. Hier bietet eine türgroße Öffnung den perfekten Ausblick auf die Türme. An der Türschwelle wurden Überreste von Muscheln und Tonwaren gefunden, die rituellen Zwecken dienten. Der östliche Beobachtungspunkt liegt

Uralte Siedlung Die Anlage von Chankillo erstreckt sich über vier Quadratkilometer und umfasst einen Tempel, einen Platz und einen Verwaltungskomplex sowie das Sonnenobservatorium selbst.

in einem kleinen Bau, der vom Rest der Anlage isoliert ist. Diese Beobachtungspunkte sind beide nur eingeschränkt zugänglich, was darauf hindeutet, dass sie nur einer kleinen Elite vorbehalten waren.

Von diesen Stationen aus betrachtet stellen die Türme eine Vergleichsskala wie die Einteilungen eines Winkelmessers dar, mit dem sich die Bewegung der Sonnenauf- und Sonnenuntergangspunkte im Laufe des Jahres nachverfolgen lässt. Vom westlichen Beobachtungspunkt aus dient der Berg Mucho Malo als zusätzlicher Markierungspunkt, gleich weit entfernt

vom Endturm, von dem aus die Sonne zur Wintersonnenwende im Juni aufging.

Die Sonnenauf- und -untergänge, die durch die zwölf Lücken (oder 13, wenn man den Cerro Mucho Malo mit einbezieht) und über den Dreizehn Türmen zu sehen sind, erlaubten es dem Beobachter, das Sonnenjahr mit unglaublicher Präzision zu verfolgen. Dadurch konnten die Bauern wahrscheinlich nicht nur den besten Zeitpunkt für die Saat und Ernte ermitteln, sondern auch für heilige Rituale, mit denen der Segen der Götter erbeten wurde.

CUZCO PERU

Am Fuße der Anden auf einer Höhe von 3400 m entwickelte sich im frühen 15. Jahrhundert n. Chr die kleine Stadt Cuzco zum Zentrum des Reiches. Verantwortlich dafür war der begabte Politiker Pachacútec Yupanqui, der zum Herrscher über das Inka-Reich aufstieg, das sich Tawantinsuyu („Reich der vier Himmelsrichtungen") nannte. Der von den Inka verwendete Namen der Stadt – Qosqo – verweist auf die Bedeutung als „Zentrum" und wird oft mit „Nabel" übersetzt. Im Gegensatz zu anderen Inka-Stätten wurde Cuzco nach der Eroberung durch die Spanier um 1530 nicht aufgelassen. Zwar wurde die Stadt weitgehend durch die Spanier und ein Erdbeben 1650 zerstört, doch einige der ursprünglichen Gebäude und der Grundriss sind noch erhalten.

Ausrichtungen Die Türme auf den Hügeln um Cuzco markierten einst Sonnenausrichtungen und waren das Ziel vieler Pilger.

Im Herzen der Stadt lag der Intikancha, der Tempel des Inti (des Sonnengottes), der heute als Coricancha („goldener Tempel") bekannt ist. Seinen Hof zierten lebensgroße Goldstatuen sowie mit Gold bedeckte Wände und Böden. Im Tempel befand sich eine prächtige Statue von Inti, die auf die aufgehende Sonne blickte. Auch sie war aus Gold und mit Smaragden versehen, deren wunderschönes Grün wohl die Üppigkeit des fruchtbaren Landes widerspiegelte.

Nachdem die Spanier den letzten Inkakönig Atahualpa 1533 getötet hatten, wurde die unbezahlbare Inkakunst auf ihr Gold reduziert. Ein Großteil des Tempels wurde zerstört und an seiner Stelle die Kathedrale Santo Domingo errichtet.

Einige zeitgenössische Geschichtsschreiber hielten die Lebensweise der Inkas in ihren Aufzeichnungen

Tempel des Sonnengottes Die Kathedrale Santo Domingo wurde an der einstigen Stelle des Intikancha-Tempels errichtet. Einige der ursprünglichen Steinmauern wurden in den neuen Bau integriert und sind heute noch zu sehen.

fest und bewahrten somit viele Informationen, die Archäoastronomen heute noch vor ein Rätsel stellen.

Strahlen des Sonnentempels

Aus diesen Aufzeichnungen geht hervor, dass die Stadt in zwei ungleiche Hälften geteilt war: eine im Nordwesten, *hanan* („flussaufwärts"), die andere im Südosten, *hurin* („flussabwärts"). Diese Hälften waren wiederum in ungleiche Viertel geteilt, die *suyus*. Jedes von ihnen wurde weiter aufgeteilt, sodass rund 40 Linien vom Intikancha, dem Tempel des Sonnengottes (oder dem Zentrum des angrenzenden Platzes), weg ausstrahlten.

Diese Linien wurden als *ceques* bezeichnet. Entlang dieser wurden heilige Stätten, sogenannte *huacas*, wie Perlen aufgereiht. Die 328 *huacas* variierten von natürlichen Plätzen wie Felsen, Quellen oder Bäumen bis hin zu Statuen oder Tempeln. Sie wurden von den Menschen betreut, die in der Nähe wohnten. Die Stellen

der *ceques* sind nicht mehr bekannt, doch einige Forscher vermuten, dass sie alle auf ein astronomisches Ereignis ausgerichtet waren. Wie sich der König der Verwandtschaft mit der Sonne rühmte, so hatte auch die Bevölkerung irdische Vorfahren und himmlische Schutzherren. Obwohl die *ceques* vermutlich in Bezug auf wichtige astronomische Ereignisse errichtet worden waren, dürften viele von ihnen schlichtweg aus praktischen Gründen angelegt worden sein. Einige *ceques* verliefen sogar im Zickzack.

Mehrere Geschichtsschreiber erwähnten Türme auf den Hügeln rund um Cuzco, die im Mittelpunkt von Zeremonien standen. Von den 19 *huacas* rund um Cuzco, die von Steven Gullberg erforscht wurden, weisen vier Ausrichtungen auf den Sonnenauf- oder -untergang zu den Sonnenwenden, Tagundnachtgleichen oder zu Tagen auf, an denen die Sonne den Zenit passiert – der 13. Februar und 30. Oktober.

DIE JAHRESKREISFESTE

In gemäßigten und besonders in nördlichen Breitengraden teilen die Tagundnachtgleichen das Jahr in eine helle und eine dunkle Hälfte. Die Sonnenwenden markieren dabei die Extreme dieser beiden Hälften, sodass das Jahr in etwa vier gleiche Teile gegliedert ist. Diese Jahresviertel stehen in engem Zusammenhang mit Megalithbauten der Jungsteinzeit und der Bronzezeit. Die Jahreskreisfeste liegen in der Mitte jedes Viertels, wodurch das Jahr insgesamt acht markante Zeitpunkte erhält. Diese werden primär mit dem keltischen Kalender der Eisenzeit in Verbindung gebracht und in der modernen Wicca-Religion als die acht Sabbats gefeiert.

Die Einführung der Jahreskreisfeste soll angeblich einen Klimawandel in Großbritannien markieren, der zunehmend feuchtes Wetter mit sich brachte. Dadurch wurde der Anbau von Pflanzen schwieriger und weniger vorhersehbar. Die Bevölkerung war stärker auf die Weidewirtschaft angewiesen und dem Vieh kam eine größere Bedeutung zu. Viele keltische Mythen thematisieren das Umhertreiben der Viehherden und die Jahreskreisfeste spiegeln vermutlich diese neuen Tätigkeiten wider.

Mariä Lichtmess (1.–2. Februar; der keltische Tag begann zu Sonnenuntergang) soll den Beginn des Ablammens gekennzeichnet haben. Das Fest wurde eng mit der Geburt assoziiert. Beltane (31. April–1. Mai) kennzeichnete das Treiben der Rinder auf die Sommerweiden. Zu Lammas (1.–2. August) fanden die Viehmärkte statt, und zu Samhain (31. Oktober–1. November) wurde jenes Vieh, das die kargen Wintermonate nicht durchgefüttert werden konnte, geschlachtet.

In der Eisenzeit errichteten die Kelten weder Steinkreise noch verwendeten sie bereits bestehende Anlagen. Daher sind keine großen Megalithmonumente erhalten, die eindeutige astronomische Ausrichtungen markieren. Folglich sind auch nur wenige archäoastronomische Stätten aus dieser Zeit bekannt.

Stannon-Steinkreis

Obwohl man es in wissenschaftlichen Kreisen für eher unwahrscheinlich hält, dass Monumente aus der Jungsteinzeit oder Bronzezeit auf die Jahreskreisfeste ausgerichtet waren, werden diese Zeitpunkte dennoch am Steinkreis von Stannon nahe Camelford in Cornwall gefeiert. Der unregelmäßige Kreis hat einen ungefähren Durchmesser von 42 m und sein höchster Stein misst rund 1,1 m.

Etwa 2 km nördöstlich davon liegt Rough Tor, ein rundlicher Hügel mit einer auffälligen halbkreisförmigen Spalte auf seinem Gipfel. Noch heute ist diese Spalte vom Steinkreis aus zu erkennen.

Einer der höchsten Steine von Stannon ist annähernd dreieckig und seine Spitze ähnelt der Form von Rough Tor, auf den er offensichtlich ausgerichtet ist. Manche vermuten, dass die Spitze des Steins bei seiner Errichtung, wahrscheinlich in der frühen Bronzezeit um 2400 v. Chr., eine Spalte hatte, die seitdem verwittert ist. Viele Menschen besuchen den Stannon-Steinkreis, um am Maifeiertag die Sonne aus der Mulde von Rough Tor aufgehen zu sehen, ein Spektakel, das sich während des Lammas-Festes Anfang August wiederholt.

Markierung der Jahreskreisfeste Vom Stannon-Steinkreis aus sieht man, wie die Sonne auf der Seite von Rough Tor zu Beltane (Maifeiertag) und Lammas aufgeht.

SAROEAK BASKENLAND

In Nordspanien sowie Südwestfrankreich und vor allem im Baskenland finden sich an verschiedenen Stellen Hunderte von sorgfältig angelegten Grenzsteinen. Acht Steine markieren die Grenzen eines Bereiches, der im Baskischen als *Saroe* (Plural *Saroeak)* bezeichnet wird. Es ist vorstellbar, dass diese Steine die Ecken eines imaginären Achtecks kennzeichnen, doch ist unbekannt, welche Form (wenn überhaupt) ihren Erbauern vorschwebte. In der Mitte jedes *Saroe* befindet sich ein bearbeiteter, abgeflachter Stein.

Saroeak tauchen in zwei Größen auf: Die größeren haben einen Durchmesser von rund 320 m, während die kleineren etwa halb so groß sind. Die Steine selbst sind im Vergleich zu ihren Megalith-Vorfahren

bescheiden, die Exemplare in der Mitte sind oft nur 50 cm hoch. In diese Mittelsteine sind an der Oberfläche zwischen vier und 16 strahlenförmige Linien eingeritzt. Die Linien weisen einen gleichmäßigen Abstand auf und sind genau auf die Himmelsrichtungen orientiert. Sie zeigen auch auf die Steine in ihrer Umgebung.

In der Gegend rund um den beliebten Küstenort Donostia-San Sebastián finden sich zahlreiche *Saroeak*. Donostia-San Sebastián ist die Hauptstadt der bergigen Provinz Gipuzkoa, die etwa 15 km von der französischen Grenze entfernt liegt. Hier wurden im Umkreis von nur 40 Quadratkilometern fast 40 *Saroeak* entdeckt. Dazu zählen auch die ausgegrabenen *Saroeak* nahe der Stadt Urnieta. Mithilfe von verbrannten Holzüberresten rund um den Mittelstein konnten Archäologen die Holzkohle auf ungefähr 200 n. Chr. datieren.

Mittelstein Die strahlenförmigen Linien auf dem Mittelstein sind auf die Himmelsrichtungen und die anderen Steine im *Saroe* von Altzusta, Nordspanien, ausgerichtet.

Himmelsausrichtung Vermutlich halfen die Sterne bei der Ausrichtung dieses *Saroe* in Altzusta auf die vier Himmelsrichtungen.

Vermutlich wurden *Saroeak* primär für die Weidewirtschaft als gemeinschaftliche Weideflächen verwendet, obwohl sie laut Aufzeichnungen auch als Treffpunkte und rituelle Orte dienten. Zwar liegen andere Monumente wie prähistorische Gräber in der Nähe eines *Saroe*, innerhalb wurden jedoch bisher keine gefunden.

Die sorgfältige Ausrichtung dieser Steingruppen muss auf astronomische Beobachtungen zurückzuführen sein, da Magnetkompasse erst ein Jahrtausend später zur Verfügung standen. Sternenbeobachtung war eine Art der Orientierung, doch ist es auch möglich, dass sich die Menschen die Sonne zunutze machten. Solche Ausrichtungen kann man ermitteln, indem man den Auf- und Untergangspunkt der Sonne zu den Tagundnachtgleichen beobachtet. Eine andere Möglichkeit ist, dass man die Richtung des kürzesten Schattens markiert, die ein in den Boden gesteckter Pfosten wirft.

Die vier Himmelsrichtungen und die weiteren Unterteilungen der *Saroeak* erinnern an die Untergliederung des Jahres durch die Tagundnachtgleichen und die Sonnenwenden sowie deren weitere Untergliederung durch die Jahreskreisfeste der Kelten. Welches System auch immer für ihre Ausrichtung verwendet wurde, die *Saroeak* stellen ein verblüffendes Rätsel dar. Möglicherweise handelte es sich bei dieser systematischen Grenzziehung des Landes um einen Versuch, kosmische Ordnung auf der Erde zu schaffen und Kontrolle über das Chaos der Schöpfung zu erlangen.

SONNENMYSTERIEN ZENTRALAMERIKAS

Die Wurzeln der Maya-Kultur reichen bis ins Jahr 2000 v. Chr. zurück. Ihre Blütezeit erlebte sie zwischen 250 und 900 n. Chr. Die Ruinen ihrer bedeutendsten Städte weisen eine Fülle archäoastronomischer Merkmale auf. Einige scheinen Vorstellungen des Maya-Kalenders zu verkörpern, der besonders im Zusammenhang mit dem vermeintlichen Weltuntergang im Jahr 2012 weltweit Bekanntheit erlangte.

Die astronomische Architektur der Maya reicht von einfachen Ausrichtungen bis hin zu Zenitschächten. Einige zeremonielle Anlagen wurden offenbar bewusst an Stellen errichtet, an denen mehrere astronomische Ausrichtungen zusammentrafen.

Zweifelsohne gibt es noch viele Geheimnisse über diese rätselhaften Zeitzeugen aus Stein zu lüften.

Bereits bisherige Kenntnisse gewähren beeindruckende Einblicke in eine Gesellschaft, in der die Astronomie einen hohen Stellenwert genoss.

Die mesoamerikanischen Kalender

Die Maya waren ausgezeichnete Astronomen, die dank ihrer Beobachtungen das *Haab*, das 365-tägige Sonnenjahr, bestimmen konnten. Es diente primär landwirtschaftlichen Zwecken und war in 18 Monate zu je 20 Tagen untergliedert. So ergaben sich 360 Tage – die übrigen fünf lagen außerhalb dieses regulären Kalenders und galten als Unglückstage.

Die Maya und andere frühzeitliche Kulturen Mesoamerikas verwendeten auch einen anderen Kalender, den *Tzolkin* – einen 260-tägigen heiligen Kalender, der

ZEITZEUGE

Der eindrucksvolle Sonnenstein der Azteken hat einen Durchmesser von 3,6 m und wiegt 24,4 t. Er stammt aus dem alten Haupttempel von Tenochtitlán, der heutigen mexikanischen Hauptstadt Mexiko-Stadt. Der Stein wurde von den spanischen Eroberern vergraben und 1790 wiederentdeckt.

Im Zentrum liegt die Sonne, Hauptgottheit aller mesoamerikanischen Kulturen. Sie ist von vier Vierecken umgeben, die jeweils einen Gott zeigen, der eines der vier vorherigen Zeitalter beendete. Zwischen den Göttern oben und unten sind die vier Himmelsrichtungen abgebildet, während seitlich der Sonne Klauen Menschenherzen halten. Sie deuten darauf hin, dass Opfer notwendig sind, um die Götter zu besänftigen und den Lauf der Welt zu bewahren.

Rund um diese Gruppe verläuft gegen den Uhrzeigersinn ein Ring aus Symbolen für jeden der 20 Tagesnamen. Die 18 Monate zu je 20 Tagen ergeben die 360 Tage des *Xiuhpohualli* (dem Äquivalent zum *Haab* der Maya), und die restlichen fünf Tage sind durch Punkte in diesem Ring dargestellt. Sie sollen sich auf die tragischen Opfertage beziehen.

Die acht großen Vs stellen die Sonnenstrahlen dar und untergliedern den Kalender in die Himmelsrichtungen. In einem Viereck ganz oben sind 13 Punkte und das Symbol von *Acatl* (einem Rohrblatt) abgebildet, die das Datum angeben, zu dem das Werk fertiggestellt wurde – 1479 n. Chr.

DER *TZOLKIN*

20 Tagesnamen	1–13 Tage
Krokodil *(Imix)*	1 . . . .
Wind *(Ik)*	2 . . . .
Haus *(Akbal)*	3 . . . .
Eidechse *(Kan)*	4 . . . .
Schlange *(Chikchan)*	5 . . . .
Tod *(Kimi)*	6 . . . .
Hirsch *(Manik)*	7 . . . .
Kaninchen *(Lamat)*	8 . . . .
Wasser *(Muluc)*	9 . . . .
Hund *(Ok)*	10 . . . .
Affe *(Chuwen)*	11 . . . .
Gras *(Eb)*	12 . . . .
Rohr *(Ben)*	13 . . . .
Jaguar *(Ix)*	1 . . . .
Adler *(Men)*	2 . . . .
Geier *(Kib)*	3 . . . .
Erdbeben *(Kaban)*	4 . . . .
Feuerstein *(Etznab)*	5 . . . .
Regen *(Kawac)*	6 . . . .
Blume *(Ahau)*	7 . . . .

Jeder Tag des 260-tägigen *Tzolkin* hatte einen eigenen Namen, der aus zwei Teilen bestand. Der erste Teil war eines von 20 im Alltag bedeutsamen Dingen, der zweite eine Ziffer von 1 bis 13. Diese Kombinationen begannen mit „Krokodil 1" und setzten sich nacheinander fort. Wenn das Ende erreicht war, begannen die Namen und Zahlen von Neuem (siehe *links* die ersten 20 Tage). Der letzte Tag hieß „Blume 13". Die Darstellung unten zeigt, wie die beiden Abfolgen gemeinsam den *Tzolkin* ergeben und wie sich der *Tzolkin* selbst mit dem 360-tägigen *Tun*-Jahr überschneidet.

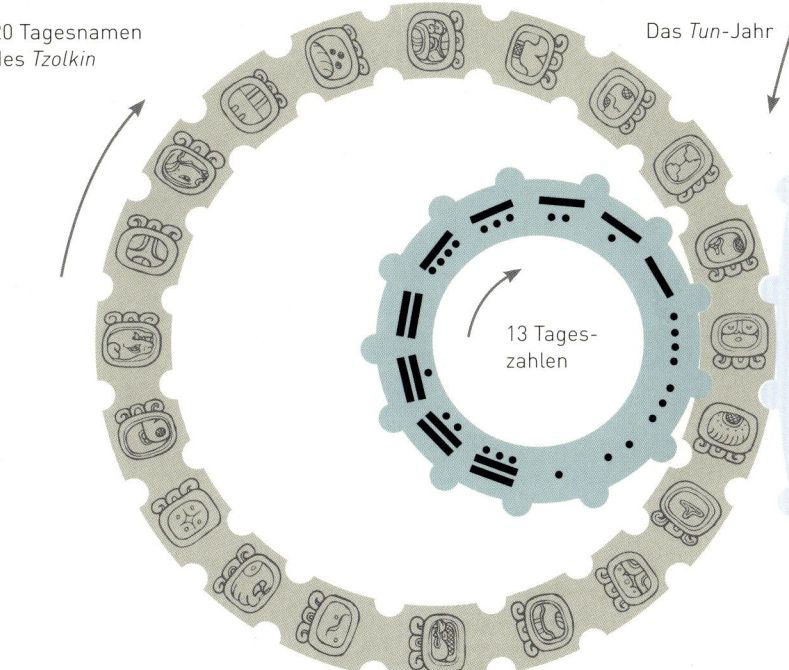

20 Tagesnamen des *Tzolkin*

13 Tageszahlen

Das *Tun*-Jahr

sich aus 20 Tagesnamen und 13 Ziffern zusammensetzt, die wie Zahnräder ineinandergreifen (siehe oben).

Der *Tzolkin* ist mit dem *Haab* nach jeweils 73 und 52 Wiederholungen in Einklang. Diese 52 *Haab*-Jahre werden als Kalenderrunde bezeichnet.

Die Lange Zählung
Die Maya benutzten auch die Lange Zählung wie folgt:
- 360 Tage = 1 Jahr oder *Tun*
- 400 Jahre = 1 *Baktun*
- 13 *Baktun* = 1 Großer Zyklus aus 1 872 000 Tagen (etwa 5125 Sonnenjahre).

Viele Kulturen Mesoamerikas glaubten, dass die Welt am Ende jedes Großen Zyklus untergehen und zu Beginn des nächsten wieder entstehen würde. Der letzte Große Zyklus begann um den 11. August 3114 v. Chr. Berechnungen zufolge würde er am 21. Dezember 2012 (die Berechnung ist komplex, da die Jahreslänge über die Jahrhunderte leicht schwankt) wieder enden – die Ursache vieler apokalyptischer Thesen. Die Maya datierten ihren Kalender jedoch noch weiter in die Zukunft. Eine Tafel des Tempels der Inschriften in Palenque nennt etwa das Jahr 4772 n. Chr. unserer Zeitrechnung. Wenn also die Maya so weit vorausrechneten, gingen sie vermutlich nicht von einem Weltuntergang im Jahr 2012 aus.

TEOTIHUACÁN MEXIKO

In 45 km Entfernung liegt nordöstlich von Mexiko-Stadt das einstige urbane Zentrum Teotihuacán, das heute zum Weltkulturerbe zählt. Die zwischen 200 und 100 v. Chr. gegründete Stadt umfasste um 1 n. Chr. eine Fläche von 20 Quadratkilometern. Zu ihrer Blütezeit um 450 n. Chr. war sie eine der größten Städte der Welt und hatte über 100 000 Einwohner, die in mehr als 2000 Wohnstätten lebten.

Die Erbauer von Teotihuacán geben uns heute vielerlei Rätsel auf. Fest steht jedoch, dass die Stadt über 600 Jahre lang eine florierende Metropole war, bevor sie im 6. Jahrhundert n. Chr. aus der Geschichte verschwand. Die Azteken entdeckten die Stadt im 14. Jahrhundert n. Chr. wieder und hielten sie für die Wiege der Zivilisation. Sie nannten die Siedlung Teotihuacán, was meist mit „Geburtsort der Götter" übersetzt wird. Die Nahuatl-Forscherin Thelma D.

Sullivan hingegen übersetzt den Namen mit „Ort von denen, die die Straße der Götter haben".

Das zeremonielle Zentrum umfasst Paläste, Plätze, einen Tempel für Quetzalcoatl sowie die Sonnenpyramide und die Mondpyramide. Diese liegen am nördlichen Ende der ungefähr 5 km langen Straße der Toten.

Die Sonnenpyramide ist vermutlich das älteste Bauwerk. Sie ist in Richtung des Berges Cerro Gordo ausgerichtet, der die Wasserversorgung der Stadt gewährleistet.

Die Sonnen- und die Mondpyramide besaßen ursprünglich andere Namen. Es wird angenommen, dass die Azteken sie in Erinnerung an Legenden und nicht aufgrund astronomischer Eigenschaften benannten. Der Name der Sonnenpyramide scheint jedoch aus astronomischer Sicht zutreffend sein.

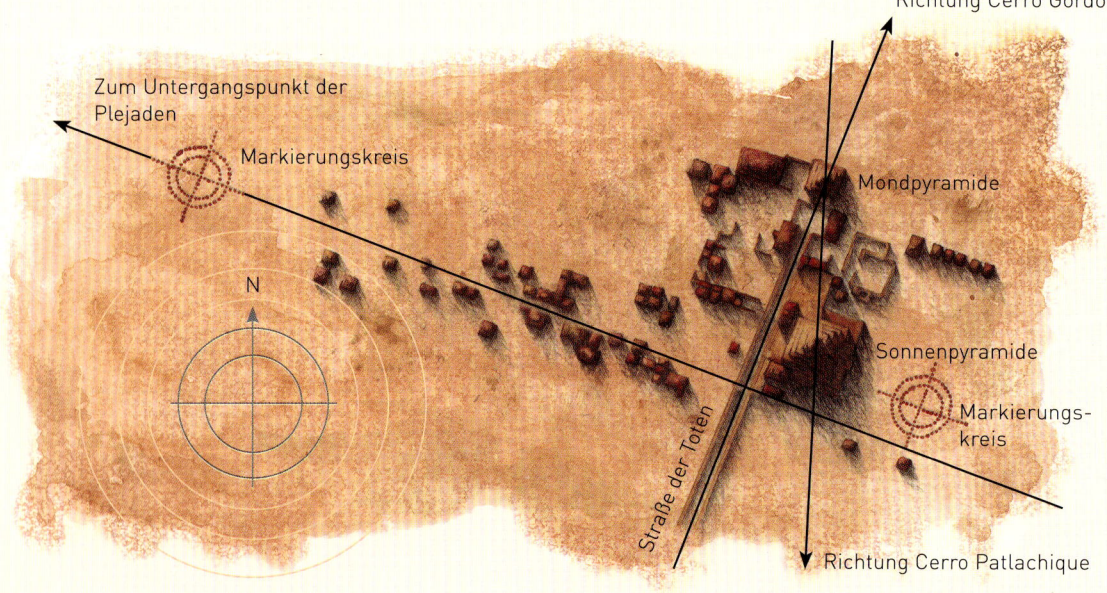

Richtung Cerro Gordo

Zum Untergangspunkt der Plejaden

Markierungskreis

N

Mondpyramide

Sonnenpyramide

Markierungskreis

Straße der Toten

Richtung Cerro Patlachique

Städteraster In den 1980er Jahren stellte man aufgrund von Markierungskreisen eine Ausrichtung auf die Plejaden fest. Da aber auch Markierungskreise ohne offensichtliche Ausrichtung gefunden wurden, spricht einiges gegen diese These. Ein vermutete Orientierung auf den Cerro Patlachique durch die Sonnen- und Mondpyramide verläuft nicht exakt von Nord nach Süd und wird deshalb heute ebenso angezweifelt.

Großartige Architektur Blick von der Mondpyramide über die Straße der Toten bis hin zum Cerro Patlachique mit der Sonnenpyramide links. Teotihuacán ist von vielen Hügeln umgeben, sodass oft fälschlicherweise Ausrichtungen vermutet werden.

Die Sonnenpyramide

Die Sonnenpyramide ist die größte in Teotihuacán. Ihre Ausrichtung auf den Berg verläuft nicht genau von Norden nach Süden, sondern weicht ungefähr 15° nach Osten ab. Dieses Merkmal findet sich häufig bei zentralamerikanischen Bauten, was schon viele Forscher vor ein Rätsel gestellt hat. Eine Analyse der astronomischen Ausrichtungen der Sonnenpyramide, die im Jahr 2000 von Ivan Sprajc veröffentlicht wurde, gewährt verblüffende Einblicke in dieses Geheimnis.

Wenn sich die Erbauer im 1. Jahrhundert n. Chr. im Zentrum der zu bauenden Pyramide aufhielten und der Berg zu ihrer Rechten oder Linken lag, blickten sie am 11. Februar und 29. Oktober dem Sonnenaufgang entgegen. Am 30. April und am 13. August waren sie dem Sonnenuntergang abgewandt. An diesem Datum begann den Maya zufolge die Welt. Das Intervall zwischen den wiederkehrenden Sonnenaufgängen (und -untergängen) beträgt 120 Tage, ein bedeutender Zeitraum im heiligen *Tzolkin-Kalender* (siehe Seite 107). Diese wichtigen Ausrichtungen bestimmten vermutlich die Positionierung der Pyramidenseiten.

Nach Fertigstellung der Pyramide bot die Aussichtsplattform an der Spitze einen veränderten Blickwinkel auf den Horizont – und auch wenn die Ausrichtung auf den Sonnenaufgang erhalten blieb, verschoben sich jene auf den Sonnenuntergang um

einen Tag (29. April und 14. August). Deswegen wurde die Aussichtsplattform verändert und vermutlich auch die gesamte Pyramide an ihren Seiten leicht abgeschrägt. Somit stimmten die Ausrichtungen der untergehenden Sonne wieder mit den ursprünglichen Daten überein.

Blick auf den Sonnenuntergang Die Sonnenpyramide wurde vermutlich verändert, um ihre Ausrichtungen auf den Sonnenuntergang am 30. April und 13. August beizubehalten.

Es ist anzunehmen, dass es in einer Berglandschaft schwierig war, eine Stelle ausfindig zu machen, an der der Horizont eine genaue Ausrichtung auf diese Sonnenaufgangs- und Sonnenuntergangspunkte zuließ. Wie bedeutsam die Ausrichtung auf den Cerro Gordo war, zeigt sich unter anderem an der Orientierung der Straße der Toten und der Mondpyramide.

VON DER DUNKELHEIT IN DAS LICHT

Eine Höhle, die sich direkt unter der Sonnenpyramide befindet, scheint die Erbauer der Pyramide ebenfalls beeinflusst zu haben. Ein langer unterirdischer Gang führt in westlicher Richtung zu dieser Höhle unterhalb des Zentrums der Pyramide. Ihre vier Kammern symbolisieren wahrscheinlich die vier Himmelsrichtungen. Es ist durchaus möglich, dass diese Höhle für rituelle Zwecke künstlich erweitert wurde (manche Forscher gehen davon aus, dass sogar die gesamte Höhle von Menschenhand erschaffen wurde).

Für viele Völker waren Höhlen heilig, als Portale in eine andere Welt sowie als symbolischer Mutterleib, aus dem Geister, Götter und unsere Vorfahren hervorgingen. Der Eingang zu dieser Höhle zeigt wie die Pyramide selbst auf den Untergangspunkt der Plejaden. In Teotihuacán fiel das erste Erscheinen der Plejaden am Osthimmel vor der Morgendämmerung mit dem Tag zusammen, an dem die Sonne im Zenit stand – und der Sonnengott seinem Volk am nächsten war. Diese Sternausrichtungen haben möglicherweise eine wichtige Rolle bei der Wahl dieses Ortes gespielt.

Höhle

AUFRISS VON PYRAMIDE UND HÖHLE

GRUNDRISS DER HÖHLE

Veränderter Abschnitt

ALTA VISTA MEXIKO

Auf dem Nördlichen Wendekreis steht die Sonne an einem Tag im Jahr im Zenit, und zwar zur Sommersonnenwende. Danach wird ihr Lauf am Himmel wieder flacher (dasselbe Phänomen zeigt sich ein halbes Jahr später auf der Südhalbkugel am Südlichen Wendekreis). An diesem Tag sieht man die Sonne zu Mittag direkt über sich. Die Sonne taucht die Landschaft in grelles Licht, in der senkrecht stehende Objekte keine Schatten werfen. Für viele Einwohner Mesoamerikas, die sich selbst für Nachfahren der Sonne hielten (und die Sonne als Hauptgott erachteten), war dies ein besonderes Ereignis.

Die Siedlung Alta Vista im mexikanischen Bundesstaat Zacatecas ist auch als Chalchihuites bekannt. Sie wurde vermutlich um 315 n. Chr. unter derselben Kultur erbaut wie Teotihuacán. Gegen 1050 war die unbefestigte Siedlung jedoch verlassen. Sie befindet sich 2 km vom nächsten Fluss entfernt, im Sommer herrscht unerträgliche Hitze und im Winter klirrende Kälte.

Ausrichtungen auf astronomische Ereignisse und die Lage am Nördlichen Wendekreis sind möglicherweise die besten Erklärungen dafür, warum in einer solch unwirtlichen Gegend eine Siedlung entstand.

Von Alta Vista aus gesehen markiert der spitze Gipfel des Picacho Montoso, rund 11 km östlich der Siedlung, den Sonnenaufgang zur Tagundnachtgleiche. Seine Hänge werden auf beiden Seiten zu den Sonnenwenden von den Strahlen der aufgehenden Sonne begrenzt. Der Berg stellte außerdem eine wichtige Wasserquelle dar, weshalb diese Richtung in zweierlei Hinsicht heilig war.

Mehrere Gebäude in Alta Vista sind auf die Tagundnachtgleiche ausgerichtet, darunter auch die Säulenhalle, der wahrscheinlich erste Bau, der hier entstand. Sie hat mehrere Säulengänge, die auf den Picacho Montoso zeigen. Wenn zur Tagundnachtgleiche die Sonne über dem Gipfel aufgeht, fällt der Schatten der vorderen Säulen direkt auf die Säulen dahinter. Der Haupttempel der Siedlung ist der Sonnentempel, der ebenso nach den Tagundnachtgleichen orientiert ist.

Sonnenkreuze

Auf einem Plateau auf dem El Chapin, einem etwa 7 km von Alta Vista entfernten Hügel, liegt ein Beobachtungspunkt. In den Felsen sind zwei Markierungen mit einem Durchmesser von etwa 1,2 m gehauen. Sie zeigen auf den Gipfel des Picacho Montoso, über dem die Sonne zur Sommersonnenwende aufgeht. Der Ort bietet Gelegenheit zu zahlreichen Sonnenbeobachtungen und möglicherweise werden in Zukunft noch weitere Ausrichtungen entdeckt.

Fort mit der Nacht Zum Sonnenaufgang zur Tagundnachtgleiche fand in der Säulenhalle (hier im Hintergrund zu sehen) ein spektakuläres Spiel aus Licht und Schatten statt.

XOCHICALCO MEXIKO

Dieses zeremonielle und rituelle Zentrum der Maya entstand um 800 n. Chr. und gehört heute zum Weltkulturerbe. Es liegt etwa 70 km südlich von Mexiko-Stadt. Zur Anlage gehört eine Höhle, die auf eine Länge von etwa 20 m und eine Breite von etwa 12 m vergrößert wurde. Aus ihr wurde ein 5 x 0,4 m großer vertikaler Schacht ausgehoben, um zu bestimmten Daten, an denen die Sonne zur Mittagszeit direkt über der Öffnung stand, einen Lichtstrahl ins Dunkel zu lenken.

In den Tropen steht die Sonne an zwei Tagen im Jahr direkt über dem Betrachter. Die Daten variieren je nach Entfernung zum Äquator, wo die Sonne zu den Tag-undnachtgleichen direkt über ihrem Beobachter steht. Genau am nördlichen und südlichen Wendekreis trifft der Zenit mit der Sommersonnenwende zusammen (und tritt nur einmal im Jahr auf). Zenitschächte sind vertikal auf den Zenit ausgerichtet und dienten womöglich der Beobachtung von Sternen und des Mondes.

Wie wir gesehen haben, bestand der *Tzolkin* (siehe Seite 107) aus 260 Tagen – dies entspricht ungefähr der Länge der Schwangerschaft einer Frau. In Xochicalco steht die Sonne am 15. Mai und 29. Juli im Zenit. Zu

Hügelstadt Die Stadt Xochicalco, in der einst vermutlich 20 000 Menschen gelebt haben, wurde um 900 n. Chr. zerstört.

diesem Zeitpunkt strahlt sie direkt in die Höhle. Einige Tage vor und nach diesen Daten dringt weniger Licht hinein. Die obere Seite des Zenitschachts wird von Steinen umgeben, wodurch die Öffnung eine markante siebeneckige Form erhält. Diese Steine dienten möglicherweise zur Regulierung der eindringenden Lichtmenge. Die Zeiten, an denen das Licht zum ersten und zum letzten Mal in die Höhle drang, lagen 52 Tage vor und nach der Juni-Sonnenwende. Dadurch war die Höhle – wie der menschliche Fötus – 260 Tage vom Tageslicht abgeschottet.

MONTE ALBÁN

Das Observatorium von Monte Albán (siehe Seite 205) ist so orientiert, dass eine verlängerte Linie von seiner Spitze bis zu den Treppen und weiter zum Zenitschacht von Gebäude P, auch „El Piramide" genannt, verläuft. Diese Linie setzte sich in Richtung des heliakischen Aufgangs des Sterns Capella fort, der das Datum der Zenitpassage der Sonne markierte. Die Schachtöffnung liegt ungefähr in der Mitte der Treppen des Gebäudes P. Der Schacht reicht 1,5 m in einen geschlossenen Raum hinein. Dieser wurde zu den zwei Zeitpunkten, an denen die Sonne im Zenit stand, von einem runden Lichtstrahl durchflutet. Im Gegensatz zum Zenitschacht von Xochicalco drang hier direktes Sonnenlicht 65 Tage vor und nach der Juni-Sonnenwende ein. Die Bedeutung dieser Zeitspanne ist unklar. 65 umfasst exakt fünf Zyklen von 13 Tagen, einen ganzen Zyklus mehr als die vier Zyklen in Xochicalco.

Zenitschacht Das Sonnenlicht wird in eine unterirdische Kammer in Xochicalco gelenkt und erleuchtet diese nur an zwei Tagen im Jahr.

PALENQUE MEXIKO

Die Ruinen der Maya-Stadt Palenque liegen etwa 130 km südlich der heutigen Stadt Ciudad del Carmen. Eingebettet zwischen den bewaldeten Ausläufern des Tumbalá-Gebirges im Süden und der Küstenebene im Norden scheint die Weltkulturerbestätte zwischen zwei Welten zu schweben – der Wildnis des Dschungels und der gezähmten Ebene, deren Fruchtbarkeit die Lebensgrundlage für die Einwohner der Siedlung darstellte.

Archäologische Funde deuten darauf hin, dass die Gegend seit ungefähr 300 v. Chr. besiedelt wurde. Die meisten Bauten entstanden zwischen 700 und 1000 n. Chr. Im Gegensatz zu vielen anderen Maya-Stätten verfügte Palenque über zahlreiche Wasserquellen, darunter den Otulum, der direkt durch die Stadt fließt. Da die Wasserversorgung hier gewährleistet war, hatten die Bewohner vermutlich mehr Zeit, sich mit kulturellen Tätigkeiten zu beschäftigen.

Spekulationen

Die als „Tempel der Inschriften" bezeichnete Stufenpyramide verdankt ihren Namen den vielen aufschlussreichen Inschriften, die sie enthält. Tief in ihrem Inneren befindet sich das Grab des berühmten Maya-Königs K'inich Janaab' Pakal. Unter seiner 68-jährigen Herrschaft florierte die Wissenschaft und es entstanden einige der wichtigsten Bauten der Stadt. Die Errichtung seiner Grabstätte begann um 675 n. Chr.

Die Sarkophagabdeckung ist eines der bekanntesten Artefakte der Maya-Kultur, seit sie in Erich von Dänikens Buch *Erinnerungen an die Zukunft* beschrieben wurde. Darin erklärt von Däniken, dass es sich bei der zentralen Figur um eine Darstellung eines Raumfahrers handle. In den Jahren der Mondlandungen hatten die Menschen stets das Bild von Astronauten in Raketen vor Augen, sodass die Ähnlichkeit zu dem Steinbild ihre

Spirituelle Reise *(Gegenüber)* Die sitzende Figur auf der Abdeckung des Grabes von Pakal tritt angeblich ihre Reise ins Jenseits an.

Sonnenausrichtung *(Rechts)* Bisher wurden bereits mehrere Ausrichtungen auf die Sonne im Zentrum von Palenque festgestellt.

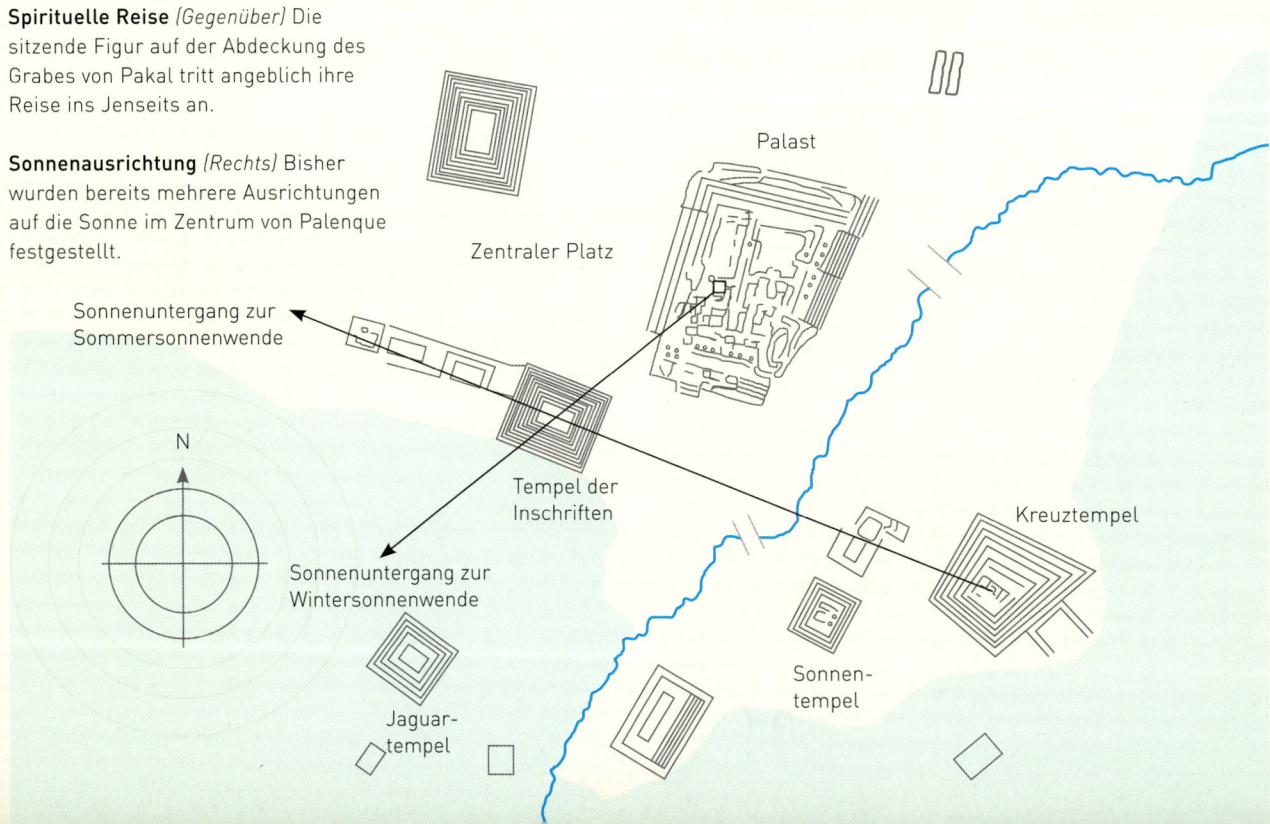

Palast

Zentraler Platz

Sonnenuntergang zur Sommersonnenwende

N

Sonnenuntergang zur Wintersonnenwende

Tempel der Inschriften

Kreuztempel

Sonnen-tempel

Jaguar-tempel

Fantasie anregte. Die Grababdeckung wurde zu einem wichtigen (wenn nicht berüchtigten) Beweisstück in der Debatte, ob die Erde jemals von Außerirdischen besucht und möglicherweise sogar besiedelt wurde.

Trotz der vielen Diskussionen lag von Däniken wohl richtig mit der Annahme, dass sich Pakal auf eine Reise in eine andere Welt begab. Das Bild stellt wahrscheinlich den König auf seiner Überfahrt in die Unterwelt zu seinen vergöttlichten Vorfahren dar, wo er selbst zum Gott wurde.

Wie viele antike Kulturen glaubten auch die Bewohner Mesoamerikas, dass die Welt eine Achse habe, um die sich das Universum drehe. Diese Weltachse – *axis mundi* – bildete in Asien ein heiliger Berg, wie der Berg Meru; im teutonischen Europa der Weltenbaum Yggdrasil. In Mesoamerika war ein Weltenbaum, manchmal Yaxché genannt, von besonderer Bedeutung für die Kosmologie. Yaxché besaß drei Teile: den oberen Bereich, in dem die Götter residierten und die Sterne und Planeten ihren Lauf vollführten; den mittleren, in dem die Menschen lebten; und den unteren Bereich, in den die Geister nach dem Tod gelangten (und von wo aus sie sehr oft wiedergeboren wurden). In einer stilisierten Version dieses Lebensbaums sehen wir auch König Pakal, der seinem Schicksal entgegensieht.

Sonnenausrichtungen in Palenque

Mehrere Bauten in Palenque sind auf Sonnenereignisse ausgerichtet. Oft finden sich sogar Ausrichtungen im Inneren von Bauten: Ihre Innenwände wurden wahrscheinlich so angelegt, dass sich zu besonderen Zeitpunkten ein Spiel aus Licht und Schatten ergab. Dies scheint besonders auf den Palast-Komplex zuzutreffen, der zahlreiche Häuser, Innenhöfe, unterirdische Gänge und sogar einen vierstöckigen Turm umfasst.

Sonnentempel Die Eingangshalle des Tempels wird von der aufgehenden Sonne an den Tagen der Zenitpassagen, zu den Tagundnachtgleichen und zu den Sonnenwenden unterschiedlich stark durchleuchtet, wodurch ein präziser Sonnenkalender entsteht.

Ein Großteil des Spiels aus Licht und Schatten dürfte dazu gedient haben, das 365-tägige Jahr in einen 105-tägigen landwirtschaftlichen Zyklus und den 260-tägigen heiligen Zyklus des *Tzolkin* (siehe Seiten 106–107) zu gliedern.

Ein Kalender aus Licht und Schatten

Eines Tages bemerkte die Anthropologin Susan Milbraith ein T-förmiges Fenster auf der Westseite des Palastturms, durch das zwischen dem 30. April und dem 12. August ein Lichtstrahl auf eine schräge Wand fällt. Diese Beleuchtung dauert exakt 105 Tage, wobei das Licht seine maximale Ausdehnung zur Sommersonnenwende erreicht. Die übrigen 260 Tage im Jahr ist die Wand in Dunkel gehüllt.

Die wissenschaftliche Arbeit von Chance Coughenour aus dem Jahr 2008 beschreibt die Entdeckung des Wissenschaftlers Alonso Mendez, dass die Westwände von zwei Häusern im Palast-Komplex am Sonnenzenit (auf diesem Breitengrad 9. Mai und 2. August) auf den Sonnenuntergang ausgerichtet sind.

Zentrum der Maya-Kultur Palenque verfügt über einige der schönsten Exemplare der Maya-Steinkunst. Auf den prachtvollen Bauten findet sich eine Vielzahl an Hieroglyphen, die von der Geschichte dieser bedeutenden Anlage erzählen.

Ein Beobachter am höchsten Punkt des Palastturms hätte gesehen, wie die Wintersonnwendsonne über dem Zentrum des Tempels der Inschriften unterging – am Eingang zur unterirdischen Kammer, die zum Grab von König Pakal führte. Vom oberen Ende des Kreuztempels aus betrachtet, geht die Sonne auch zur Sommerwende über dem Tempel der Inschriften unter. Der Name des Tempels rührt von einem Relief im Tempelinneren her, das einen kreuzförmigen Weltenbaum darstellt.

Der Sonnentempel

Der Sonnentempel ist so ausgerichtet, dass die aufgehende Sonne zur Wintersonnenwende in den Eingang strahlt, aber nur zur Hälfte die Rückwand erreicht. An den Tagen, an denen die Sonne mittags im Zenit steht, durchdringt das Licht bei Sonnenaufgang erneut den Eingang, wird diesmal aber von der Ecke einer Innenwand abgeblockt. Zur Tagundnachtgleiche und zur Sommersonnenwende gelangt das Sonnenlicht bis zur Rückwand, wo es einen schmalen Schaft bildet. Solche Sonnenausrichtungen können den Verlauf des Jahres präzise anzeigen.

Alonso Mendez stellte auch fest, dass die diagonale Achse des Sonnentempels auf den Aufgangs- und Untergangspunkt der großen Mondwende (siehe Seiten 134–135) ausgerichtet ist. Bisher wurde nur das Zentrum von Palenque erforscht. Mutmaßungen zufolge erstreckt sich die gesamte Anlage über etwa 13 Quadratkilometer – so bleibt also noch einiges zu entdecken.

SONNENGÖTTER UND MYTHOLOGIE

Der jährliche Verlauf der Sonne von Frühling bis Sommer und über Herbst bis Winter kann als Symbol für die menschlichen „Jahreszeiten" der Jugend, der Reife, des mittleren und des hohen Alters gesehen werden. Dementsprechend endete das Abenteuer der Sonne mit ihrem Tod zur Wintersonnenwende. Dieses Datum war auch der Wendepunkt des Jahres, woraufhin die Sonne ihre Reise wiederaufnahm. In westlichen Ländern kennzeichnen die Neujahrsfeiern zugleich das Ende des einen und den Beginn des neuen Jahres. In ähnlicher Weise wird alles, was die Sonne bei ihrem Tod zur Wintersonnenwende besaß, an die neue Sonne bei deren Geburt am nächsten Morgen übergeben.

Der Geburtstag von Sol Invictus („unbesiegter Sonnengott") wurde im Römischen Reich am 25. Dezember ab dem Jahr 354 n. Chr. gefeiert, möglicherweise sogar schon früher. Dieser Tag war das traditionelle Datum der Wintersonnenwende, das 46 v. Chr. eingeführt worden war, als Cäsar den Kalender reformierte. Obwohl der Julianische Kalender nicht mehr synchron mit den Sonnenwenden war, wurde das

Strahlenkranz Sol Invictus, hier *(oben)* in einem römischen Marmorrelief aus dem 3. Jahrhundert v. Chr. zu sehen, ist mit einem Strahlenkranz dargestellt. Dieser ähnelt jenem des Sonnengottes Šamaš in einer mesopotamischen Skulptur aus dem 2. bis 3. Jahrhundert n. Chr. *(unten)*.

Datum im römischen Religionskalender weiterhin mit der Sonnenwende assoziiert.

Der Kult um Sol, den Sonnengott, war unter Kaiser Aurelian 274 n. Chr. zu einem der mächtigsten römischen Kulte avanciert und blieb es, bis das Christentum alle heidnischen Kulte verdrängte. Christliche Theologen erkannten die starke Symbolkraft des Sonnenkults und übernahmen den 25. Dezember als Geburtsdatum ihres Herrn, der die Menschheit aus der spirituellen Dunkelheit zum ewigen Leben führte. Die Kirchenväter gingen sogar soweit, Christus auch als Sol Iustitiae – „Sonne der Gerechtigkeit" – zu bezeichnen. Der Brauch der Weihnachtsgeschenke erinnert an das Vermächtnis, das die sterbende Sonne ihrer Nachfolgerin und somit der Welt hinterlässt.

Der römische Sonnengott Sol wurde häufig dargestellt, wie er in einem mit vier Pferden bespannten Sonnenwagen (siehe Seite 49) den Himmel überquert. Ähnliche Darstellungen finden sich auch in vielen indo-europäischen Mythen, darunter auch jenem von Helios, dem griechischen Vorgänger von Sol und Bruder der Mondgöttin Selene. Viele seiner Attribute wurden von Apollon im 5. Jahrhundert v. Chr. übernommen, wie der Streitwagen und das strahlenbekränzte Haupt.

Diese unverkennbare Kraft der Sonne stellt weltweit ein beliebtes

Wettlauf von Sonne und Mond In diesem Gemälde von Guido Reni (um 1612) lässt Hippomenes (Sonne) einen Apfel zu Boden fallen, um Atalante (Mond) abzulenken und so das Rennen zu gewinnen.

Element in Mythen dar. Die folgenden Beispiele sollen einige der verschiedenen Vorstellungen über die Sonne aufzeigen, besonders jene, die versuchen ihr Verhalten zu erklären (Mythen über die Sonnenfinsternis finden sich im Mondkapitel auf den Seiten 150–151).

Atalante und Hippomenes

Der Sage nach wurde Atalante, die jagende Jungfrau, in den Bergen von einer Bärin aufgezogen und wuchs wild und frei auf. Sie schwor, sich nur dem Mann hinzugeben, der sie im Wettlauf besiege. Jeder, der das Rennen verliere, würde sterben. Viele Brautwerber versuchten ihr Glück und scheiterten.

Aphrodite, die Göttin der Liebe, half Atalantes Verehrer Hippomenes (in anderen Versionen Melanion), indem sie ihm drei Goldäpfel gab. Während des Wettrennens ließ er, sobald Atalante in Führung ging, einen der

Äpfel zu Boden fallen. Atalante bückte sich, um die Äpfel aufzuheben, und so konnte Hippomenes das Rennen für sich entscheiden.

Einige Wissenschaftler sehen diesen Mythos als ein Mittel, die Zyklen von Sonne und Mond zeitlich in Einklang zu bringen. Nach acht Sonnenjahren haben die Mondphasen 99 vollständige Zyklen vollzogen. Während dieses Zeitraums gibt es zwölf Vollmonde pro Jahr, mit Ausnahme von drei Jahren, in denen es 13 sind – die drei Äpfel sind ein Symbol für diese zusätzlichen Vollmonde.

Am Ende des Wettlaufs tritt die Mondphase wieder am selben Kalenderdatum auf wie zu Beginn des Rennens (fast: der Mond liegt um 1,5 Tage zurück – ein Symbol für Atalantes knappe Niederlage). Genau diese Wiedervereinigung wird einigen Gelehrten zufolge in der Hochzeit von Atalante und Hippomenes gefeiert.

Amun-Re

In der altägyptischen Stadt Theben war Amun der oberste Schöpfergott und alle anderen Gottheiten waren bloße Manifestationen seiner Macht (ein Glaube, der starke Parallelen zum Monotheismus aufweist).

In anderen Teilen Ägyptens wurden viele seiner Stärken dem Sonnengott Re zugerechnet. Nachdem die Herrscher von Theben den Norden des Königreichs erobert und das Neue Reich gegen 1540 v. Chr. geschaffen hatten, verschmolzen die beiden Gottheiten zu Amun-Re, der die dualen Aspekte der Sonne, das Verborgene und das Offenkundige – Nacht und Tag – vereinte.

In seiner verborgenen Rolle, die begann, sobald die Sonne unter dem Horizont verschwand, reiste der Sonnengott durch die Unterwelt, in der alle düsteren Gestalten wohnten. Während seiner Reise durch die Unterwelt *(Duat)* auf einem Schiff wurde er von mächtigen Gehilfen unterstützt. Darunter zwölf Damen, die ihn durch die Gefahren der zwölf Stunden der Nacht geleiteten. Schließlich näherte sich der Sonnengott dem östlichen Horizont, wo er bei Tagesanbruch zwischen den Schenkeln der Himmelsgöttin Nut wiedergeboren wurde.

Auf dieses Wunder aus Tod, Leid und Auferstehung stützen sich viele Religionen, die ein Leben nach dem Tod verheißen.

Šamaš

In Mesopotamien galt Mitte des 3. Jahrtausends v. Chr. Šamaš („Sonne") als Sonnengott, Gott der Gerechtigkeit und des Wahrsagens. Šamaš war der Sohn des Mondgottes Sin. Somit war die Sonne dem Mond untergeordnet – eine unübliche Vorstellung, die wahrscheinlich noch aus Nomadenzeiten herrührt. Denn erst mit dem Einsetzen der Landwirtschaft kam der Sonne eine essentielle Rolle zu. Nachts fuhr Šamaš in seinem Streitwagen durch die Unterwelt, von wo er zu seinem Ausgangspunkt für den nächsten Tag zurückkehrte.

Surya

Das immer wiederkehrende Motiv des Himmelswagens findet sich auch im prächtigen Tempel des hinduistischen Sonnengottes Surya in Konark, Indien, wieder. Der aus dem 13. Jahrhundert stammende Tempel, der wie der Himmelswagen Gottes aussieht, hat 24 Räder mit je acht Speichen und wird von sieben Pferdeskulpturen gezogen. Der Tempel ist nach Osten ausgerichtet, sodass die Strahlen des Sonnenaufgangs

Falkenköpfiger Gott In diesem ägyptischen Gemälde aus der 22. Dynastie (um 945–715 v. Chr.) sendet der Sonnengott Re in seiner Manifestation als Re-Harachte Strahlen in Form von Lilien aus.

Apollons Wagen Dieses Werk von Odilon Redon (um 1908) zeigt den griechischen Sonnengott bei seiner Fahrt über den Himmel.

zur Tagundnachtgleiche durch den Haupteingang ins Innere dringen.

Sunna (Sól)

Sunna (Sól im Altnordischen), die germanische Sonnengöttin, war die Schwester des Mondgottes Máni. Auch sie fuhr in einem Wagen über den Himmel und wurde in der *Poetischen Edda* als „hübsches Rad" beschrieben. Die *Poetische Edda* wurde im 13. Jahrhundert n. Chr. in Island verfasst, ebenso wie die *Prosa-Edda*. Beide gehen auf jahrhundertealte Schriften zurück. In der *Prosa-Edda* wird beschrieben, dass sich sowohl Sunna als auch ihr Bruder Mani so schnell bewegen, weil sie von zwei Wölfen gejagt werden, die sie schließlich am Ende der Welt (Ragnarök) fangen und verschlingen werden.

Die Sonnen der fünf Zeitalter

Die Azteken hatten fünf Zeitalter, auch „Sonnen" genannt, die von fünf Göttern personifiziert wurden: Der erste war Tezcatlipoca („rauchender Spiegel"), der zweite Quetzalcoatl („gefiederte Schlange"), der dritte Tlaloc („von der Erde") und der vierte eine Göttin – Chalchiuhtlicue („Die mit dem Jaderock"). Der Sonnengott der gegenwärtigen, fünften Sonne wurde aus zwei Wettkämpfern gewählt, die sich selbst im Feuer opfern mussten. Einer war der hochmütige Tecciztecatl, der andere der bescheidene Nanauatl. Nanauatl sprang geradewegs ins Feuer, während Tecciztecatl ängstlich zögerte. Schließlich folgte er seinem Rivalen in die Flammen. Die Welt konnte jedoch mit zwei Sonnen nicht überleben, deshalb warfen die anderen Götter Tecciztecatl ein Kaninchen ins Gesicht, um seine Leuchtkraft zu hemmen. Er wurde zum Mond und das Kaninchen ist auch heute noch in seinem Gesicht zu sehen. Nanauatl wurde zum Sonnengott Tonatiuh und so wurde das gegenwärtige Zeitalter – Nahui Ollin („Vier Erdbeben") – vor seiner frühzeitigen Zerstörung gerettet.

All diese Azteken-Götter forderten Opfer (Tiere, aber auch Menschen), damit die Sonne ihren Lauf beibehielt und die Stabilität des Universums bewahrt wurde.

DER MOND – SPIEGEL UNSERER SEELE

Der Mond steuert die Gezeiten und soll Einfluss auf die weibliche Fruchtbarkeit haben. Dennoch scheint er, wenn er abnimmt, immer schwächer zu werden. Aber gerade wenn er am unscheinbarsten ist, kann er die Sonne verfinstern und den Tag zur Nacht machen. Seine Phasen sind voller Wunder, rauer Schönheit und Romantik. Der Mond herrscht uneingeschränkt über unsere Welt der Träume.

DER MOND

Um den Mond ranken sich zahlreiche Mythen und Träume. Manche meinen sogar, er könne Wahnsinn hervorrufen. Trotz einiger Einzelberichte sind konkrete Beweise, dass die Mondphasen geistige Umnachtung verursachen können, so wenig greifbar wie die Mondstrahlen selbst. Aber wir alle kennen die Achterbahn an Stimmungen und Gefühlen, die die ständig wechselnden Phasen des Mondes widerspiegeln.

Der Mond führt uns vor Augen, was sich in unserem Geist verbirgt. So wie Psychologen mithilfe des bekannten Tintenklecks- oder Rorschachtests unsere Gedanken ans Tageslicht bringen, hat uns der Vollmond mit seinen hellen Narben aus Meteoritenkratern und dunklen, erstarrten Meeren vulkanischer Lava stets zu Bildern vor unserem geistigen Auge angeregt. Unser Gehirn ist veranlagt, Muster zu erkennen, besonders die Form eines menschlichen Gesichts. Und wir meinen, diese fast überall zu sehen, selbst auf der Oberfläche des Mondes – dieses Phänomen ist als Pareidolie bekannt. Da diese Bilder nur im Gehirn des jeweiligen Beobachters existieren, liefert uns die Fantasie ein breites Spektrum solcher Bilder. Hier einige Beispiele der bekanntesten imaginären Vorstellungen.

Mann im Mond

Die gesamte Scheibe des Vollmonds erscheint oft als Gesicht mit zwei großen dunklen Augen, die von einem Klecks getrennt werden (für manche Menschen ist der Klecks eines der beiden Augen), und einem dunklen offenen Mund darunter. In der Mitte ist eine Nase angedeutet. Das ist wahrscheinlich das einfachste und daher möglicherweise älteste Bild vom Mond.

Frau im Mond

Laut einer Legende der Maori wurde eine junge Frau namens Rona eines Nachts vom Mond entführt, als sie mit einem Krug Wasser holte. Als der Mond sie hochhob, hielt sie sich vergeblich an einem Baum fest. Noch heute kann man erkennen, wie Rona sich am Baum festklammert, mit dem Krug zu ihren Füßen.

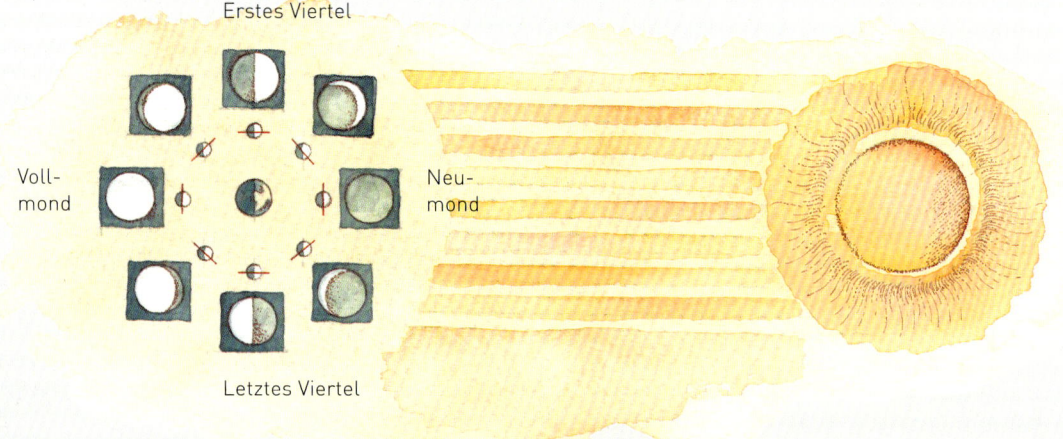

Erstes Viertel

Vollmond

Neumond

Letztes Viertel

Mondphasen Wenn der Mond die Erde in seinem monatlichen Zyklus umkreist, ändert sich unser Blickwinkel auf die beleuchtete Seite des Mondes. Er verursacht die Mondphasen von Neu- bis Vollmond und wieder bis Neumond. Die roten Linien zeigen die erdzugewandten Hemisphären zu jedem Zeitpunkt des Zyklus.

Geburt eines Mythos Die Mondoberfläche inspiriert uns stets zu Geschichten über unseren nächsten Nachbarn im Sonnensystem.

In Europa wurden dieselben Konturen als alte Frau (oder alter Mann) gedeutet, die in Begleitung eines Hundes ein Bündel Zweige schleppt.

Eine relativ neue Interpretation im Westen ist das Bild einer Frau im Profil, die nach links blickt. Ihre blasse Haut steht im Kontrast zu ihrem dunklen, fein säuberlich zurechtgemachten Haar.

Hase der Unsterblichkeit

Nach alter chinesischer Volkskunde gibt es einen Hasen im Mond, der Kräuter für ein Unsterblichkeitselixier mahlt. Das langohrige Wesen sitzt auf der linken Seite über einen Mörser gebeugt.

YIN UND YANG

Nicht alle Mondbilder sieht man am besten bei Vollmond. Das Yin-Yang-Symbol oder *Taijitu* (Symbol des sehr großen Äußersten/Höchsten) etwa erkennt man am deutlichsten drei oder vier Tage nach Vollmond. Dieses chinesische Symbol stammt aus dem Mittelalter, doch sieht man es erst seit ein paar Jahren als Bild im Mond. Ob das eine völlige Neuentdeckung oder doch nur das Aufleben einer alten Tradition ist, ist fraglich. Der Mond ist für sein ständiges Zu- und Abnehmen bekannt – Merkmale, die sich im wechselnden Zusammenspiel von Yin und Yang wiederfinden.

NEWGRANGE, KNOWTH UND DOWTH IRLAND

Zu den drei neolithischen Ganggräbern, die sich um eine Flussbiegung etwa 42 km nördlich von Dublin gruppieren, gehört Newgrange, das international wegen seiner Ausrichtung auf die Wintersonnenwende bekannt ist (siehe Seiten 74–77). Diese Gräber, die zusammen unter dem Namen Brú na Bóinne bekannt sind und um 3200 v. Chr. entstanden, scheinen auch in Bezug auf den Mond von Bedeutung zu sein.

In unmittelbarer Nähe des runden Erdhügels von Newgrange liegen die ähnlich geformten Hügel von Dowth und Knowth in Richtung Nordosten bzw. Nordwesten. Der Autor Martin Brennan vermutet, dass sie nach dem aufgehenden bzw. untergehenden Mond zum Zeitpunkt der Kleinen Mondwende ausgerichtet sind (siehe Seiten 134–135). Da die Gräber auf natürlichen Hügeln liegen, ist für manche diese Orientierung reiner Zufall. Aber angesichts der nachgewiesenen

Sonnenausrichtungen der Anlagen ist eine mögliche Mondausrichtung nicht ganz von der Hand zu weisen.

Im Gegensatz zu Carnac, wo die schiere Anzahl an Monumenten, die Größe und die Topografie einen Zusammenhang problematisch erscheinen lassen, befinden sich im Falle von Brú na Bóinne die drei großen Erdhügel von Newgrange, Knowth und Dowth jeweils in Sichtweite zueinander. Es scheint plausibel, dass der Ort als Ganzes so geplant wurde, um komplexe astronomische Wechselbeziehungen herzustellen.

Knowth

Die Randsteine, die den Hügel von Knowth umgeben, sind aufwendig graviert (siehe Seite 78). Ein Stein südsüdwestlich des Hügels (Stein 52) weist mehrere Sicheln und Kreise auf, die Brennan und andere Forscher als Mondkalender beschreiben.

Die Markierungen zeigen eine grobe, aber durchgehende Spirale. Sieben Kreise sind an der Oberseite angeordnet. 22 Sicheln bilden eine regelmäßige

Mondkalender Die Sicheln und Kreise auf Stein 52 in Knowth stellen möglicherweise die wechselnden Mondphasen dar.

Newgrange im Mondlicht Bei Vollmond über Newgrange ist der Hügel im Umkreis von mehreren Kilometern zu sehen. Die weiße Quarzfassade ist eine umstrittene moderne Rekonstruktion des Originalgrabes.

Linie in der Mitte. Während die Spitzen der echten Mondsichel jeweils nach Osten (zunehmender Mond) oder Westen (abnehmender Mond) zeigen, weisen die Sicheln auf dem Stein leider alle in dieselbe Richtung. Insgesamt gibt es 29 Kreise und Sicheln, die für Anhänger der Theorie die 29 ganzen Tage eines Mondmonats darstellen (von einer beliebigen Phase bis zu ihrem Wiedereintritt).

Philip Stooke, Forscher auf dem Gebiet der kosmogeologischen Kartografie an der University of Western Ontario, Kanada, behauptet, dass in einen Stein im Inneren von Knowth (Orthostat 47) eine Karte der Oberfläche des Mondes graviert sei. Der am Ende des kreuzförmigen, östlichen Gangs befindliche Stein ist mit mehreren Bögen und Punkten verziert.

Ein Abschnitt der Markierungen besteht aus drei verschachtelten Sicheln, einer kurzen gebogenen Linie und Punkten. Sie sind so angeordnet, dass sie den dunklen Gebieten auf der Mondoberfläche, bekannt als Maria, ähneln.

Der Zusammenhang zwischen der Steinkunst und dem Himmelskörper ist nicht genau geklärt und Skeptiker halten solche Theorien für das Ergebnis von Pareidolie, die Tendenz des Gehirns, Formen zu erkennen, die auch zur Idee vom Mann im Mond führte (siehe Seiten 124–125). Angesichts der künstlerischen Vielfalt auf den Steinen von Knowth wäre es nicht verwunderlich, wenn man auch Ähnlichkeiten zu anderen Dingen entdecken würde. Wenn Stooke Recht hat, ist der Stein die bisher älteste entdeckte Mondkarte.

FINSTERNISSE

Jeder, der einmal eine totale Sonnenfinsternis miterlebt hat, kennt die Macht eines solchen Ereignisses. Der Alltag hält inne und alles wartet auf den Moment, wenn der Tag ins Dunkel der Nacht getaucht wird. Wissenschaftlich ist das einfach erklärt: Eine Finsternis entsteht durch die Bewegung des Mondes, dessen Umlaufbahn ihn nur gelegentlich vor die Sonnenscheibe führt oder im Erdschatten verschwinden lässt. Aber irgendwo in unserem Inneren schlummert das unangenehme Gefühl, dass diesmal die Dunkelheit vielleicht nicht mehr verschwinden wird.

Diese irrationalen Ängste sind typisch menschlich. Unser Gehirn besteht aus zwei Hälften, die Informationen unterschiedlich verarbeiten. Die linke Hälfte ist unter anderem der Sitz von Sprache und Verstand. Dieser Teil ist am aktivsten, wenn wir über die Geometrie archäoastronomischer Ausrichtungen lesen. In der anderen Gehirnhälfte sind Mitgefühl und Intuition beheimatet. Sie lassen uns an der Vision der Menschen teilhaben, die Mythen entstehen ließen und Tempel für die Himmelsgötter erbauten. Astrologen verwenden für diese entgegengesetzten und doch komplementären Komponenten unseres Selbst die Sonne bzw. den Mond als Symbol.

Sonnen- und Mondfinsternis
Finsternisse finden nur zu Neumond (Sonnenfinsternis) oder Vollmond (Mondfinsternis) statt. Dabei muss sich der Mond entweder auf derselben Deklination wie die Sonne (Sonnenfinsternis) befinden oder auf der entgegengerichteten (Mondfinsternis). Die Deklination ist die Koordinate, die die Position von Himmelskörpern entweder nördlich oder südlich des Himmelsäquators angibt. Wenn die Sonne vom Mond verdeckt wird, kommt es zu einer Sonnenfinsternis. Wenn sich der Mond hinter die Erde bewegt, sodass ihn die Sonnenstrahlen nicht erreichen, gibt es eine Mondfinsternis.

Eine totale Sonnenfinsternis ist eines der spektakulärsten Naturereignisse, obwohl auch eine ringförmige Sonnenfinsternis (wenn der Mond zu weit von der Erde entfernt ist, um die Sonne ganz zu verdecken, und einen dünnen Ring aus Sonnenlicht hinterlässt)

Wie Finsternisse entstehen Zwei Mal pro Umkreisung befindet sich der Mond auf derselben Ebene mit der Sonne (Ekliptik) und eine Finsternis ist möglich, je nach Mondphase. Eine Sonnenfinsternis ist in einem viel kleineren Gebiet zu sehen als eine Mondfinsternis, da der Mond einen relativ kleinen Schatten auf die Erde wirft. Mondfinsternisse sind in einem viel größeren Gebiet und länger sichtbar, da der Erdschatten viel größer ist.

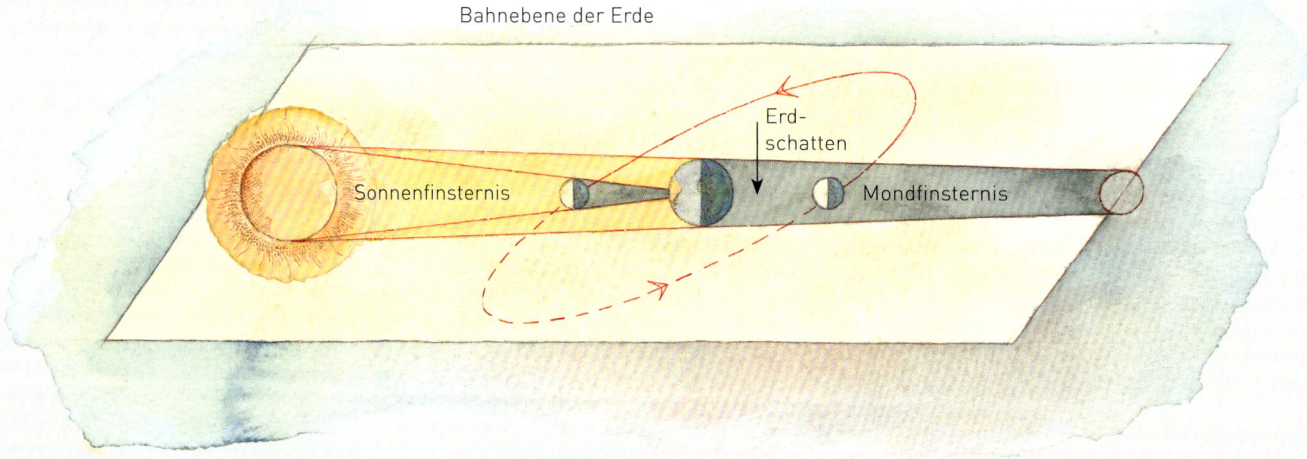

Bahnebene der Erde

Erd-schatten

Sonnenfinsternis

Mondfinsternis

Verwandlungskünstler Diese Fotoserie zeigt das wechselnde Antlitz eines Vollmonds bei einer Mondfinsternis. Das Foto rechts vorn ist eine Nahaufnahme des Schattens, den die Erde auf einen Teil eines Vollmonds wirft.

atemberaubend schön ist. Einige partielle Finsternisse bleiben unbemerkt, da sie nur eine geringe Verdunkelung hervorrufen. Bei anderen sieht man eine dünne Sichel der Sonne, bevor der Mond vorüberzieht und das Tageslicht wieder zum Vorschein kommt.

Eine totale Sonnenfinsternis ist möglich, weil Sonne und Mond am Himmel etwa gleich groß erscheinen. Die Sonne ist jedoch mit einem 400-fachen Durchmesser viel größer als der Mond. Für uns wirken sie gleich groß, weil die Sonne auch 400 Mal so weit entfernt ist.

Unsere Vorstellung, dass diese Gegensätze gleichwertig sind, hat Astrologen dazu gebracht, jede Situation von zwei Seiten zu betrachten – mit beiden Hälften unseres Gehirns. Es ist daher kaum verwunderlich, dass Sonne und Mond häufig die Geschlechter repräsentieren. In der westlichen Kultur gilt die Sonne

meist als männlich und der Mond als weiblich (diese Idee stammt aus dem antiken Griechenland). Bei früheren Kulturen war es jedoch oft umgekehrt. In der altnordischen Mythologie wird die Sonne von der Göttin Sol dargestellt, der Mond vom Gott Mani, auf den möglicherweise die Vorstellung vom Mann im Mond zurückzuführen ist. In nur wenigen Kulturen haben Sonne und Mond dasselbe Geschlecht; ein Beispiel sind die Sumerer, bei denen der Sohn des Mondgottes Nanna, Utu, die Sonne, war.

In vielen Kulturen galt eine Sonnenfinsternis als unheilvolles Ereignis. In China glaubte man an den Angriff eines Himmelshundes (man versuchte den Hund mit lauten Geräuschen zu verscheuchen). Eine Metapher, die beide Gehirnhälften vereint, bieten die folgenden Mythen der australischen Ureinwohner.

AUSTRALISCHE FINSTERNIS

In fast allen Legenden der Ureinwohner Australiens ist die Sonne weiblich und der Mond männlich. In Arnhemland kennt der Yolngu-Stamm die Sonnen-Frau als Walu und den Mond-Mann als Ngalindi. Jeden Morgen sorgt Walu für das Strahlen der Morgendämmerung, wenn sie ein kleines Feuer entfacht. Sie färbt die Wolken mit dem rotockerfarbenen Pulver, mit dem sie ihren Körper bemalt. Die gleißende Sonne ist eine Fackel, die sie bei ihrer Wanderung über den Himmel trägt. Zur Abenddämmerung löscht sie die Fackel und kehrt in ihr Lager unter der Erde zurück. Eine Sonnenfinsternis entsteht, wenn der Mond-Mann den Körper der Sonnen-Frau beim Liebesspiel bedeckt. Diese Geschichten dienten vielleicht als Inspiration für die Sydney-Felsgravuren im Ku-ring-gai-Chase-Nationalpark in New South Wales. Ihre Entstehung ist schwer zu datieren. Das Gebiet war vor mindestens 3500 Jahren besiedelt und die

Gegensätze vereint Die Sydney-Felsgravuren zeigen Sonnen-Frau und Mond-Mann vereint in einer Sonnenfinsternis.

Gravuren könnten ebenso alt sein oder auch aus dem 17. Jahrhundert n. Chr. stammen.

Die etwa 2 m große Darstellung zeigt einen Mann und eine Frau mit den Armen zu einer Sichel hin erhoben. Da die Spitzen der Sichel nach unten zeigen, ist es schwer, sie als Mond zu deuten. Es könnte sich um eine Sonnenfinsternis handeln, insbesonders da sich Arme und Beine der zwei Figuren überlappen, was für solch sorgfältig entworfene Gravuren ungewöhnlich ist.

Mond-Petroglyphen in Ngaut Ngaut

MONDKUNST IN NGAUT NGAUT

In Australien steckt die Archäoastronomie noch in den Kinderschuhen, nicht zuletzt aufgrund der langen systematischen Unterdrückung der Ureinwohner. Sichelförmige Felszeichnungen wurden oft als Boomerangs interpretiert. In Ngaut Ngaut aber, am Ufer des Flusses Murray nahe Greenway Landing, etwa 100 km nordöstlich von Adelaide, ist durch die Nebeneinanderreihung von Sicheln und Kreisen mit kurzen Linien, die wie Sonnenstrahlen wirken, eine astronomische Deutung nachvollziehbar.

Eine Reihe von Linien und Punkten, die wie eine Strichliste wirkt, erscheint neben einer besonderen Kombination der Sichel und des strahlenden Kreises in Ngaut Ngaut. Diese Zeichnungen kennt man in der mündlichen Überlieferung des Nganguraku-Stammes als „Zyklen des Mondes". Nun soll erforscht werden, ob es sich bei diesen Markierungen tatsächlich um einen Mondkalender handelt. Obwohl das Entstehungsdatum der Gravuren ungewiss ist, ergaben archäologische Ausgrabungen von Feuerstellen in der Nähe, dass die Stätte seit mindestens 8000 Jahren genutzt wird.

ECLIPSE COMMEMORATION PAVILION INDIEN

Die heiligen Denkmäler in Mamallapuram im Golf von Bengalen in Tamil Nadu, Indien, zählen zum Weltkulturerbe. Die meisten stammen aus der Pallava-Zeit im 6. bis 8. Jahrhundert n. Chr., als Mamallapuram ein florierender Hafen war. Der Eclipse Commemoration Pavilion („Finsternis-Gedächtnis-Pavillon") datiert vermutlich bereits in das 13. Jahrhundert.

Dieses *Mandapa* (Pavillon) besteht aus Granit und hat ein rechteckiges Flachdach, das von 24 Säulen getragen wird, die symmetrisch in 4 x 6 Reihen angeordnet sind. Am Eingang auf der kurzen Südseite finden sich besonders schmuckvolle Säulen. Die Decke besteht aus Dutzenden Flachreliefs mit zahlreichen Motiven aus der Mythologie. Das erste davon, im Mittelgang gleich am Eingang, ist ein Bild des heiligen Jägers Kannappa, der sich die Augen für den Gott Shiva mit einem Pfeil herausbohrt. Weitere Bilder zeigen einen Skorpion mit menschlichem Antlitz, Fische, Affen, einen Wal, einen zweiköpfigen Vogel und stilisierte Lotosblüten.

Bilder einer Finsternis Darstellungen von Sonnen- und Mondfinsternissen wurden im Eclipse Commemoration Pavilion in Mamallapuram aus dem 13. Jahrhundert entdeckt.

Das Verschlingen der Sonne

Der kürzlich verstorbene Raja Deekshithar, spiritueller Lehrer und Forscher, der die Stätte 2009 besuchte, erkannte in einigen Reliefs Darstellungen von Finsternissen. Zum Beispiel ist am gegenüberliegenden Ende des Pavillons eine Naga (mythische Schlange), die sich auf eine Scheibe zubewegt, als ob sie sie verschlingen wollte – für ihn das Bildnis einer Sonnenfinsternis.

In der südöstlichen Ecke des Pavillons gibt es zwei weitere Abbildungen dieser Schlange/Scheibe-Kombination. Eine ist mit der oben erwähnten identisch. Die andere könnte eine Mondfinsternis zeigen, die entsteht, wenn sich der Mond in die Bahn des Erdschattens bewegt. Ein solches Ereignis kann nur bei Vollmond auftreten. Eine große Sichel ist in die Mitte der Scheibe geschnitzt, der leere Teil der Sichel weist zur Schlange,

als ob die Scheibe bereits teilweise verschlungen worden wäre. Diese Sichel könnte jedoch auch als strahlende Sichel der Sonne während einer Sonnenfinsternis gedeutet werden.

In der Mitte des Ostganges gibt es ein viertes Bild mit Bezug auf den Mond. Es zeigt einen Hasen, der traditionell in den Mustern auf der Mondoberfläche erkannt wird – diese Assoziation findet sich bereits in frühen buddhistischen Schriften um 400 v. Chr.

Kannappas Geschichte lässt sich auch im Sinne einer Finsternis deuten – der Verlust seiner Augen gleicht dem Verschwinden eines Himmelskörpers.

Raja Deekshithar entdeckte ähnliche Schnitzereien, eine einer Naga und Scheibe, eine andere einer Naga mit Scheibe und Sichel, im Sangameshvara-Tempel in Bhavani, Tamil Nadu, aus dem 12. Jahrhundert.

ANGKOR WAT KAMBODSCHA

Der mächtige Tempel, der berühmt für seine Ausrichtung auf die Sonne und die Sterne ist (siehe Seiten 209–213), hat auch eine wichtige Bedeutung in Bezug auf den Mond. Die Treppen in der untersten Galerie sind durch 112 oder 4 x 28 Ellen (je 43,545 cm – siehe Seite 213) voneinander entfernt. Die Zahl 28 ist die maximale Anzahl an Tagen, an denen der Mond zu sehen ist (außer bei Neumond). Es wird vermutet, dass man über diese Treppen, die scheinbar ins Nichts führen, zu Aussichtsplattformen gelangte. Dort waren auf den Horizont zeigende Markierungen zu sehen, die auf die Großen Mondwenden ausgerichtet waren (siehe Seiten 134–135). Der Dschungel, der heute Angkor Wat umgibt, hätte solche Markierungen vermutlich bereits verschlungen.

Mondschau Markierungen außerhalb von Angkor Wat könnten einst, von internen Beobachtungspunkten aus betrachtet, lunare Ausrichtungen aufgezeigt haben.

Bisher konnten auch keine gefunden werden. Hätten sie existiert, wären sie für die Aufzeichnung von Finsternissen von Nutzen gewesen. Diese Ereignisse wären für König Suryavarman II., der Angkor Wat errichten ließ, wichtig gewesen, da er ein Schützling des Sonnengottes war. Eine Sonnenfinsternis hätte nicht nur für die Sonne eine Gefahr bedeuten können, sondern auch für den König und sein Reich. Diese Thesen sind umstritten, da eine eindeutige Symmetrie der Sonnenausrichtungen über den Eingängen fehlt (siehe Seite 210) und die Ausrichtungen wahrscheinlich purer Zufall sind.

Die Zahl 28 und ihr Vielfaches tauchen oft in Angkor Wat auf, wie bei der Anzahl der Fenster, Säulen und Stufen. Die mittlere Galerie besitzt besonders viele solcher Maße. Die Gesamtlänge der Ost- und Westseite beträgt etwas mehr als 533 Ellen oder 19 x 28, während die gesamte Länge der Nord- und Südseite 622 Ellen

Schatztruhe In dieser Bibliothek wurden vermutlich, wie auch in den anderen von Angkor Wat, heilige Schriften sowie rituelle Gegenstände und Gaben für die „dunkle" oder „helle" Hälfte des Monats aufbewahrt.

(21 x 29,53) beträgt – die Anzahl der Tage von einer Mondphase zur nächsten (synodischer Monat).

Die Bibliotheken und der Monat

Es gibt drei paarig angelegte Bibliotheken in Angkor Wat. Jede verläuft symmetrisch entlang der Hauptachse des Tempels von West nach Ost. Inschriften der Khmer deuten darauf hin, dass die Tempeldiener in zwei Gruppen eingeteilt wurden: Eine Gruppe arbeitete von Neumond bis Vollmond („helle Hälfte" des Monats, den Göttern gewidmet) und die andere von Vollmond bis Neumond („dunkle Hälfte", den Vorfahren gewidmet). Vermutlich entsprachen die Bibliothekenpaare der hellen und dunklen Hälfte des Mondmonats, in denen rituelle Gegenstände zum Gebrauch in der jeweiligen

Hälfte aufbewahrt wurden – doch es gibt auch eine spannendere Erklärung.

Der Mond folgt auf seinem Lauf der Bahn der Sonne, der Ekliptik (genau genommen ist die Mondbahn etwa 5° gegen die Ekliptik geneigt). Daher befindet er sich ungefähr die Hälfte des Monats nördlich und die andere Hälfte südlich des Himmelsäquators. Diese Bewegung des Mondes könnte sich auch in der gespiegelten Anordnung der Bibliotheken nördlich und südlich der äquinoktialen West-Ost-Achse des Tempels wiederfinden und ist von besonderer Bedeutung. Sie stellt einen wichtigen Faktor dar, um Finsternisse zu bestimmen, die nur auftreten, wenn sich Mond und Sonne auf derselben oder der genau entgegengerichteten Deklination befinden (Sonnen- bzw. Mondfinsternis).

MONDWENDEN

Eine Mondwende ist das Äquivalent zur Sonnenwende. Jeden Monat wandert der Aufgangsort des Mondes in einem wiederkehrenden Zyklus über den östlichen Horizont in Richtung Norden und wieder zurück nach Süden. Für den Betrachter finden die Wenden an dem Punkt statt, an dem der Mond seinen Extremstand erreicht: Es gibt eine nördliche und eine südliche Mondwende (und ein entsprechendes Paar bei Monduntergang). Ein Beobachter kann Punkte markieren, die auf die zwei Stellen des Mondaufgangs (oder -untergangs) ausgerichtet sind. Eine Änderung dieser Punkte

Der Mondzyklus Diese Illustration zeigt, vom Breitengrad Stonehenges (51° N) aus beobachtet, wie hoch sich der Mond während des Zyklus von 18,6 Jahren erhebt. Die große nördliche Wende findet zur Mitte des Winters, die große südliche zur Mitte des Sommers statt. Die kleinen nördlichen und südlichen Mondwenden kommen 9,3 Jahre später vor.

war früher vermutlich wichtig, da sie zeigten, wie hoch der Mond am Himmel aufstieg. Für einen Betrachter auf der Nordhalbkugel steigt der Mond bei Aufgang im Nordosten viel höher auf als im Südosten (umgekehrt für die Südhalbkugel) – und lange Nächte mit Mondschein sind nützlich für das Umherziehen und Jagen.

Astronomen messen die Höhe des Mondes relativ zum Himmelsäquator. Die Entfernung ober- oder unterhalb des Himmelsäquators ist der Deklinationswinkel, eine in Grad, Minuten und Sekunden gemessene Koordinate. Für den Bereich nördlich des Himmelsäquators ist sie eine positive Zahl, für den Bereich im Süden eine negative. Befindet man sich auf der Nordhalbkugel, hätte der Mondaufgang in Richtung Nordosten eine positive Deklination und in Richtung Südosten eine negative. Der Begriff „Mondwende" wurde von Alexander Thom geprägt. Er bezeichnet den Moment,

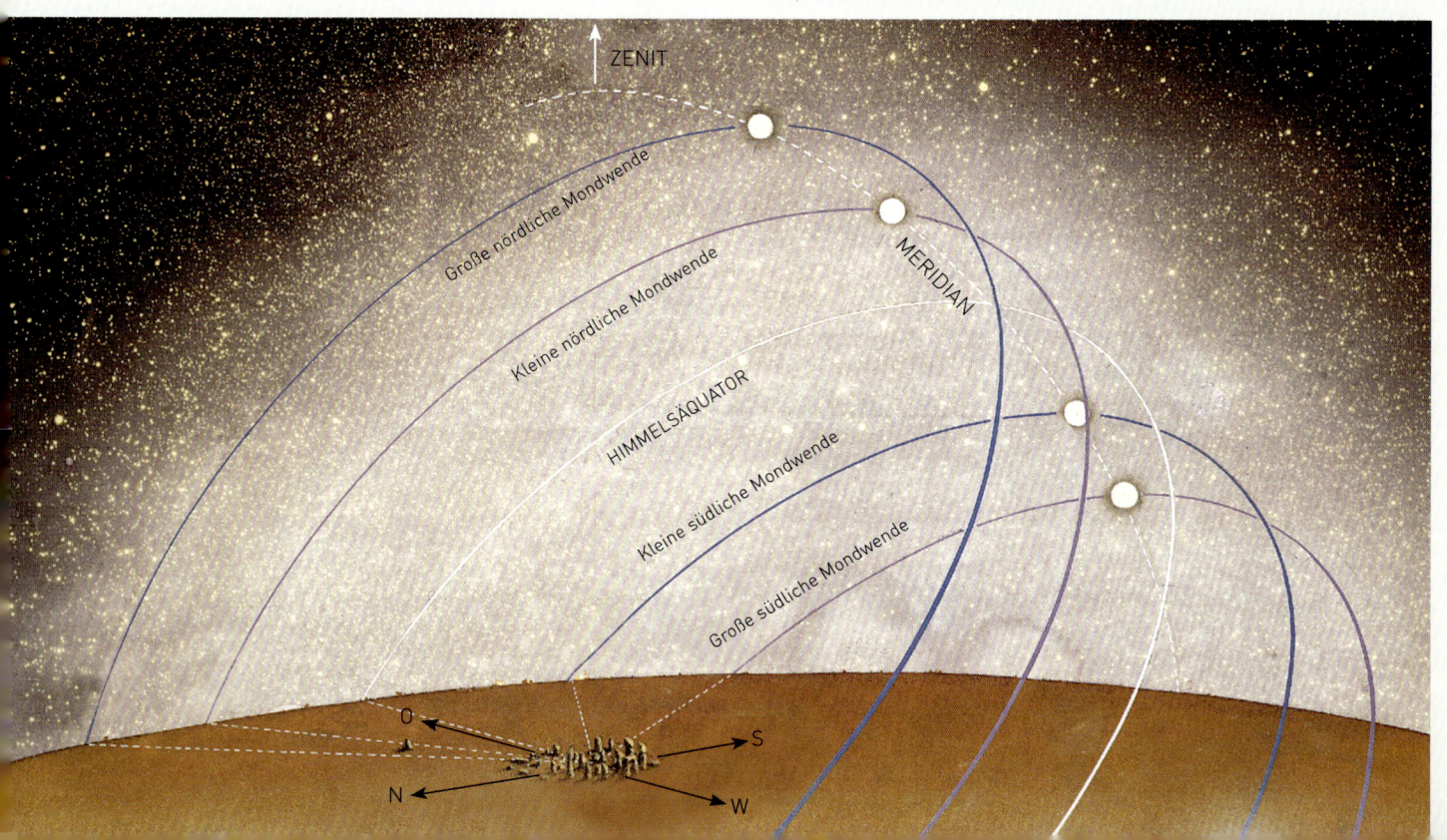

an dem die Deklination des Mondes aufhört, zu- oder abzunehmen, und bevor es zu einem Richtungswechsel der Aufgangspunkte kommt.

Die Mondwenden verlagern sich

Einige Monate lang wird der Mond für den Beobachter entlang dieser Markierungen aufgehen. Doch im Laufe einiger Jahre werden sich die monatlichen Wenden von ihrer Ursprungsposition entfernen. Neue Punkte müssen die nördliche und südliche Mondwende markieren. Innerhalb von 18,6 Jahren hätte man einen kompletten Zyklus durchlaufen. Die Markierungen würden die gesamte Bandbreite aller Wenden darstellen und die Positionen zeigen, an denen der Mond am weitesten nördlich oder südlich auf- bzw. unterging – die großen Mondwenden, die alle 18,6 Jahre stattfinden.

Die Verlagerung der Mondwenden entsteht dadurch, dass die Mondbahn um etwa 5,1° gegen die Ebene der Erdumlaufbahn geneigt ist (die Bahnebene, zu der die Erdachse selbst um 23,4° geneigt ist). Zum Zeitpunkt einer großen Mondwende, wenn die größte Neigung des Mondes und die größte Neigung der Erde zusammenfallen, addieren sich beide Winkel. Der Betrachter auf der nördlichen Hemisphäre kann dann sehen, wie der Mond den Himmel aufsteigt, wenn seine Deklination 28,5° erreicht: die große nördliche Mondwende. Vierzehn Tage später erreicht er seinen Tiefstpunkt:

-28,5°, die große südliche Mondwende. Tatsächlich sorgen bestimmte Faktoren dafür, dass die extrem nördliche und extrem südliche Position nicht 14 Tage, sondern etwa sechs Monate auseinanderliegen. Das Ausmaß der vierzehntägigen Veränderung in diesem Zeitraum ist beeindruckend. Etwa neun Jahre später verringern sich die Deklinationsextreme des Mondes auf 18,3° und -18,3° (kleine nördliche und südliche Mondwende).

Auf lange Sicht

Ein Zyklus von etwa 18 Jahren entsprach einst mehr als der Hälfte der durchschnittlichen Lebenserwartung. Er gab auch Aufschluss über den Finsterniszyklus, der auf demselben Rhythmus basiert, und erlaubte den ersten Astronomen Vorhersagen über unsichere Zeiten, wenn eine Finsternis drohte (wenn sich Mond und Sonne auf derselben oder entgegengerichteten Deklination befanden, d. h. eine Sonnen- bzw. Mondfinsternis) oder sichere Zeiten (wenn die Deklinationen weit auseinanderlagen). Diese Zyklen ließen frühere Kulturen auf noch größere schließen, wie die Lange Zählung der Maya von 5125 Jahren und die 26 000-Jahres-Präzession der Äquinoktien. In Anbetracht dieser langen Kreisläufe und der relativ kurzen Lebensspanne des Menschen kann durchaus die Frage nach der Stellung des Menschen im Universum gestellt werden.

CALLANISH SCHOTTLAND

Die Sleeping Beauty („Schlafende Schönheit") von Callanish ruht sanft eingebettet in die Landschaft der Isle of Lewis auf den Äußeren Hebriden. Ungefähr alle 18 Jahre wird sie auf spektakuläre Weise zum Leben erweckt, wenn der Mond über ihren Körper streift. In Gälisch kennt man sie als „Die Alte Frau vom Moor". Margaret Curtis bezeichnet die angedeuteten weiblichen Konturen als Mother Earth Hills.

Mehrere prähistorische Steinformationen scheinen auf die Sleeping Beauty ausgerichtet zu sein, eine ist jedoch besonders bekannt: der komplexe Steinkreis Callanish I (die dazugehörigen Anlagen wurden mit römischen Ziffern benannt; da hier nur von dieser Formation berichtet wird, wird die Ziffer in weiterer Folge weggelassen). Callanish thront über East Loch Roag, einem Meeresarm, der sich 10 km landeinwärts erstreckt. Jenseits davon liegt die Sleeping Beauty.

Naturschauspiel

Der Callanish-Steinkreis datiert mindestens in das Jahr 2200 v. Chr. Vier Reihen mit Menhiren führen strahlenförmig von dem 13 m großen Kreis weg, ungefähr den Himmelsrichtungen entsprechend, sodass seine Form an ein keltisches Kreuz erinnert. Der nördliche Arm, bekannt als „Allee", ist eigentlich eine doppelte Steinreihe. Da er leicht nach Osten abweicht, lassen sich angeblich vom nördlichen Ende aus die Mondbewegungen am besten beobachten. Dieses Phänomen kehrt alle 18,6 Jahre (zuletzt 2006) wieder, und zwar zur südlichsten Deklination des Mondes anlässlich der großen Mondwende (siehe Seiten 134–135).

Riesen aus Stein Laut einer Sage sind die Menhire von Callanish Riesen, die versteinert wurden, als sie sich weigerten, das Christentum anzuerkennen.

Steht man am nördlichen Ende der sogenannten Allee, kann man sehen, wie sich der Vollmond über der Landschaft erhebt, als ob er aus ihrem Schoß wiedergeboren würde, häufig bedeckt von einer rötlichen Farbe wie ein Neugeborenes. Der Mond steht tief über der nackten Silhouette der Sleeping Beauty und taucht sie in silbernes Licht. Danach geht er hinter ihrem Kopf unter, der auf einem Kissen zu ruhen scheint. Schließlich erscheint er kurze Zeit erneut westlich des Kissens, bis er im Zentrum des Steinkreises von Callanish untergeht.

Einst bildeten die Steine, die Hügel und der Mond möglicherweise die Kulisse für ein heiliges Spektakel. Menschen am nördlichen Ende der Allee konnten beobachten, wie sich die Silhouette einer Person, die sich südlich des Kreises befand, gegen die strahlend weiße Scheibe des Mondes abzeichnete. Als der Mond verschwand, blieb die Gestalt stehen und wurde möglicherweise als neue Priesterin geheiligt. Dies ist natürlich nur eine Mutmaßung. Es gibt eine alte Sage, der zufolge ein Shining One („der Leuchtende") zur Zeit

Sleeping Beauty Auf den Hügeln jenseits von East Loch Roag liegt eine Figur auf dem Rücken, mit den Knien nach links; rechts ihr Kopf mit der kleinen Nase auf einem Kissen.

der Sonnenwende im Juni die Allee entlangschritt, um diese spezielle Verbindung von Vollmond und Erde zu sehen. Die nächste Gelegenheit dazu bietet sich im Jahr 2024.

Das Rätsel von Diodor
Der griechische Geschichtsschreiber Diodor aus dem 1. Jahrhundert v. Chr. beschrieb eine Insel von der Größe Siziliens, sehr fruchtbar, wo der Mond ganz nah zur Erde schien. Diese Insel liege hoch im Norden, hinter dem Reich der Kelten. Dort gebe es einen runden Tempel mit Weihgaben für Apollon, den Gott des Lichts und der Vernunft. Alle 19 Jahre besuche Apollon den Tempel, um jede Nacht von der Frühlingstagundnachtgleiche bis zum Aufgang der Plejaden zu tanzen und Musik zu spielen. Die Priester verschrieben sich Apollon, weil hier der Geburtsort der Gottesmutter Leto sei. Viele Forscher vermuten, dass es sich bei dem kreisförmigen Tempel um Stonehenge handelt, während Aubrey Burl und andere auf Callanish tippen.

Eine Legende wird enträtselt
Diodor erklärte den langen Zeitraum von 19 Jahren zwischen den Besuchen Apollons mit dem „Meton-Zyklus". Meton, ein griechischer Astronom aus dem

Mondbahn bei der großen südlichen Mondwende

Hügelkette Sleeping Beauty

Antikes Theater Alle 18,6 Jahre scheint der Mond zur großen südlichen Mondwende aus dem Schoß der Sleeping Beauty aufzusteigen, über ihren Körper zu streifen und hinter ihrem Kopf unterzugehen. Der Moment, wenn der Mond erneut im Zentrum des Kreises auftaucht, könnte einst bei der Wahl einer neuen Priesterin oder eines neuen Herrschers eine Rolle gespielt haben

5. Jahrhundert v. Chr., legte fest, dass der jährliche Zyklus der Sonne mit dem monatlichen Zyklus des Mondes nach 6940 Tagen übereinstimmt. Das entspricht (fast genau) 19 Sonnenjahren sowie 235 Mondperioden. Der Meton-Zyklus hat keinen besonderen Zusammenhang mit Callanish, außer der Parallele zum dort gefeierten 18,6-Jahres-Zyklus, wenn sich der Mond, wie in der Sage, dem Horizont nähert und dadurch größer erscheint als am freien Himmel.

Leto war eine der vielen Geliebten des höchsten Gottes Zeus und gebar ihm die Zwillinge Artemis und Apollon. Zu Zeiten Diodors wurden Apollon bereits so viele Sonnen-Attribute zugeschrieben, dass er als Sonnengott galt. Eben diese Symbolik ließ vermuten, dass es sich bei Stonehenge mit seinen Sonnenausrichtungen um diesen Tempel handelte – aber das Rätsel besagt, dass die Priester Apollon aus Liebe für seine Mutter Leto verehrten. Sie war die Tochter von Phoibe und Koios. Phoibe wurde mit dem Mond assoziiert (ihr Name bedeutet „die Strahlende" – ein Name, der allen, die sich mit Sagen über Callanish beschäftigen, bekannt sein dürfte), während Koios offenbar die Verkörperung der fixen Polarachse war, um die sich der Himmel bewegt.

Phoibe und Koios waren Bruder und Schwester, zwei der zwölf urspünglichen Titanen, der Kinder von Gaia (Erde) und Uranus (Himmel) . Die meisten griechischen Götter stammen von diesen Urgöttern ab – Mutter Erde

und Vater Himmel. Die Legende von Letos mütterlicher Herkunft scheint perfekt zum Leben erweckt zu werden, wenn der Mond hinter den Mother Earth Hills aufsteigt.

Noch weitere Indizien sprechen für Callanish. Die südliche Steinreihe ist auf die Polarachse der Erde ausgerichtet, was an Letos Vater Koios erinnert. Die westliche Reihe zeigt auf die untergehende Sonne zu den Tagundnachtgleichen, wenn Apollon mit seinen Feierlichkeiten begann.

Die Isle of Lewis ist kleiner als Sizilien, aber wenn die Hebriden als Ganzes gemeint waren, wäre ihre Länge fast gleich (obwohl sie nicht gleich breit sind wie Sizilien). Es erscheint daher sinnvoller, Sizilien mit Lewis zu vergleichen als mit dem britischen Festland, was bei Stonehenge der Fall wäre.

Andere geografische Details scheinen zu passen: Callanish liegt weiter nördlich als das Reich der Kelten, das Diodor kannte. Mit der Fruchtbarkeit der Insel könnte das milde Klima Callanishs gemeint sein, das vom warmen Golfstrom des Atlantiks beeinflusst wird.

Diodor nennt Hekataios, den ersten bekannten griechischen Historiker aus dem ausgehenden 4. Jahrhundert v. Chr., als seine Quelle. Er könnte durch den berühmten griechischen Entdecker Pytheas von Callanish gehört haben, der um 320 v. Chr. Inseln im Nordatlantik erkundete (er erwähnte erstmals den Namen Britannien).

STONEHENGE ENGLAND

Stonehenge ist zwar für seine Ausrichtungen auf die Sonne bekannt (siehe Seiten 24–27), es gibt aber auch Hinweise auf Verbindungen zu lunaren Ereignissen. Um 7500 v. Chr., im Mesolithikum, wurden vier große Holzpflöcke ungefähr 250 m nordwestlich des Steinkreises errichtet. Die Pflöcke könnten Totempfahle mit Bezug auf den Mond gewesen sein. Zu dieser Zeit, bevor der Ärmelkanal überflutet war, waren die Menschen Jäger und Sammler. Da Nomaden keinen festen Wohnsitz hatten und keinen Ackerbau betrieben, waren sie nicht von den Einflüssen der Sonne abhängig. Sie orientierten sich am Mond.

Gegen 2900 v. Chr. wurden über 50 Holzpflöcke in sechs kurzen parallelen Reihen am Haupteingang bzw. Durchgang über dem runden Graben und dem Wall positioniert, die die Anlage von Stonehenge von der Außenwelt abschotteten. Der Archäologe Aubrey

Komplexe Anlage Stonehenge ist für seine Sonnenausrichtungen berühmt, möglich ist aber auch ein lunare Komponente.

Burl vermutet wie einige andere, dass die Pflöcke Markierungen waren, die zu jeder Wintersonnenwende aufgestellt wurden, um den aufgehenden Mond auf seinem 18,6-jährigen Zyklus zu verfolgen. Der Nordrand des Durchgangs wies auf den Mondaufgang zur großen nördlichen Mondwende (siehe Seiten 134–135). Diese dauerhafte Ausrichtung wurde vermutlich festgelegt, nachdem durch Beobachtungen die Extrema des Mondzyklus bestimmt worden waren. Andere meinen aber, dass die Pflöcke zum Stützen von Zäunen verwendet wurden.

Theorie von Finsternissen
Jenseits des Grabens befindet sich ein Kreis mit 56 Löchern, die Aubreylöcher, in denen einst wahrscheinlich große Holzpflöcke steckten. Der Astronom Gerald Hawkins kam jedoch 1965 zum Schluss, dass sie der Vorhersage von Finsternissen dienten. Sein Buch *Stonehenge Decoded* erklärt, wie Gegenstände in den Löchern positioniert und im Laufe der Jahre nach einem festen

Muster versetzt werden konnten. Diese These ist heute überholt. Ringe von Löchern anderer Kreise im Inneren der Anlage weisen kein Muster auf, das die These von Hawkins untermauern würde. Von sechs Kultstätten im Umkreis von 80 km von Stonehenge haben alle bis auf eine Lochkreise mit acht bis 14 Löchern (in Maumbury Rings finden sich ungefähr 45 Löcher). Vermutlich hatten die Aubreylöcher und die anderen Lochkreise einen ähnlichen – bisher unbekannten – Zweck.

Die Herkunft der Steine

Bereits vor den Sarsensteinen wurde um 2550 v. Chr. ein erster Kreis aus Blausteinen errichtet. Sie wurden möglicherweise von den Preseli Hills in Wales entweder von Menschen oder durch frühere Gletscheraktivitäten hertransportiert. Mit den Blausteinen verlagerte sich die Achse der Stätte um ungefähr 4° von der Mond- zur Sonnenausrichtung. Wohl um dieselbe Zeit wurden im inneren Bereich vier Steine aufgestellt, die ein fast perfektes Rechteck bilden – die Stationssteine (siehe Plan Seite 27). Die kurzen Seiten dieses Rechtecks markierten die neue Ausrichtung auf den Sonnenaufgang zur Sommersonnenwende (in entgegengesetzter Richtung

Lange Geschichte *(Oben)* Als die Thrilithen um 2450 v. Chr. errichtet wurden, war Stonehenge bereits Jahrhunderte alt.

Rätsel der Vergangenheit *(nächste Seite)* Selbst eine so gut untersuchte Anlage wie Stonehenge birgt noch Rätsel.

zum Sonnenuntergang bei Wintersonnenwende). Die langen Seiten des Rechtecks zeigten in Richtung des Mondaufgangs zur großen südlichen Mondwende (in entgegengesetzter Richtung zum Monduntergang zur großen nördlichen Mondwende, siehe Seiten 134–135). Auf diesem Breitengrad bezog das Rechteck automatisch die Mondausrichtung mit ein, auch wenn nur eine Orientierung auf die Sonne beabsichtigt gewesen war – Stonehenge liegt etwa 65 km nördlich des Breitengrads, wo sich diese Sonnen- und Mondlinien kreuzten, und zwar genau in einem 90°-Winkel. Allerdings weist die Diagonale zwischen dem östlichsten und westlichsten Stationsstein auch in Richtung des Mondaufgangs zur kleinen südlichen Mondwende (sowie des Monduntergangs zur kleinen nördlichen Mondwende). Dieses Muster könnte auf die Absicht hindeuten, der früheren Mondachse der Stätte zu huldigen.

LIEGENDE STEINKREISE SCHOTTLAND

In der Region des Grampiangebirges im Nordosten Schottlands finden sich an die hundert Kreise mit liegenden Steinen aus dem 3. Jahrtausend v. Chr. Sie sind von bescheidenem Umfang, mit meist weniger als zehn aufgerichteten Steinen, die in einem Kreis von 12–18 m Durchmesser positioniert sind. Jeder Kreis hat ein besonderes Merkmal – einen großen Stein (meist der größte), der absichtlich auf die Seite gelegt wurde.

Dieser liegende Stein wiegt ungefähr 20 Tonnen – der Stein von Old Keig sogar 50 Tonnen – und wird eng von aufrechten Steinen umgeben. Der liegende Stein ist stets niedrig genug, um den Blick auf den Horizont nicht zu unterbrechen. Die anderen Steine hingegen sind hoch genug, um einen Teil des Horizonts zu umrahmen.

Die Untersuchung der Kreise

Der liegende Stein befindet sich immer innerhalb eines 90°-Bogens des Horizonts in südsüdwestlicher Richtung, was den Archäoastronomen Clive Ruggles 1981 zu einer Feldstudie der damals 64 vorhandenen Kreise veranlasste.

Er fand heraus, dass die liegenden Steine oft sorgfältig zu einer waagrechten Oberfläche abgeflacht wurden. Die Steine für den Kreis stammten vorwiegend aus der Gegend, der liegende Stein aber von weiter entfernt (einige wie in Auchmaliddie und North Strone sind aus Quarz). Die Steine im Kreis sind meist größer, je näher sie sich am liegenden Stein befinden, wobei die flankierenden Steine am höchsten sind. Häufig finden

Daviot-Steinkreis Auf diesem Hügelgipfel in Aberdeenshire ist, wie an anderen ähnlichen Stätten, der liegende Stein im Südsüdwesten des Kreises positioniert.

Midmar Kirk Steinkreis Reißzahnähnliche, 2,5 m große Steine flankieren den liegenden Stein auf einem Friedhof in Aberdeenshire.

sich um den liegenden Stein Teile aus Quarzkristall. Ruggles maß die Höhe und Entfernung des Horizonts an allen Stätten und entdeckte, dass sich die Sicht über dem liegenden Stein jeweils auf einen entfernten Punkt am Horizont richtet. Keiner liegt näher als 1 km, zwei Drittel sind über 3 km entfernt. Wenn dieser Punkt am Horizont über 5 km entfernt ist, weist der liegende Stein in Richtung einer markanten Hügelspitze.

Ruggles errechnete die Wahrscheinlichkeit, nach der alle diese liegenden Steinkreise zufällig in einem so engen Bogen des Horizonts ausgerichtet sind, mit weniger als $1:10^{24}$. Er stellte fest, dass die meisten Anlagen auf den Horizont in einem Deklinationsbereich zwischen -28° und -33° ausgerichtet waren (siehe Seite 134). Dieser Bereich umfasst den Untergangspunkt des Mondes zur großen südlichen Mondwende und darüber hinaus. An manchen Stätten ist zu beobachten, wie der Mond auf dieser maximalen Deklination hinter dem liegenden Stein untergeht, an anderen wiederum, wie der Mond tief über den Horizont zieht, der von den flankierenden Steinen umrahmt wird.

Das letzte Puzzlestück

Endgültigen Aufschluss über die Mondausrichtung der liegenden Steine geben künstlich geschaffene Mulden im Stein, von denen Ruggles acht untersuchte. Er entdeckte, dass sich die meisten auf den liegenden Steinen befinden. Von der Kreismitte aus betrachtet markieren sie ausnahmslos (mit einer Genauigkeit im Bereich von 2°) den Monduntergangspunkt zur südlichen oder nördlichen großen Mondwende.

Es scheint, dass die Steinkreise zu jedem Vollmond zur Sommersonnenwende errichtet wurden, nicht nur zu jenem, der am Höhepunkt des 18,6-jährigen Mondzyklus auftritt. Mit der Zeit bemerkten die Menschen, dass sich die Position des Mondes veränderte, und erkannten die Wenden. Sie begannen diese Ereignisse zu feiern, indem sie die Steine markierten.

Ohne archäologische Ausgrabungen lässt sich kaum erahnen, welche Zeremonien diese jährlichen Schauspiele begleiteten.

GRAND MENHIR BRISÉ FRANKREICH

Nur 10 km östlich von dem bretonischen Megalith-Zentrum Carnac liegt der kleine Küstenort Locmaria-quer mit den Resten des wohl größten Menhirs der Welt, dem Grand Menhir Brisé („großer, zerbrochener Menhir").

Der gigantische Stein maß ursprünglich 20,6 m und wog ungefähr 280 Tonnen. Er wurde von einem mehr als 4 km entfernten Felsvorsprung herangeschafft – ein für die damalige Zeit enormes Unterfangen. Der Stein liegt heute eben da, in vier Teile zerbrochen.

Da das Monument in der Landschaft so markant ist, vermutete der Archäoastronom Alexander Thom, dass es als universelle Markierung für alle vier Mondwenden fungierte (siehe Seiten 134–135). Er ging davon aus, dass der Menhir von Beobachtungspfosten umgeben war, die so angeordnet waren, dass sie alle

Gefallener Riese Der zerbrochene Megalith Grand Menhir Brisé war einst kilometerweit sichtbar.

Wenden markierten. Eine Untersuchung der Gegend ergab mögliche Kandidaten für fast alle von acht vermuteten Stellen.

Die angeblichen Beobachtungspunkte umfassen jedoch viele verschiedene Monumente – einige sind möglicherweise gar nicht alt genug, um schon existiert zu haben, als der Menhir noch aufrecht stand. Und angesichts der großen Anzahl an Megalithfundstätten in der Nähe wäre es unwahrscheinlich, wenn nicht einige davon rein zufällig auf den großen Menhir ausgerichtet wären.

Ebenfalls konnte festgestellt werden, dass der Grand Menhir Brisé nur ein Stein in einer Reihe von 19 heute nicht mehr vorhandenen war. Die Löcher, in denen sie einst standen, wurden ausgehoben und für Besucher markiert. Es sind aber keine Ausrichtungen dieser Steinreihe auf astronomische Ereignisse bekannt, die einst einen noch größeren Monolithen umfasst haben könnte.

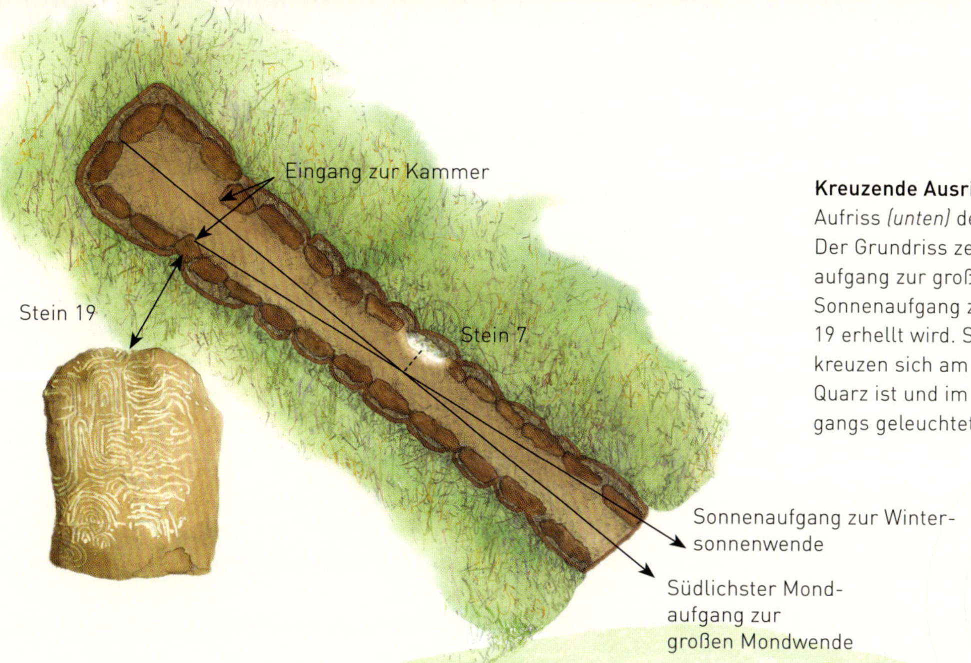

Eingang zur Kammer

Stein 19

Stein 7

Kreuzende Ausrichtungen Grundriss *(links)* und Aufriss *(unten)* des antiken Erdhügels von Gavrinis. Der Grundriss zeigt Orientierungen auf den Mondaufgang zur großen südlichen Mondwende und den Sonnenaufgang zur Wintersonnenwende, wenn Stein 19 erhellt wird. Sonnen- und Mondausrichtungen kreuzen sich am schmucklosen Stein 7, der aus Quarz ist und im Licht des Sonnen- oder Mondaufgangs geleuchtet haben könnte.

N

Sonnenaufgang zur Wintersonnenwende

Südlichster Mondaufgang zur großen Mondwende

Eingang

DIE MONDAUSRICHTUNG VON GAVRINIS

Die kleine Insel Gavrinis im Golf von Morbihan liegt ungefähr 2 km östlich des Grand Menhir Brisé. Auf der Insel gibt es ein Ganggrab mit einer einzigen Kammer, die um 3300 v. Chr. entstand. Die Anlage misst etwa 50 x 9 m, hat einen 12 m langen Gang und ist so orientiert, dass sie vom Licht des aufgehenden Mondes zur großen südlichen Mondwende beleuchtet wird.

Den Gang säumen 29 Orthostaten, von denen 23 reich verziert sind. Viele zeigen konzentrische Kreise, die an Fingerabdrücke erinnern. Einer der Steine ist aus Quarz und schimmert gespenstisch in der Dunkelheit.

Die traumähnlichen, „psychedelischen" Muster in der vom Meer – dem urtümlichen Element des Mondes – umgebenen Anlage könnten Besucher auf einen Bezug auf den Mond schließen lassen. Aber es muss bedacht werden, dass der Wasserpegel zur Entstehung des Grabes niedriger war, sodass die Anlage zum Festland gehörte. Außerdem stimmt die Orientierung auf den Mond mit dem Sonnenaufgang zur Wintersonnenwende überein – dies entspricht den bekannten Sonnenausrichtungen ähnlicher Grabanlagen.

Zwar ist eine lunare Interpretation des Grabes schwer zu widerlegen, Gavrinis zeigt jedoch, dass sich Besucher der Stätte nicht vom ersten Eindruck täuschen lassen sollten.

Reliefs in Gavrinis

KURZE STEINREIHEN SCHOTTLAND

Neueste Erkenntnisse in der Landschaftsarchäologie, die sich mit der Umgebung historischer Stätten beschäftigt, erwiesen sich als hilfreich für das Studium von bronzezeitlichen Steinreihen im Norden der Isle of Mull vor der Westküste Schottlands. Es gibt dort sieben kurze Steinreihen aus maximal sechs Steinen, die entlang einer weniger als 25 m langen Linie stehen (eine davon ist eine Doppelreihe).

Alle sieben Orte wurden in den 1980er und 1990er Jahren als Teil eines Projekts unter der Leitung von Professor Clive Ruggles erforscht. Er fand heraus, dass die Reihen ungefähr nach Ostsüdosten weisen, aber offenbar auf kein besonderes Ereignis hindeuten – abgesehen

Verborgener Horizont Heute von Bäumen umgeben, zeigten die fünf Steine in Dervaig auf der Isle of Mull einst Richtung Ben More und den aufgehenden Mond zur Sommersonnenwende.

von der Reihe in Glengorm, die in Richtung des Aufgangspunkts des Vollmondes zur großen südlichen Mondwende zeigte (siehe Seiten 134–135).

Ben More, der höchste Berg auf Mull, lag in genau derselben Richtung, in 25 km Entfernung. Die Forscher können jedoch nicht mit Sicherheit behaupten, dass er bei der Errichtung der Reihen bereits zu erkennen war – wenn, dann wäre er teilweise von einem näheren Hügel verdeckt worden. Diese Gegebenheit trifft auch auf andere Stätten zu. Häufig reichten zehn Schritte zur Seite einer Reihe, um den Berg ganz oder gar nicht zu sehen. Der Gipfel des Berges liegt aber von jeder Stätte aus betrachtet innerhalb von einigen Graden des aufgehenden Mondes zur großen südlichen Mondwende. Ein Zufall ist daher vermutlich auszuschließen.

Von den zwei Stätten, die keine Sicht auf Ben More bieten, ist nur eine markante entfernte Bergspitze zu

Einblick in die Vergangenheit Der Vergleich ähnlicher Anlagen zeigt den gleichen Aufbau von Steinreihen wie dieser in Baliscate auf der Isle of Mull, Schottland.

Richtung Nordwesten untergeht. Von einigen anderen Stätten aus markieren ferne Gipfel auch den Sonnenuntergang zur Sommersonnenwende (manchmal auch den Sonnenaufgang).

Die sieben Orte scheinen dazu gedient zu haben, den Panoramablick zu verdecken. Die eingeschränkte Sicht sollte vermutlich die Aufmerksamkeit auf einen Punkt am Horizont zwischen Südsüdost und Westsüdwest lenken, wo der Vollmond zur Sommersonnenwende tief über das Land streift. Die Steinreihen selbst weisen aber nicht immer direkt auf den Berg (außer in Glengorm), sondern sind mit einer Abweichung von bis zu 18° ausgerichtet. Würde man sich nur auf die Orientierung der Reihen konzentrieren, würde man übersehen, dass diese Monumente einen besonderen Ort in der Landschaft markieren, von dem aus sich der Mond zur Sommersonnenwende beobachten lässt.

Untersuchung der Steinhaufen

Durch die Analyse von Steinansammlungen wie den Steinreihen im Norden von Mull erhalten wir lebhafte Einblicke in regionales Brauchtum und erkennen, mit welcher Akribie die Stätten untersucht werden müssen. Die Mondausrichtung der liegenden Steinkreise in Schottland und des Komplexes in Callanish verstärken möglicherweise das Interesse am Mond.

Andere kurze Steinreihen in Südwestirland zeigen auch Mondausrichtungen. In Zukunft werden vielleicht weitere solcher Stätten auf der ganzen Welt entdeckt, wenn die in Schottland erprobten Untersuchungstechniken auch anderswo zum Einsatz gelangen.

sehen und sie markiert auch diesen Mondaufgang. Eine dieser zwei Stätten - Ardnacross (die als einzige zwei Reihen aufweist) – wurde ausgegraben. Sie datiert zwischen 1250 und 900 v. Chr. und die Menhire sind mit Dutzenden Fragmenten von weißen und transparenten Quarzkristallen durchzogen.

Von der Stätte in Quinish ist nicht nur der Mondaufgang über Ben More zu sehen. Zur Sommersonnenwende ist zu erkennen, wie die Sonne in den Stunden vor dem Mondaufgang hinter dem markanten Gipfel von Hecla auf South Uist 97 km über dem Meer in

MONDGOTTHEITEN UND MYTHOLOGIE

Der Mond umläuft die Erde in gebundener Rotation. Das bedeutet, dass er gleich lange braucht, um sich um seine eigene Achse zu drehen und die Erde zu umkreisen, wobei er ihr ununterbrochen dieselbe Seite zuwendet. Da der Mensch stets eine geheimnisvolle Scheibe anstatt einer Kugel sah, wurden Herkunft, Muster und Bedeutung des Mondes vielmehr mystisch als praktisch gedeutet. Seine Phasen wurden weithin als Zyklus des Lebens interpretiert, von der Geburt über das Erwachsenenleben bis ins hohe Alter und zum Tod – und wieder zurück zur Geburt.

Der Ursprung des Mondes

Bei den Azteken waren Coyolxauhqui und ihre 400 Brüder die Kinder der Erdgöttin Coatlicue. Als ihre Mutter von einem Federknäuel schwanger wurde, war Coyolxauhqui so angewidert, dass sie ihre Brüder anstiftete, ihre Mutter zu töten. Der Mordversuch scheiterte jedoch, und Coatlicue gebar einen ausgewachsenen Gott, Huitzilopochtli, den Kriegs- und Sonnengott. Er tötete seine 400 Brüder und enthauptete Coyolxauhqui, deren Kopf er in den Himmel schleuderte, wo er zum Mond wurde.

Finsternisse

In Indien sind Rahu und Ketu zwei der neun Planeten der vedischen Astrologie (die anderen sind die fünf mit freiem Auge erkennbaren Planeten, plus Sonne und Mond). Sie sind die mythische Verkörperung der zwei Punkte, an denen die Mondbahn jeden Monat die Bahn der Sonne kreuzt. Nur dann kommt es zu Finsternissen.

Rahu und Ketu waren einst Haupt und Körper eines Asura (Dämon). Einmal riss der Asura das Amrita, ein Lebenselixier, an sich, als es zwischen dem Gott der Sonne und des Mondes gereicht wurde, und trank davon. Ein anderer Gott zerteilte ihn daraufhin in zwei Hälften, was ihn aber nicht tötete. Das Elixier hatte bereits gewirkt und der Dämon blieb am Leben. In einigen Geschichten wuchs aus dem geteilten Körper der Kopf einer Schlange (Naga) und es entstand Ketu. Aus dem abgetrennten Kopf wuchs der Körper einer Naga und es entstand Rahu. Andere wiederum glauben, dass Rahu als abgetrennter Kopf in einem Streitwagen mit acht

Coyolxauhqui Diese aztekische Gravur zeigt den getöteten Körper und abgetrennten Kopf der Göttin – der in den Himmel geschleudert und zum Mond wurde.

schwarzen Pferden über den Himmel zieht. Wenn er auf die Sonne oder den Mond trifft, verschluckt er sie – und es entsteht eine Sonnen- bzw. Mondfinsternis. Beide können durch seinen offenen Hals wieder entkommen.

In der japanischen Shinto-Mythologie ist der Bruder der Sonnengöttin Amaterasu der Mondgott Tsukuyomi-no-mikoto. Aus Ekel darüber, wie die Nahrungsgöttin Uke-Mochi Nahrung aus ihren Körperöffnungen produzierte, tötete er sie. Außerstande, den Anblick von Tsukuyomi-no-mikoto zu ertragen, schickte ihn die verstörte Amaterasu zur anderen Seite des Himmels. Seine Versuche, sich ihr zu nähern, werden stets zurückgewiesen. Kommt er ihr zu nahe, macht sich die Sonnengöttin unsichtbar, bis er wieder verschwindet – eine poetische Beschreibung der Sonnenfinsternis.

Phasen des Mondes

Einer Legende der australischen Ureinwohner in Arnhemland zufolge nimmt der Mond zu, weil Ngalindi, der Mondmann, an Gewicht zulegt. Er frönt seiner Faulheit, bis er ganz rund ist (Vollmond). Seine Frauen, die davon wenig angetan sind, greifen ihn daher mit Äxten an. Da er zu faul und dick ist, um sich zu schützen, schnippeln sie so lange an ihm herum, bis er schließlich stirbt (Neumond). Nach drei Tagen kehrt er jedoch wieder ins Leben zurück.

In der hinduistischen Mythologie erzählt man von einem ähnlichen Schicksal des Mond- und Fruchtbarkeitsgottes Chandra. Der Mond ist sein Streitwagen mit zehn weißen Pferden, auf dem er über den Himmel reitet. Er war mit 27 Nakshatra (eine Einteilung der Ekliptik in Sterngruppen in der indischen Astrologie) verheiratet,

Thoth Diese Skulptur aus Luxor entstand um 600 v. Chr. und zeigt den ibisköpfigen Mondgott, einen der mächtigsten Götter der Dutzenden ägyptischen Gottheiten.

bevorzugte aber Rohini (Aldebaran im Stier), zum Missfallen der anderen. Daher verdammte deren Vater Daksha ihn zu einem langsamen Tod – aber zugleich mit Chandra wurde auch alles andere Leben auf der Erde schwächer. Daksha bekam Mitleid und milderte seinen Fluch auf eine 14-tägige Zu- und Abnahme.

Mondgötter und -göttinnen

Im alten Ägypten wurde der Ibis nicht zuletzt wegen seines sichelförmigen Schnabels mit dem Mond assoziiert. Im Alten Reich (3. Jahrtausend v. Chr.) war der Mondgott Thoth, der den Kopf eines Ibis hatte, der Gott der Zeit. Mithilfe des Mondes wurde das Verstreichen der Zeit festgestellt, da seine regelmäßigen Phasen im ganzen Königreich sichtbar waren. Thoth wurde ein mächtiger Gott, verehrt für seine Weisheit und Kenntnis wichtiger Geheimnisse. Angeblich erfand er die Schrift und dirigierte die Bewegungen der Himmelskörper. Aber der Mond blieb aus eigener Kraft stark, während Thoths Rolle als Mondgott schließlich von Khonsu übernommen wurde, dessen Name – „Reisender" – sich auf die schnelle Reise des Mondes am Himmel bezog.

Die griechische Göttin Artemis, die Zwillingsschwester des Sonnengottes Apoll, sollte ewig Jungfrau bleiben. Sie war ursprünglich die Göttin der Jagd, der Wildtiere und des Waldes, aber die Menschen erbaten ihre Hilfe auch bei Unfruchtbarkeit und Geburt. Sie wurde oft mit Selene gleichgesetzt, der früheren griechischen Mondgöttin, vor allem bei zunehmendem Mond, der sich in der Krümmung ihres Bogens widergespiegelt haben könnte. Artemis war voller Widersprüche. Als Göttin der Jungfräulichkeit und Geburt wurde ihr komplexes Wesen mit dem wechselnden Mond in Verbindung gebracht.

Die griechische Göttin Hekate wurde mit den abnehmenden und dunklen Phasen des Mondes assoziiert. Sie besaß okkultes und besonderes Wissen über die natürlichen Prozesse des Verfalls und des Todes. Sie waltete über die weiblichen Geheimnisse und wichtige Entscheidungen, die Frauen treffen. Deshalb wurde sie von den Männern oft argwöhnisch beäugt. Für die Frauen war sie jedoch eine mächtige Verbündete im Kampf gegen die dunklere Seite des Lebens.

Göttliche Nachfolge Die griechische Mondgöttin Selene *(ganz links)* wird hier in einem Fresko aus dem 1. Jahrhundert n. Chr. aus dem Haus der Ara Maxima in Pompeji gezeigt. Ihre Nachfolgerin war Athene, die bei den Römern Diana genannt wurde, hier *(links)* dargestellt in einem Mosaik aus Tunesien aus dem 2. Jahrhundert n. Chr. Der Jagdbogen von Athene/ Diana gleicht einer Mond- sichel.

Der Nachthimmel über unseren Städten sieht verlassen aus, denn selbst die hellsten Sterne verschwinden im künstlichen Licht. Andernorts erstrahlen die Sterne wie funkelnde Juwelen. Wir können Planeten und Sternmuster erkennen, die unsere Fantasie beflügeln. Der majestätische Himmel hat seine Ordnung, und jedes Jahr kehren die Sternbilder stets aufs Neue wieder.

DIE PLANETEN

Die Position der Sterne scheint sich für uns nie zu verändern. Es gibt aber auch Himmelskörper, deren Bewegungen wir am Himmel beobachten können. Sternschnuppen oder Meteore – Fragmente aus Stein oder Metall – durchqueren die Erdatmosphäre, wo sie meist verglühen. Die, die den Erdboden erreicht haben, wurden oft mit religiöser Ehrfurcht betrachtet (siehe Seiten 166–167). Doch vor allem sind es die Planeten, die die Fantasie des Menschen am meisten anregten. Das Wort Planet bedeutet „Wanderer" und beschreibt Lichtpunkte, die sich zwischen unseren Fixsternen zu tummeln scheinen. Im Westen nahmen die Planeten am stärksten Einfluss auf die Zeitmessung.

Niemand weiß genau, warum sieben Tage eine Woche ergeben, obwohl der Mond einen beliebten Erklärungsversuch liefert. Jede der vier Mondphasen dauert 7,38 Tage. Auch wissen wir nicht, wann jeder Tag mit einem der sieben astrologischen Planeten in Verbindung gebracht wurde. Nachforschungen lüften dieses Geheimnis:

Die sieben astrologischen Planeten umfassen jene sich langsam bewegenden Himmelskörper, die mit bloßem Auge erkennbar sind. In der Antike gehörten zu dieser Kategorie auch Sonne und Mond, obwohl man heute weiß, dass beide keine Planeten sind. Auch wenn Uranus mit bloßem Auge sichtbar ist, scheint er nur schwach und wurde von den ersten Astronomen Mesopotamiens und des Mittelmeers als Planet übersehen.

Es mag zwar eigenartig wirken, Sonne und Mond mit kleinen Lichtpunkten am Himmel wie Merkur und Saturn zu vergleichen. Da sie aber alle offensichtlich denselben Weg am Himmel zurücklegen, haben sie durchaus etwas gemein. Da sich all diese „Planeten" in Bezug auf die „Fixsterne" bewegen, kann man sie aufgrund ihrer unterschiedlichen Geschwindigkeit in eine Reihenfolge bringen – und zwar von langsam bis schnell: Saturn, Jupiter, Mars, Sonne, Venus, Merkur und Mond.

Diese Reihenfolge, die wahrscheinlich im 1. Jahrhundert v. Chr. entstand, ist weitgehend unbekannt. Sie bildet aber die Grundlage für die Abfolge der Wochentage und umfasst auch die Vorstellung eines 24-Stunden-Tages. In der Astrologie wird jede der 24 Stunden von einem dieser Planeten beherrscht. Indem man anhand der Planetenreihung von Saturn bis Mond jeder Stunde einen Namen zuordnet, erhält man nach 24 Stunden den Planeten, der mit dem nächsten Tag assoziiert wird (siehe Seite gegenüber).

Die Reihenfolge und Benennung der sieben Wochentage geht auf die Babylonier zurück und wurde von den Griechen und Römern übernommen. Die Germanen ersetzten die römischen Götter durch die entsprechenden nordischen Götter. In romanischen Sprachen wie Französisch spiegelt sich der lateinische Ursprung stärker wider. Im Zuge der Christianisierung wurde versucht, die heidnischen Namen zu ersetzen. So beziehen sich der Samstag oder der französische *samedi* auf den Sabbat oder der französische *dimanche* auf den Tag des Herrn.

Gott/ „Planet"	Latein	Französisch	Deutsch
Luna/Mond	*dies Lunae*	*Lundi*	Montag
Mars (Tiw)	*dies Martis*	*Mardi*	Dienstag
Merkur (Wodan)	*dies Mercurii*	*Mercredi*	Mittwoch
Jupiter (Thor bzw. Donar)	*dies Iovis*	*Jeudi*	Donnerstag
Venus (Freya)	*dies Veneris*	*Vendredi*	Freitag
Saturn	*dies Saturnis*	*Samedi*	Samstag
Sol/Sonne	*dies Solis*	*Dimanche*	Sonntag

Die Namen der Tage sind Zeugnis für uralte astronomische Theorien über das Wesen der Zeit und die heiligen Zyklen des Kosmos.

DIE BEZEICHNUNG DER TAGE

Die Astrologie ordnet jeder der 24 Stunden einen planetarischen Herrscher zu. Durch ihre Abfolge erhalten wir die Namen der Wochentage. Das soll nun am Beispiel des Sonntags näher erläutert werden: Am Tag der Sonne wird die Sonne zur Morgendämmerung wiedergeboren, also ist diese erste Stunde für die Sonne selbst heilig. Die zweite Stunde wird vom nächsten Planeten unserer Liste (von Saturn bis Mond) – Venus – regiert. Die dritte Stunde wird vom folgenden Planeten, Merkur, regiert und so weiter.

Sind alle 24 Stunden des Tages der Sonne durch, so wird die nächste Stunde – die erste Stunde des nächsten Tages – vom Mond regiert. Und wieder ist die erste Stunde des Tages jenem Gott gewidmet, der sie regiert, sodass dies der Tag des Mondes – Montag – ist. Die folgende Stunde wird von Saturn regiert, die nächste von Jupiter und so weiter. Nachdem dieser 24-Stunden-Zyklus vollendet ist, wird die erste Stunde des nächsten Tages von Mars – Dienstag (Tyr ist der germanische Gott, der Mars gleichgesetzt wird) – regiert. So erhalten die Wochentage jeweils ihren Namen.

Sonne
Venus
Merkur
Mond
Saturn
Jupiter
Mars

Götter der Woche *(Links)* Mars, hier in einem Fresko der Casa de Venere in Pompeji dargestellt, verlieh dem Französischen *mardi* (Dienstag) seinen Namen. *(Oben)* Donat bzw. Thor und Freya, hier mit Odin auf einer schwedischen Skulptur aus dem 11. Jahrhundert zu sehen, sind die nordischen Götter. Auf sie gehen die deutschen Bezeichnungen Donnerstag („Tag des Donar") und Freitag („Tag der Freya") zurück.

DER DENDERA-TIERKREIS ÄGYPTEN

Diese berühmte Steingravur datiert ins Jahr 50 v. Chr., in die Herrschaft des letzten Pharaos von Ägypten, der berühmten Kleopatra. Sie weist unverkennbar einen ägyptischen Stil auf, auch wenn das Land zu dieser Zeit bereits fast drei Jahrhunderte unter griechischem Einfluss stand. Die zwölf Tierkreiszeichen wurden in Griechenland bereits im 4. Jahrhundert v. Chr. festgelegt, sodass viele der Dendera-Tierkreiszeichen den unseren entsprechen.

Dendera liegt am Nil, etwa 50 km nördlich von Karnak und der altägyptischen Hauptstadt Theben entfernt. Doch zur Zeit der Entstehung des Tierkreises lag die Hauptstadt Ägyptens über 600 km weit entfernt am Mittelmeerhafen von Alexandria.

Die Planeten

Der Tierkreis, der heute im Pariser Louvre zu bestaunen ist, wurde für die Decke des Hathor-Tempels in Dendera geschaffen. Er befand sich am Eingang einer Kapelle, die zur Feier der Riten von Osiris diente. Das Flachrelief aus Sandstein ist 2,55 m lang und 2,53 m breit. Es zeigt zwischen den Sternbildern die fünf klassischen Planeten Merkur, Venus, Mars, Jupiter und Saturn.

Die Positionen der Planeten dürften den Himmel Mitte Juli im Jahr 50 v. Chr. darstellen. Damals befanden sich alle sichtbaren Planeten außer Venus annähernd in ihren astrologisch günstigen „erhöhten" Positionen. In der Astrologie sind jene Sternbilder, die die Planeten durchqueren, die Tierkreiszeichen.

Im Dendera-Tierkreis werden die Planeten als menschliche Figuren dargestellt. Merkur steht zwischen Löwe und Jungfrau (Merkur steht in der Jungfrau erhöht). Venus steht zwischen Wassermann und Fischen (Venus steht in den Fischen erhöht), Mars zwischen Steinbock und Wassermann (Mars

steht im Steinbock erhöht). Jupiter steht zwischen Krebs und Löwe (Jupiter steht im Krebs erhöht), und Saturn steht zwischen Jungfrau und Waage (Saturn steht in der Waage erhöht).

Die Dekane

Der Himmelskreis wird von vier stehenden Frauen gestützt, die die vier Himmelsrichtungen darstellen – die Arme und Beine der Himmelsgöttin Nut, deren Körper sich in den Himmel wölbt. Im inneren Kreis befinden sich 36 Figuren, die die Dekane repräsentieren. Das sind Sterne oder Sterngruppen, die fast gleichmäßig über den Himmel verteilt sind. Ihre heliakischen Aufgänge, wenn sie nach einer Phase der Dunkelheit erstmals wieder am Morgen am östlichen Horizont erschienen, dienten als eine Art Kalender. Alle zehn Tage erfolgte ein Aufgang (daher der Name Dekan). Dieses ägyptische System reicht mindestens bis 2300 v. Chr. zurück.

Der bekannteste Dekan ist Sirius, der Vorbote der jährlichen Nilflut (siehe Seite 177). Die nächtlichen Aufgänge der Dekane dienten auch der Zeitmessung. Bei Dämmerung wurden einige Dekan-Sterne unsichtbar, sodass nur mehr zwölf gesehen und in den kurzen Sommersonnenwendnächten gezählt werden konnten. Schließlich kam die Vorstellung einer 12-stündigen Nacht auf, die von einem 12-stündigen Tag ergänzt wurde.

Der Tierkreis

Im Himmelskreis finden sich Figuren als Symbole für die Sternbilder am Nordhimmel. Sie gehen scheinbar nie unter, wie der Große Bär, der genau im Zentrum liegt und als das lange, schmale Vorderbein eines Stieres abgebildet ist (siehe Seite 192). In den Sternbildern (die untergehen) ist die Linie der Ekliptik enthalten,

Himmelskreis Im Dendera-Tierkreis stützen vier Frauen, die die vier Säulen der Haupthimmels-
richtungen darstellen, den Himmelskreis, der die Planeten und Sternbilder enthält.

entlang der sich die Sonne von der Erde aus betrachtet
scheinbar bewegt.

Aries (Widder) liegt auf der 3-Uhr-Position zwischen dem Zentrum und den Dekanen. Dem Uhrzeigersinn nach folgt Taurus (Stier), dessen Schwanz auf
Gemini (Zwillinge) zeigt, hinter den beiden ist Cancer
(Krebs). In Position 9 Uhr ist die Jungfrau (Virgo), eine
weibliche Figur, die einen Weizenhalm hält, zu sehen.

Dem Uhrzeigersinn nach folgen auf Virgo Libra
(Waage), Scorpio (Skorpion), Sagittarius (Schütze)

und Capricornus (Steinbock). Gleich hinter seinem
Schwanz ist Aquarius (Wassermann) zu erkennen, der
Wasser aus zwei Behältern gießt. Darauf folgen Pisces
(Fische) im zwölften Abschnitt des Tierkreises.

Die Vorstellung eines runden Himmels, wie sie
sich im Dendera-Tierkreis wiederfindet, bildete
vermutlich auch die Grundlage für die Hieroglyphen-
kartusche, die königliche Namen enthält und so die
Allmacht der ägyptischen Pharaonen über Himmel
und Erde ausdrückt.

159

DIE VENUS

Das helle Leuchten des Abendsterns in der Abenddämmerung ist ein unvergesslicher Anblick und sorgt für romantisches Flair. Dieser Planet erscheint nach Sonne und Mond als größter und hellster Himmelskörper – kein Wunder, dass er nach Venus, der römischen Göttin der Liebe, benannt wurde. Im klassischen Griechenland war sie als Aphrodite bekannt, in der Bibel als Astarte und bei den Babyloniern als Ištar.

So wie die Liebe sowohl Leid als auch Freude bereiten kann, besaß das Wesen von Ištar zwei Seiten, die symbolisch für die Bewegung des Planeten stehen. Während der Abendstern (siehe Seiten 222–223) die Phase von Liebe und Leidenschaft repräsentiert, sehen wir den Morgenstern, wenn uns die Angst nicht schlafen lässt oder wir im Dunkeln vor der Morgendämmerung erwachen. In dieser Phase ist Ištar eine Vorbotin für die

Aphrodite

Unvermeidbarkeit des kommenden Tages und die Göttin des Kampfes.

An Ištars Seite ist oft ein Löwe zu sehen, der die Sonne symbolisiert. Manchmal sind sie zum Zeichen dafür, dass Venus sich nie weit von der Sonne zu entfernen scheint (maximal 48°), mit einer Kette verbunden. Die Planetenbahn der Venus liegt näher zur Sonne als die der Erde.

Das Pentagramm von Ištar

Im 16. Jahrhundert v. Chr. wurden über die Venus 21 Jahre lang auf Tontafeln in Keilschrift Aufzeichnungen geführt. Leider sind nur mehr Kopien davon erhalten, die Venus-Tafeln des Ammi-saduqa. Die babylonischen Aufzeichnungen enthüllten eine einmalige astronomische Eigenschaft des Planeten: das Pentagramm, das die Venus im Zeitraum von acht Jahren beschreibt.

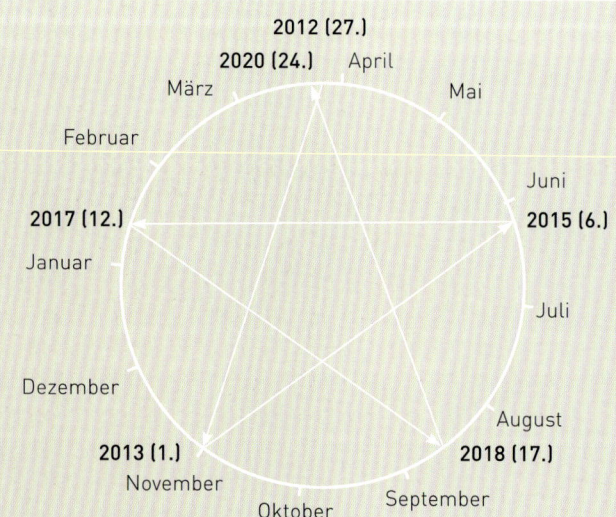

DAS VENUS-PENTAGRAMM

Dieses Diagramm zeigt eine spezielle Position im Zyklus der Venus (ihre größte östliche Elongation oder der Punkt, an dem sie am Himmel am weitesten von der Sonne entfernt ist) auf dem Tierkreis über einen Zeitraum von acht Jahren hinweg. Die Linien verbinden die ursprüngliche Position mit jeder Wiederkehr 584 Tage später. Wie sich herausstellt, bilden diese Linien im Lauf von acht Jahren ein Pentagramm. Das Pentagramm schließt nicht ganz exakt – die Wiederkehr nach acht Jahren ist um ein paar Tage verschoben – dennoch handelt es sich um ein äußerst beeindruckendes Phänomen.

Nachtgöttin Das Relief, das um 1750 v. Chr. entstand, zeigt wahrscheinlich
Ištar/Inanna oder ihre Schwester Ereškigal, die Herrscherin der Unterwelt.

Venus in Mesopotamien

Ištar wurde aufgrund des achtjährigen Zyklus des
Planeten oft mit einem achteckigen Stern dargestellt.
Solche Sterne sind häufig auf den Grenzsteinen
(Kudurru) der Kassiten zu finden, die in Mesopotamien
zwischen dem 16. und 12. Jahrhundert v. Chr. herrsch-
ten. Der achteckige Stern wird auch zusammmen mit
der Sonne (oft als Kreuz in einem Kreis dargestellt)
und dem Mond in Form einer Sichel gezeigt. Manchmal
sind andere Planeten oder Sternbilder des Tierkreises
abgebildet. Einige Forscher vermuten daher, dass die

Gravuren die Position der Planeten an dem Datum zeigt,
an dem der Grenzstein gesetzt wurde.

Pythagoras (um 569–475 v. Chr.) war einer der
Ersten in der westlichen Zivilisation, der davon ausging,
dass der Morgenstern und Abendstern ein und derselbe
Planet waren – den Babyloniern war dies mindestens
seit dem 17. Jahrhundert v. Chr. bekannt. Er deutete das
Pentagramm als ultimatives Symbol für die Gesundheit.
Heute ist das Pentagramm im Kreis ein beliebtes
Symbol des neuheidnischen Wicca-Kults, der weibliche
und männliche Aspekte gleichermaßen berücksichtigt.

UXMAL MEXIKO

Uxmal liegt 65 km südlich von Mérida und ist eine ungewöhnlich gut erhaltene Maya-Stadt. Sie entstand um 500 n. Chr. und wurde im 10. Jahrhundert verlassen. Heute ist sie eine Weltkulturerbestätte.

Der dreistöckige Gouverneurspalast, der eine Länge von 97 m aufweist, thront auf einer schrägen Plattform. Während sich die meisten Gebäude der Stadt ungefähr an den Himmelsrichtungen orientieren, weicht der Gouverneurspalast davon ab: Seine Längsachse ist um 19° im Uhrzeigersinn verschoben und seine Vorderfront zeigt nach Südosten. Vom Haupteingang blickt man auf die 5 km entfernte Pyramide von Cehtzuc. Diese Ausrichtung markiert den südlichsten Aufgangspunkt der Venus, der Blick von der Pyramide nach Uxmal ihren nördlichsten Untergangspunkt.

Der Gouverneurspalast ist mit zahlreichen Glyphen versehen, von denen über 300 die Venus darstellen. Gerade diese Kombination aus Ausrichtung und Bauelementen unterstreicht, dass das Gebäude unter kosmischen Gesichtspunkten errichtet wurde. Manche Glyphen tauchen in Verbindung mit der Glyphe des Regengottes Chaac auf, der aufgrund des Wassermangels an diesem Ort besondere Verehrung genoss. Das nördlichste Extrem der Venus als Abendstern erfolgte zwischen dem 1. und 6. Mai, was mit dem Beginn der Regenzeit zusammenfällt.

Einige Glyphen beeinhalten auch die Ziffer Acht. Diese Zahl bezieht sich wahrscheinlich auf die Anzahl der Tage, von denen die Maya vermuteten, dass die Venus der Sonne zu nah war, um sichtbar zu sein. Es könnte sich aber auch um einen Verweis auf den achtjährigen Zyklus des Planeten handeln (siehe Seite 160). Die Maya stellten genaue Beobachtungen der Venus an. Auf fünf Seiten des *Codex Dresdensis* (einer Handschrift der Maya aus dem 12. Jahrhundert n. Chr.) sind die Bewegungen des Planeten über einen Zeitraum von 104 Jahren beschrieben.

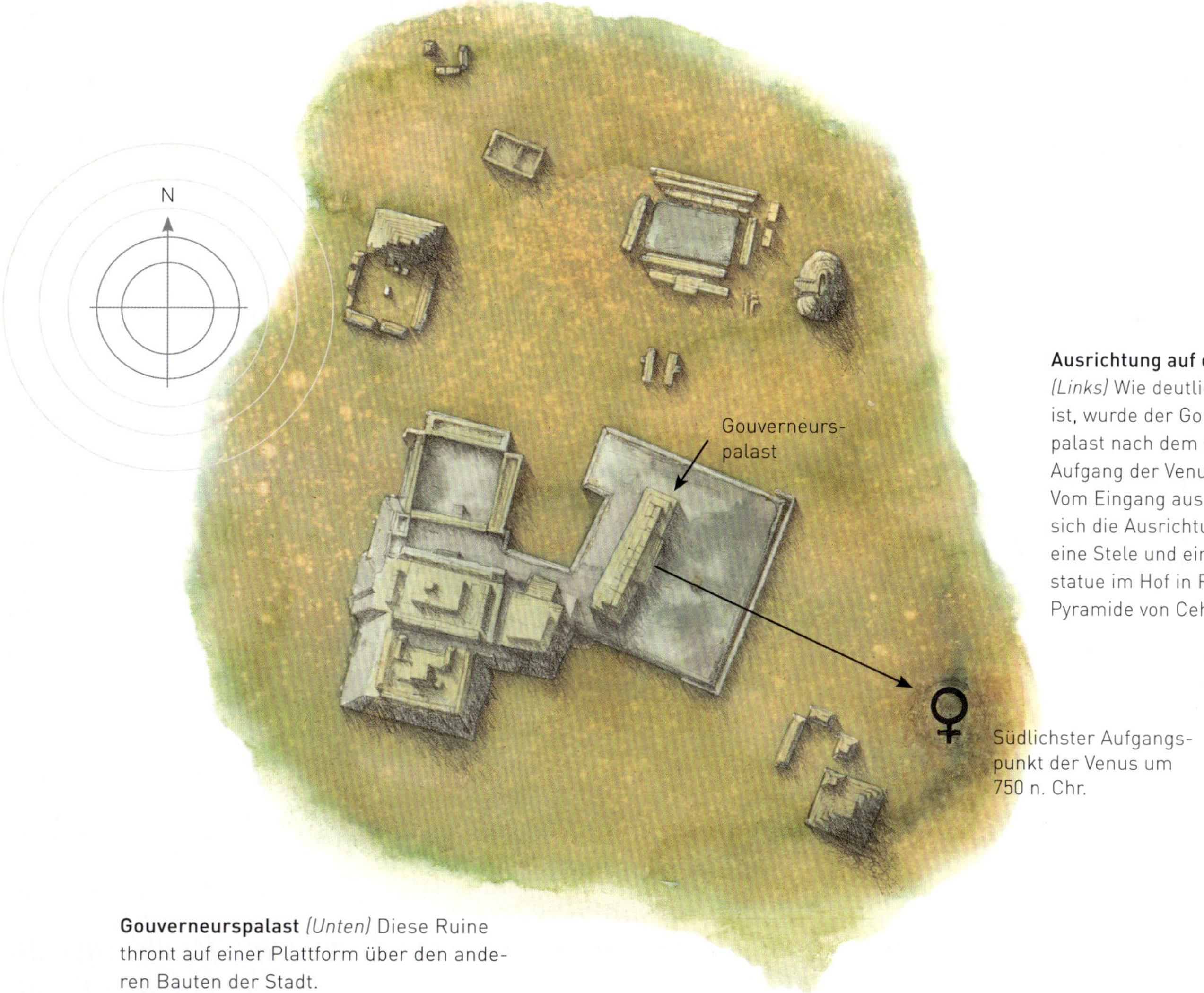

Ausrichtung auf die Venus
(Links) Wie deutlich erkennbar ist, wurde der Gouverneurspalast nach dem südlichsten Aufgang der Venus orientiert. Vom Eingang aus erstreckt sich die Ausrichtung über eine Stele und eine Jaguarstatue im Hof in Richtung der Pyramide von Cehtzuc.

Gouverneurspalast

Südlichster Aufgangspunkt der Venus um 750 n. Chr.

Gouverneurspalast *(Unten)* Diese Ruine thront auf einer Plattform über den anderen Bauten der Stadt.

CHICHÉN ITZÁ MEXIKO

Die Weltkulturerbestätte Chichén Itzá liegt ungefähr 105 km östlich von Mérida. Sie wurde von den Maya im 5. Jahrhundert n. Chr. gegründet und von den Tolteken im 10. Jahrhundert erobert. In Chichén Itzá finden sich mindestens zwei Bauten, die eine astronomische Ausrichtung markieren: Die Pyramide des Kukulcán (siehe Seiten 62–63) und der Caracol, ein Rundbau auf einer rechteckigen Plattform. Diese runde Form ist unüblich für mesoamerikanische Monumente.

Caracol ist die spanische Bezeichnung für „Schnecke" und bezieht sich auf die gewundene Treppe im Inneren des Gebäudes. Die Mauern haben schmale Fenster, die offenbar Himmelsereignisse am Horizont anzeigen – insbesondere den nördlichsten und südlichsten Untergang der Venus. Zu den Ausrichtungen zählen der Sonnenuntergang zur Wintersonnenwende und Tagundnachtgleiche, der Sonnenaufgang zur Sommersonnenwende, die Zenitpassage der Sonne sowie der heliakische Aufgang von Sternen (die erste morgendliche Sichtbarkeit am Osthimmel) wie Canopus, Castor und Pollux und der Untergang von Fomalhaut.

Da ein Teil des Bauwerks nicht mehr erhalten ist, ist seine genaue Bedeutung unklar. Der Caracol wird auch als „Observatorium" bezeichnet. Seine äußere Ähnlichkeit mit einem modernen Observatorium ist

Sonnenuntergang zur Sommersonnenwende und nördlichster Untergangspunkt der Venus

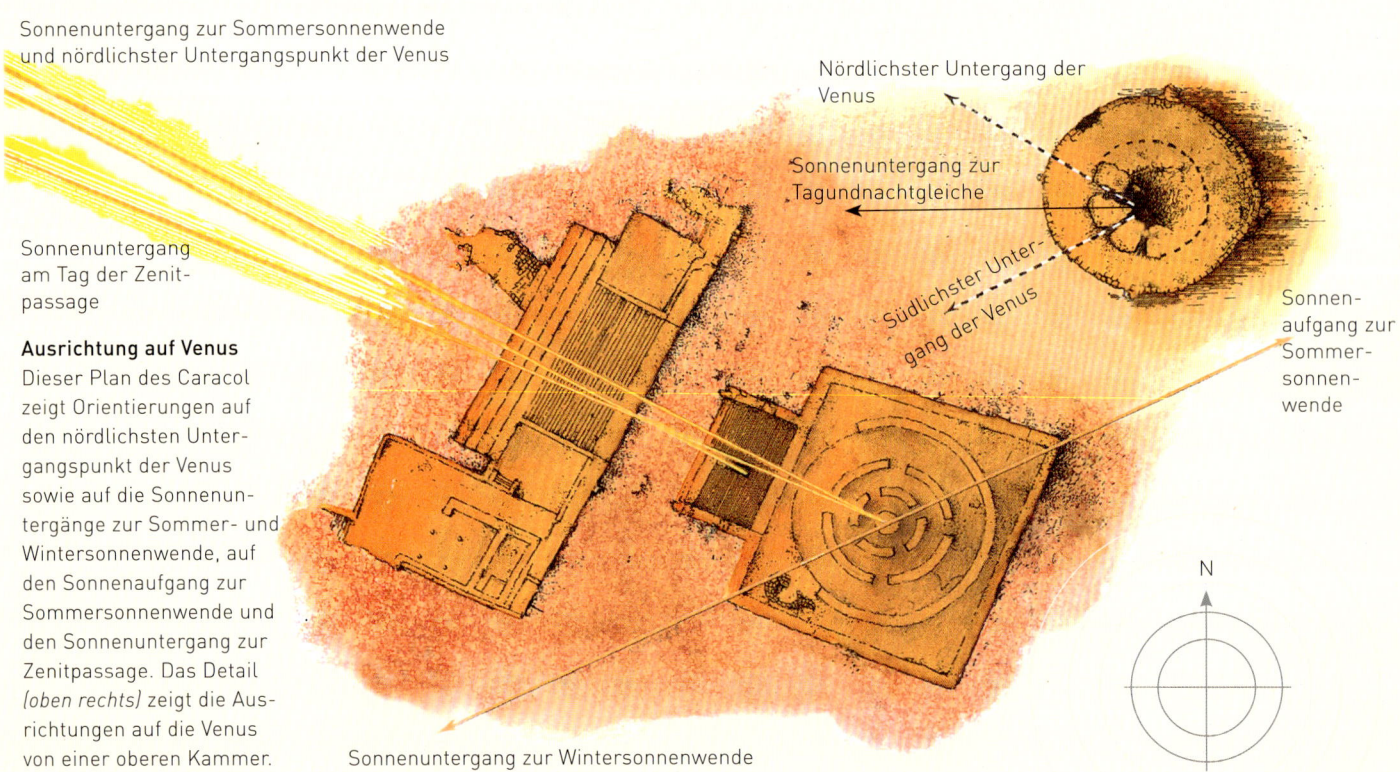

Sonnenuntergang am Tag der Zenit-passage

Ausrichtung auf Venus
Dieser Plan des Caracol zeigt Orientierungen auf den nördlichsten Untergangspunkt der Venus sowie auf die Sonnenuntergänge zur Sommer- und Wintersonnenwende, auf den Sonnenaufgang zur Sommersonnenwende und den Sonnenuntergang zur Zenitpassage. Das Detail *(oben rechts)* zeigt die Ausrichtungen auf die Venus von einer oberen Kammer.

Nördlichster Untergang der Venus

Sonnenuntergang zur Tagundnachtgleiche

Südlichster Untergang der Venus

Sonnenaufgang zur Sommersonnenwende

Sonnenuntergang zur Wintersonnenwende

N

Untypische Architektur Der runde Bau des Caracol ist für Mesoamerika ungewöhnlich und deutet zweifelsohne darauf hin, dass er einem besonderen Zweck diente. Der archäoastronomischen Forschung stehen wohl noch einige spannende Entdeckungen bevor.

jedoch reiner Zufall. Ein solch untypisches Gebäude diente jedoch mit Sicherheit einem ganz besonderen Zweck.

Wasser des Lebens

Castor und Pollux sind die beiden hellsten Sterne im Sternbild Zwillinge. Die Kunsthistorikerin und Anthropologin Susan Milbraith stellte fest, dass die beiden Sterne vom Caracol aus betrachtet an der Stelle der Sonne zur Sommersonnenwende aufgehen – zur Regenzeit, die für eine erfolgreiche Ernte unerlässlich war. Bei den Maya waren Castor und Pollux als Schildkröte bekannt, ein Tier, das für sie die Erde selbst repräsentierte.

METEORITEN

Die moderne Wissenschaft hat entdeckt, dass die meisten Meteoriten vom Asteroidengürtel stammen. Einige von ihnen konnten sogar zu ihrem Ausgangsasteroiden zurückverfolgt werden (so etwa 6 Hebe oder 4 Vesta). Wenn in früheren Zeiten Brocken aus Stein oder Metall vom Himmel fielen, wurde dies als göttliche Botschaft gedeutet: Wenn der Himmel das Reich der Götter ist, dann musste alles, was aus dieser Richtung kam, auch von ihnen stammen.

Mundöffnung Der Dechsel, der für dieses altägyptische Ritual eingesetzt wurde, bestand wahrscheinlich aus Meteoriteneisen.

Das Mundöffnungsritual

Die Entschlüsselung alter Sprachen ist ein aufwendiges Unterfangen und einige Wörter werden ständig neu interpretiert. Der Ausdruck *Bija*, mit dem in den altägyptischen *Pyramidentexten* der im Mundöffnungsritual eingesetzte Dechsel bezeichnet wird, wird verschiedentlich mit „Meteorit", „Eisen" oder „Kupfer" übersetzt. Dieses Ritual, bei dem der Mund der Pharaonenmumie geöffnet wurde, wurde auch an Statuen vollzogen. Es diente anscheinend dazu, ihnen Leben einzuhauchen. Außerdem konnte nur auf diesem Weg die rituelle Speisung erfolgen.

Heiligtum Der Schwarze Stein, bei dem es sich vielleicht um einen Meteoriten handelt, wird von zahllosen Pilgern verehrt, die während des jährlichen Haddsch die Kaaba umrunden.

Der Holzgriff des Dechsels war angeblich wie der Große Wagen, ein Teil des Großen Bären, geformt (siehe Seite 192). In manchen Riten kam auch der Schenkel eines geopferten Rindes zum Einsatz. Dieser Verweis auf die Zirkumpolarsterne unterstreicht die Verbindung zum Himmel. Eine Klinge aus Meteoriteneisen wäre daher das ideale Werkzeug gewesen.

Das Mundöffnungsritual geht auf das Alte Reich Ägyptens, tausend Jahre vor dem Wesir Rechmire (um 1425 v. Chr.), zurück. Die Wände seiner Grabkapelle enthalten eines der besterhaltenen Exemplare der *Pyramidentexte*. Das Ritual selbst ist auf dem Grab des Tutanchamun dargestellt. Der Dechsel findet sich auch in den Kartuschen der Namen vieler Pharaonen wieder, wo er die Bedeutung „auserwählt" trägt.

Nach Ansicht vieler handelte es sich bei dem Benben-Stein um einen pyramidenförmigen Metallmeteoriten, der auf einem Sockel im Haus des Phoenix in Heliopolis aufbewahrt wurde, einem einst prächtigen Tempelkomplex, der dem Sonnengott Re geweiht war.

Der Schwarze Stein

Beim Schwarzen Stein, der an der östlichen der vier Ecken der Kaaba befestigt ist, soll es sich um einen Meteoriten handeln. Die Kaaba ist das quaderförmige Gebäude im Innenhof der Al-Haram-Moschee in Mekka. Sie ist das Ziel der Pilgerreise (Haddsch), bei der die Gläubigen sieben Mal gegen den Uhrzeigersinn um sie herumgehen. Laut Überlieferung des Islam war der Stein weiß, als er vom Paradies gesandt wurde, um Adam die Stelle für die Errichtung eines Altars zu zeigen. Durch die Sünden der Menschheit verfärbte er sich jedoch schwarz. Auf Grundlage dieser Erzählung wurde er im 19. Jahrhundert als Meteorit gedeutet, doch seine tatsächliche Beschaffenheit ist ungewiss. Auch wenn es kein Meteorit ist, könnte er meteorischen Ursprungs sein – 1980 äußerte Elsebeth Thomsen die Vermutung, dass es sich um einen Tektiten handeln könnte: ein Glasobjekt, das zwar irdischen Ursprungs ist, dessen Bildung jedoch auf einen Meteoriteneinschlag auf der Erde zurückzuführen ist.

DIE ZIRKUMPOLARSTERNE

Wie der Name bereits andeutet, drehen sich die Zirkumpolarsterne um den nördlichen und südlichen Himmelspol (die Verlängerung des Nord- und Südpols der Erde am Himmel). Sie gehen nicht auf oder unter – sie sind jederzeit am Himmel zu erkennen. Ob Sterne zirkumpolar sind oder nicht, hängt vom Breitengrad des Beobachters ab. An den Polen sind alle Sterne zirkumpolar. Am Äquator gibt es hingegen keine Zirkumpolarsterne: Sowohl der nördliche als auch der südliche Himmelspol liegen exakt am Horizont. Im Laufe eines Jahres ist der gesamte Sternenhimmel sichtbar.

Da sie nie auf- bzw. untergehen, stehen Zirkumpolarsterne in starkem Gegensatz zur Sonne, deren Auf- und Untergang die Grundlage so vieler Mythen von Tod und Auferstehung bilden. Die Zirkumpolarsterne bewohnen ein Reich, in dem die unsterblichen Götter selbst residieren. Für die alten Ägypter war dieser Ort, in den die Pharaonen aufsteigen wollten, um bei den Göttern zu leben, von großer Bedeutung.

Peking

Auch im Alten China war das Reich der polnahen Sterne etwas Besonderes. Als die Chinesen bemerkten, dass die Fixsterne um einen einzigen Punkt rotierten, stellten sie sich vor, dass auch die Städte ihres Reiches auf diese Weise an Ort und Stelle gehalten und sich um ihren Kaiser drehen würden.

In der Zhou-Dynastie (1100–221 v. Chr.) war der beste Plan für eine Hauptstadt ein Quadrat mit neun Abschnitten, das auf der Nord–Süd-Achse ausgerichtet war. Der Kaiserpalast lag im Zentrum. Einzelne Gebäude wurden auch in Richtung Norden orientiert, wie die Zhouyuan-Stätte in der chinesischen Provinz Shaanxi. Dieses Interesse an einer gezielten Ausrichtung dürfte auf die Shang-Dynastie (1700–1100 v. Chr.) zurückgehen, da nach den Himmelsrichtungen ausgerichtete Siedlungen vor allem in Zhengzhou und Anyang entdeckt wurden.

In den kaiserlichen Palästen von Peking ist diese heilige Kosmologie noch verankert. Das Rastermuster der Verbotenen Stadt ist seit ihrer Gründung 1406 n. Chr. erhalten geblieben. Vom Haupteingang,

Drehung um die Achse Mittels Langzeitbelichtung wird die Rotation der Erde sichtbar. Die Zirkumpolarsterne erscheinen als konzentrische Bögen. Dem Zentrum am nächsten liegt Polaris, der Polarstern.

Himmelsgewölbe Die Halle des Erntegebets in Peking vereint die quadratische Erde und die Himmelskugel. Die 28 Säulen symbolisieren die vier Jahreszeiten, die zwölf Monate und zwölf Stunden des Tages – die Sternbilder des Himmelsäquators.

dem „Mittagstor", näherte man sich dem Kaiser in Richtung Norden – wieder ein Bezug auf den Himmelspol. Entlang derselben Achse lag das wichtigste zeremonielle Zentrum des Palasts, die Halle der höchsten Harmonie. Hier fanden Feste und andere größere Ereignisse statt, darunter die Feier der Wintersonnenwende. Weiter nördlich auf dieser Achse lag der innere Hof, wo der Kaiser residierte.

Kyoto

Kyoto wurde im späten 8. Jahrhundert n. Chr. Hauptstadt Japans und blieb es bis zum 17. Jahrhundert. Die ursprüngliche Stadt wurde gemäß chinesischer Tradition auf einem Raster nach den vier Himmelsrichtungen angelegt. Der Palastkomplex wurde im Norden mit Blick nach Süden errichtet, sodass sich der Kaiser symbolisch am nördlichen Himmelspol befand.

Im südwestlichen Teil der Stadt wurden bereits im 10. Jahrhundert astronomische Beobachtungen angestellt. Im Laufe der Jahrhunderte verschwand die ursprüngliche Architektur Kyotos durch Bürgerkriege und Eroberungen allmählich. Heute ist von diesen historischen Stätten fast nichts mehr erhalten. Dennoch ist der Raster der himmlischen Geometrie, auf dem die Stadt erbaut wurde, heute noch zu erkennen, besonders in ihrem Zentrum.

GIZEH ÄGYPTEN

Von über hundert Pyramiden in Ägypten sind die bei weitem berühmtesten jene von Gizeh, die außerhalb von Kairo liegen. Der Pyramidenkomplex, der zum Weltkulturerbe zählt, umfasst die Cheops-Pyramide – das einzige noch erhaltene der Sieben Weltwunder der Antike – sowie Tempel, Gräber, Arbeiterdörfer und die Sphinx. Wie viele andere Bauten der Anlage sind die Pyramiden mit ungewöhnlicher Präzision nach den Himmelsrichtungen orientiert. Der Grund dafür liegt wahrscheinlich in der religiösen Bedeutung des Nordens als Ort der „unvergänglichen" Zirkumpolar-sterne – als Herz der kosmischen Ordnung und Reich der unsterblichen Götter und Pharaonen.

Theorien zu den Pyramiden Mehrfach wurde die Vermutung geäußert, dass die Pyramiden von Gizeh das Sternbild des Orion und den Hyaden-Sternhaufen abbilden, und der Nil den Pfad der Milchstraße widerspiegelt. Solche Theorien sind in wissenschaftlichen Kreisen wenig populär. Ihre Ausrichtung auf die Himmelsrichtungen ist jedoch unbestritten.

Die Sphinx hingegen weist Richtung Osten, dem Ort, an dem die Sonne täglich ihre Wiedergeburt feiert. Das gigantische Wesen mit Löwenkörper und Menschen-kopf blickt entschlossen auf den Horizont, an dem der Sonnenaufgang zu den beiden Tagundnachtgleichen erfolgt. Diese beiden Ereignisse sind zwar Monate von-einander getrennt, ereignen sich aber an einem einzi-gen Punkt am Horizont – möglicherweise ein Hinweis auf das Rätsel dieses Mischwesens.

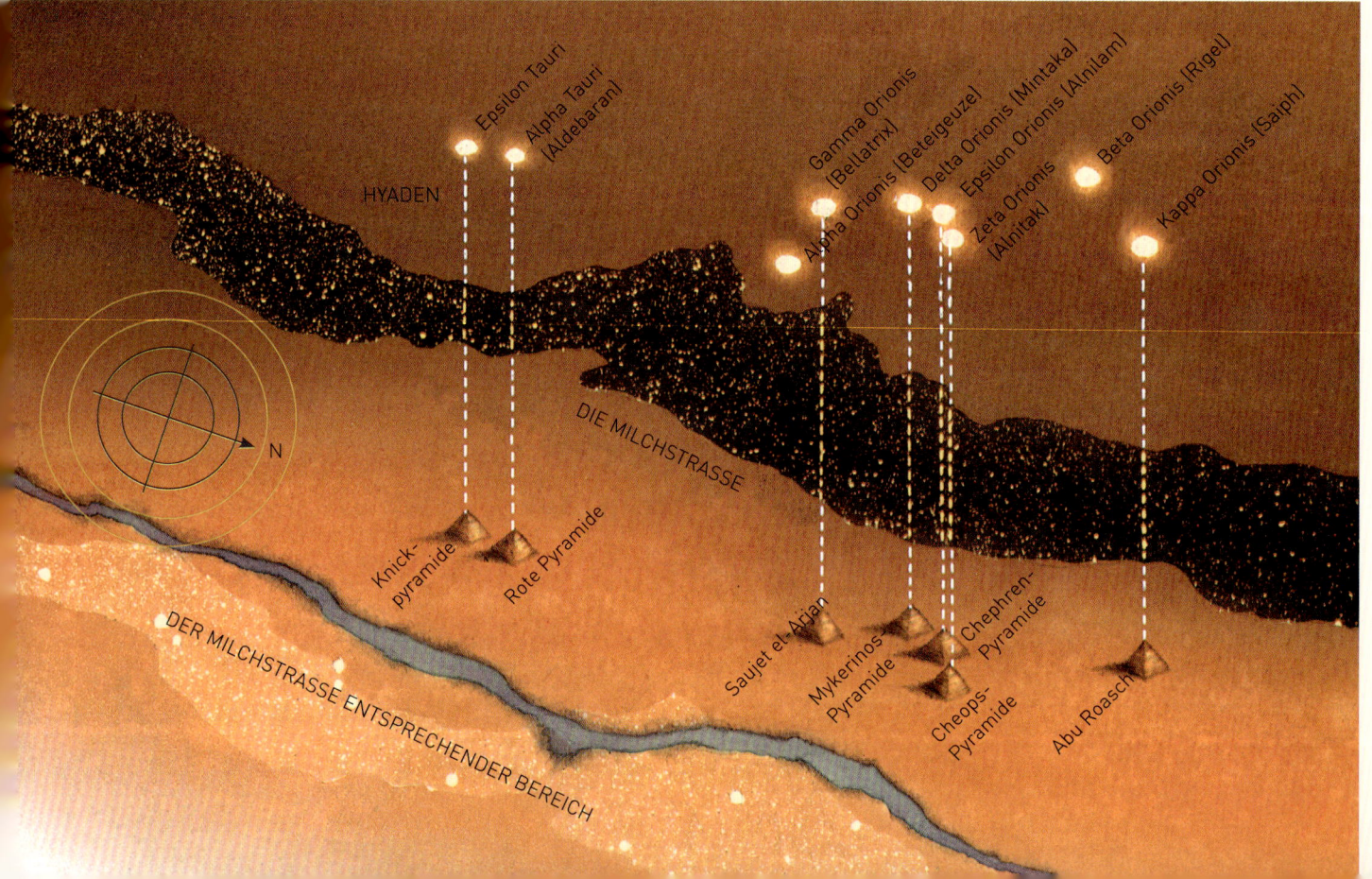

Epsilon Tauri
Alpha Tauri (Aldebaran)
HYADEN
Gamma Orionis (Bellatrix)
Alpha Orionis (Beteigeuze)
Delta Orionis (Mintaka)
Epsilon Orionis (Alnilam)
Zeta Orionis (Alnitak)
Beta Orionis (Rigel)
Kappa Orionis (Saiph)
N
DIE MILCHSTRASSE
Knick-pyramide
Rote Pyramide
Saujet el-Arian
Mykerinos Pyramide
Chephren-Pyramide
Cheops-Pyramide
Abu Roasch
DER MILCHSTRASSE ENTSPRECHENDER BEREICH

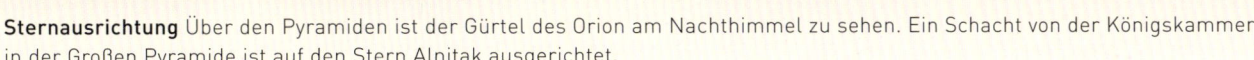

Sternausrichtung Über den Pyramiden ist der Gürtel des Orion am Nachthimmel zu sehen. Ein Schacht von der Königskammer in der Großen Pyramide ist auf den Stern Alnitak ausgerichtet.

Die Große Pyramide (Cheops-Pyramide)

Die Große Pyramide, die aus über zwei Millionen Kalksteinblöcken mit einem Gewicht von jeweils 2–15,2 Tonnen besteht, war einst über 145 m hoch. Ihre Seiten maßen ungefähr 230 m, bevor sie durch Erosion verändert wurden, und sind alle nach den Himmelsrichtungen orientiert. Die Pyramide, die mit Cheops, dem zweiten Herrscher der Vierten Dynastie, in Verbindung gebracht wird, wurde vermutlich um 2528 v. Chr. erbaut.

Im Jahr 2000 veröffentlichte die Ägyptologin Kate Spence eine neue Theorie darüber, wie die Basis der Großen Pyramide exakt nach Norden mit einer Abweichung von nur 0,05 Grad ausgerichtet wurde. Demnach könnten Zirkumpolarsterne zur Orientierung herangezogen worden sein. Zu der Zeit, in der die Pyramide wahrscheinlich erbaut wurde, lag der Himmelspol genau zwischen zwei benachbarten, hellen Sternen: Mizar im Sternbild Großer Bär und Kochab im Sternbild Kleiner Bär.

Als diese beiden Sterne vertikal ausgerichtet waren, konnten die Architekten anhand einer einfachen Lotlinie die exakte Ausrichtung nach Norden bestimmen. Ein Gehilfe, der sich etwas entfernt befand und vermutlich eine Lampe hielt, bewegte sich von Seite zu Seite, bis sein Licht perfekt mit der Lotlinie und daher mit dem Himmelsnordpol übereinstimmte.

Die anderen Pyramiden von Gizeh sind weniger genau ausgerichtet. Spence vermutete, dass sich diese Diskrepanzen dadurch ergaben, dass die Architekten dieselbe Ausrichtungsmethode einsetzten – ohne zu bemerken, dass sich der Himmelspol seit dem Bau der Großen Pyramide verschoben hatte (aufgrund der Präzession der Äquinoktien, siehe Seite 220). Spence berechnete, dass die astronomische Erforschung der Stelle, an der die Große Pyramide errichtet wurde, um etwa 2480 v. Chr. herum erfolgt sein muss.

Für den Bau der Pyramiden von Gizeh wurde auch das Datum 10 500 v. Chr. angenommen. In akademischen Kreisen findet es jedoch kaum Zuspruch. Im Jahr 1983 stellte Robert Bauval fest, dass die drei Pyramiden den drei Sternen des Gürtel des Orion ähnelten. Daraus entstand die Vorstellung, dass vier

STERNE UND PLANETEN — UNSTERBLICHE KÖRPER

weitere Pyramiden andere bekannte Sterne repräsentieren: Bellatrix und Saiph im Orion sowie Aldebaran und Epsilon Tauri im Hyaden-Sternhaufen im Sternbild Stier. Der Nil wäre demnach das Symbol für die Milchstraße. Wären die Pyramiden tatsächlich nach einem solchen Vorbild gebaut worden, müssten sie 8000 Jahre älter sein als ursprünglich vermutet. Auch wenn diese Himmelskarte reizvoll erscheinen mag, liegt das Datum zu weit in der Vergangenheit zurück und ist wissenschaftlich nicht anerkannt.

Die Sternenschächte

In der Großen Pyramide gibt es zwei Haupträume: Die Königskammer ist wie die Pyramide selbst nach den Himmelsrichtungen orientiert, während die Königinnenkammer horizontal im Zentrum des Baus liegt. Die

Reise ins Jenseits Die Königskammer der Großen Pyramide hat zwei Sternenschächte. Der eine ist auf Thuban (Alpha Draconis) ausgerichtet, der andere auf Alnitak im Oriongürtel. Der Pharao musste beide Sterne besuchen, um Unsterblichkeit zu erlangen und unter den Göttern Platz einzunehmen.

Namen sind trügerisch: Es gibt keinen Beweis dafür, dass die Königinnenkammer jemals eine Königin beherbergte. In der Königskammer befindet sich zwar ein großer Granitsarkophag, er enthält jedoch keinen Leichnam. Allerdings wurden etwaige Schätze der Pyramide, darunter möglicherweise ein Leichnam, vor langer Zeit geplündert.

Die Große Pyramide ist die einzige Pyramide mit Sternenschächten – vier schmalen, präzise konstruierten Tunneln durch die Nord- und Südseite. Die zwei Schächte, die von der Königskammer abzweigen, verlaufen durch den ganzen Bau hindurch nach draußen. Das Team um Professor Alexander Badawy und Dr. Virginia Trimble entdeckte in den 1960er Jahren, dass diese Schächte auf Himmelsobjekte ausgerichtet wurden.

Der nördliche Schacht in der Königskammer misst 18 x 13 cm und hat eine Steigung von 31°. Er verläuft in Richtung des Sterns Thuban (Alpha Draconis), der zum Zeitpunkt des Pyramidenbaus in der Nähe des Himmelspols stand.

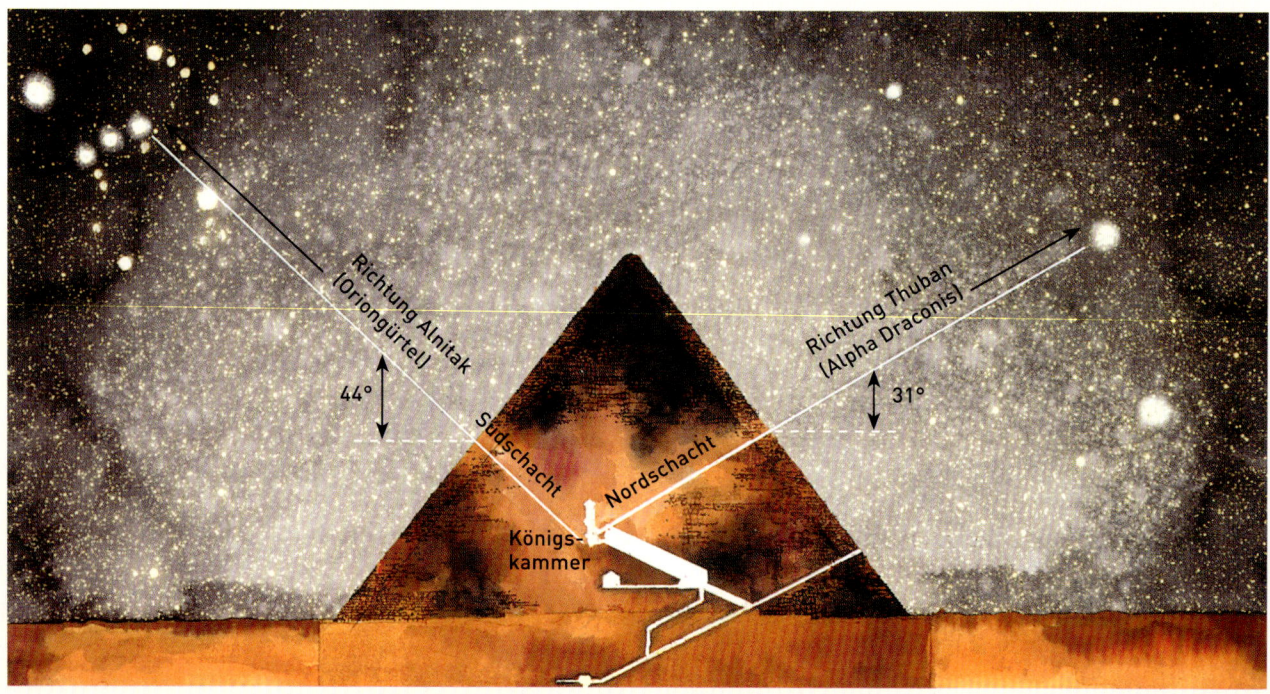

Mond über Gizeh Die Pyramiden erstrahlten einst in weißem Kalkstein, der bei Mondschein leuchtete.

Der Südschacht ist zu Beginn mehr als doppelt so breit und vier Mal so hoch, verjüngt sich aber rasch auf weniger als die Hälfte. Die Decke ist gewölbt. Nach etwa 1,8 m läuft er mit einem Winkel von 44° nach oben und wird oval. Nach weiteren 2,5 m wird der Schacht rechteckig und biegt leicht in Richtung Westen ab. Er zeigt auf Alnitak im Gürtel des Orion, des Sternbildes, das Osiris, den ägyptischen Gott des Todes und der Wiedergeburt, repräsentiert. Laut den *Pyramidentexten* musste der Pharao im Jenseits beide Sterne besuchen, um Unsterblichkeit zu erlangen und seinen Platz bei den Göttern einzunehmen. Die beiden Schächte dienten vielleicht dazu, dass der Geist des Pharaos die Pyramide genau in der gewünschten Richtung verlassen konnte.

Die Schächte in der Königinnenkammer sind etwa 20 cm breit und wurden, soweit bekannt ist, absichtlich verschlossen. Der Südschacht wurde auf Sirius, den zweithellsten Stern nach der Sonne, ausgerichtet. Sirius ist die himmlische Verkörperung von Isis, der Göttin der Fruchtbarkeit und Gattin von Osiris. Dieser Stern war für die frühen Ägypter von besonderer Bedeutung, da sein heliakischer Aufgang (erstes Sichtbarwerden am Osthimmel vor der Morgendämmerung) die jährliche Überflutung des Nils anzeigte, die für das Überleben der Bevölkerung wichtig war.

Der Nordschacht weist offenbar in Richtung Polaris, der erst gegen 1000 n. Chr. zum Polarstern wurde. Die Bewegung des Himmelspols wird durch eine allmähliche Verschiebung der Erdachse innerhalb eines 26 000-jährigen Zyklus verursacht, die Präzession der Äquinoktien heißt (siehe Seiten 220–221). Bisher fehlen Beweise, dass den alten Ägyptern dieser Zyklus bekannt war. Deswegen bleibt der Grund für diese Ausrichtung eines der größten Geheimnisse der Pyramide.

VIJAYANAGARA INDIEN

Die Stadt Vijayanagara („Stadt des Sieges") wurde um 1336 n. Chr. als Zentrum des gleichnamigen Königreichs gegründet. Sie entwickelte sich aus dem Dorf Hampi, das seit Menschengedenken ein religiöses Zentrum war. Die Ruinenstadt, die heute zum Weltkulturerbe zählt, liegt in Südwestindien.

Die Stadt, die 40 Quadratkilometer umfasst, wurde in mehrere Gebiete gegliedert, darunter das königliche Zentrum mit Palästen, Hallen, Höfen, Badeanlagen und Wachtürmen sowie das heilige Zentrum aus Schreinen und Tempeln. Ein Großteil der Stadt wurde 1565 in einer blutigen Schlacht gegen die Dekkan-Sultanate, die muslimischen Königreiche im Norden, geplündert und zerstört. Seither blieb der Großteil der Stadt verlassen. Es sind viele Relikte vorhanden und umfas-

Heiliges Zentrum Das religiöse Gebiet von Vijayanagara *(unten links)* umfasst viele Tempel, darunter den Virupaksha-Tempel. Ein kleines Loch in seinem Altarraum projiziert wie eine Lochkamera ein umgekehrtes Bild des Turms *(unten rechts)*.

sende archäologische Untersuchungen wurden durchgeführt. Obwohl der Ort von archäoastronomischem Interesse ist, ist es schwierig, konkrete Schlussfolgerungen über eine solch komplexe und alte Stätte zu ziehen.

Einige Gebäude wurden offenbar unter Berücksichtigung astronomischer oder irdischer Ausrichtungen erbaut. Viele der Bauten sind nach Himmelskörpern orientiert, andere wiederum auf Hügel in der Umgebung. Dr. J. McKim Malville fand heraus, dass Tempel und Schreine, die dem Affengott Hanuman geweiht sind, auf den Sonnenaufgang am Tag der Zenitpassage ausgerichtet sind. Manche Straßen zeigen hingegen in Richtung des Aufgangspunkts von Sirius. Er und sein Kollege John M. Fritz stellten die Theorie auf, dass die nach den Himmelsrichtungen orientierten Bauten von Adeligen und Priestern bevorzugt wurden, während für Arbeiter und Bauern die geophysischen Eigenheiten der Umgebung von größerer Bedeutung waren.

Virupaksha-Tempel Das prächtige, neunstöckige Tor *(Gopuram)* kennzeichnet den Eingang zum größten Tempel von Vijayanagar, der noch heute als religiöses Zentrum dient.

Der Virupaksha-Tempel

Noch aus der Zeit vor dem Vijayanagara-Reich stammt der Virupaksha-Tempel (7. Jahrhundert), der Schreine für den Gott Shiva und seine Gefährtin, die Göttin Pampa, umfasst. Der neunstöckige Haupteingangsturm des Tempels ist aus Stein geschlagen und ragt 49 m in die Höhe. Ein kleines Loch im Altarraum im Westen projiziert ein kopfstehendes Bild des Turms auf eine Nische in einer dunklen Kammer.

Dieser und andere alte Bauten des heiligen Zentrums der Stadt, besonders der Sri-Krishna-Tempel, der etwa 120 m direkt südlich des Eingangsturms liegt, wurden offenbar nach den Himmelsrichtungen orientiert.

Zentrum des Universums

Das königliche Zentrum der Stadt wurde durch ein Zeremonientor entlang einer Nord-Süd-Achse in zwei Teile getrennt, einem Bereich für den König und einem für die Königin. Diese Achse verläuft durch den Matanga-Hügel. Er befindet sich 1,6 km nördlich des königlichen Zentrums, auf dessen Spitze ein Tempel für den Kriegsgott Virabhadra thront. Steht man südlich entlang dieser Achse und blickt in Richtung Norden, sieht man den Polarstern über dem Tempel. Dadurch entsteht ein symbolisches Abbild des heiligen Berges Meru, des metaphysischen Zentrums des Universums, mit dem hell leuchtenden Polarstern, dem Zentrum und Drehpunkt der Himmelskugel.

SIRIUS

Sirius wird meist als hellster Stern am Firmament bezeichnet. Obwohl er 25 Mal heller als die Sonne ist, gibt es viele andere Sterne, die noch stärker leuchten. Der Stern Beteigeuze im Sternbild Orion zum Beispiel strahlt 135 000 Mal heller als die Sonne. Den Rekord aber hält der Stern R136a1 im Tarantelnebel: Er leuchtet 8 700 000 Mal heller als die Sonne. Sirius übertrumpft alle anderen Sterne, weil er nach der Sonne der fünftnächste Stern unseres Planeten ist. Und trotzdem dauert es 8,6 Jahre, bis uns sein Licht erreicht.

Vorbote des Wohlstands in Ägypten

Der Wohlstand im Alten Ägypten beruhte auf einem einzigen Naturphänomen – der Überflutung des Nils, bei der nährreicher schwarzer Schlamm über das Flusstal verteilt wurde. Jedes Jahr sorgten die Fluten für Fruchtbarkeit in der Wüste und die Arbeit des Jahres drehte sich nur darum: die Regulierung des Wassers mittels komplexer Entwässerungsgräben und Bewässerungskanäle, das Anbauen von Pflanzen und die Einlagerung und Verteilung der Ernte.

Obwohl die alten Ägypter den Prozess, bei dem das Sediment des äthiopischen Hochlands durch Regen in den Nil hinabgewaschen wurde, vermutlich nicht kannten, stellten sie fest, dass das Verhalten des Flusses vorhersehbar war. Jedes Jahr erfolgte die Überflutung nach dem heliakischen Aufgang des hellsten Sterns – der ersten Sichtung von Sirius am Osthimmel vor der Morgendämmerung. Dieses astronomische Ereignis, das mit der Sommersonnenwende zusammenfiel, wurde als Beginn eines neuen Jahres gefeiert – das Sothisjahr.

Sothis

Die alten Ägypter nannten diesen Stern Sepdet. Im Hellenismus, der 332 v. Chr. mit Alexander dem Großen begann, wurde er als Sothis bezeichnet. Der Dendera-Tierkreis (siehe Seiten 158–159) im Hathor-Tempel zeigt Sothis als liegende Kuh auf einem Boot mit einem Stern zwischen den Hörnern.

Östlich dieses Tempels in Dendera befindet sich ein kleiner Tempel, der der Göttin Isis geweiht ist. Sie wird mit Sirius assoziiert, da sie der Legende nach die Schwester und Gattin von Osiris ist, der am Nachthimmel als Sternbild des Orion zu sehen ist. Der Prozessionsweg, der diesen Isis-Tempel mit einem Tor der umgebenden Mauer verbindet, zeigt auf den heliakischen Aufgang von Sirius um 50 v. Chr., als sich diese Ausrichtung zu etablieren schien.

Isistempel Eine Prozessionsstraße, die von diesem kleinen Tempel in Dendera wegführt, ist in Richtung des heliakischen Aufgangs von Sirius um 50 v. Chr. ausgerichtet.

Zeichen der Macht Diese Deckenmalerei des Grabs von Seti I., der Ägypten um 1290–1279 v. Chr. regierte, zeigt Sterne und Sternbilder, darunter Sirius (Stern der Isis, ganz links) und Orion (Stern des Osiris, der auf seine Gattin zurückblickt).

Ausrichtungen von Thoth-Berg und Elephantine

Eine weitere Orientierung auf Sirius weist der Horus-Tempel am Thoth-Berg auf, dem höchsten Berg westlich des Nils in Luxor. Der erste Tempel an diesem Ort datiert um 3200 v. Chr., als der heliakische Aufgang von Sirius fast an derselben Position erfolgte wie der Aufgang der Wintersonnenwendsonne. Es ist unklar, ob der Stern, die Sonne oder beide für diese Ausrichtung verantwortlich sind. Das gilt auch für den Tempel der Satet auf Elephantine, der aus derselben Zeit stammt.

Griechischer Vorbote des Unglücks

Da Sirius der hellste Stern am Himmel ist, ließe sich vermuten, dass er in den alten Himmelsmythen eine besondere Rolle spielt. Um 700 v. Chr. gab der griechische Dichter Hesiod in seinem Werk *Werke und Tage* seinem Bruder Perses folgenden Rat: „Wenn jetzt mitten am Himmel Orion und Sirios aufsteigt, Eos zugleich den Arkturos, die Rosenfingrige, anschaut, dann lies sämtliche Trauben, o Perses, bring sie nach Hause." Das beschriebene Datum in diesem Kalender, bei dem

Sirius hoch im Süden zum heliakischen Aufgang von Arktur stand, war gegen Mitte September.

Die alten Griechen und Römer beobachteten Sirius mit Besorgnis. Sein Name bedeutet „gleißend heiß" und sein heliakischer Aufgang im Juli läutete die Trockenzeit ein – Wochen oder Monate sengender Hitze. Diese Zeit wird in Anlehnung an das Sternbild Großer Hund, dem der Stern angehört, auch Hundstage genannt.

Mächtige Schildkröte

Eine mit Felsbrocken dargestellte Schildkröte in Saskatchewan, Kanada, hat einen fast runden Körper, vier kurze Beine, einen spitzen Schwanz und einen Kopf mit zwei hervortretenden Augen. Eine gedachte Linie von der Schwanzspitze durch den Körper deutet daraufhin, dass das Tier auf den heliakischen Aufgang von Sirius um 2300 v. Chr. zeigt, der mit der Sommersonnenwende zusammenfiel. Da ihr Alter bisher archäologisch nicht bestimmt werden konnte, ist ihre astronomische Bedeutung spekulativ. Die indigenen Völker Kanadas verehrten sie als Symbol von Leben und Weisheit.

Flackernde Fuchsschwänze

Sterne werden mit ihrem Funkeln in Verbindung gebracht. Als hellstem Stern kommt Sirius daher eine besondere Bedeutung zu. Es dauert 8,6 Jahre, bis das Licht seine Reise durch den interstellaren Raum beendet hat. In der Erdatmosphäre kommt es zu natürlichen Turbulenzen und durch leichte Schwankungen in der Luftdichte wird das Licht beliebig gestreut, sodass ein Lichtspektakel entsteht.

Einige Inuit-Völkern betrachten die Sterne als Löcher am Himmel. Sirius sehen sie als einen weißen und einen roten Fuchs, die beide als Erste in dieselbe Fuchshöhle gelangen möchten. Die Inuit sind hoch im Norden beheimatet, auch innerhalb des nördlichen Polarkreises. Da Sirius eine Neigung von -17° unter dem Himmelsäquator hat, ist er im Winter tief am Südhimmel zu sehen. Das würde den roten Fuchs erklären: Das Sternenlicht unterliegt denselben Gesetzen, die auch der Sonne bei ihrem Auf- und Untergang ihr Rot verleihen (Licht wird in Richtung des roten Endes des Spektrums gebrochen, wenn es schräg einfällt). Deshalb dürfte der Astronom Claudius Ptolemäus um 150 n. Chr. den weißen Stern Sirius zu den roten Sternen gezählt haben, wie Beteigeuze.

Hellster Stern Sirius erstrahlt über der Atacamawüste *(links oben* im Bild); Canopus *(rechts)* ist am zweithellsten.

STERNENFUNKELN

Das Sternenlicht wird an der Erdatmosphäre gebrochen – je nach Einfall in die Atmosphäre ist die Brechung verschieden stark. Fällt das Sternenlicht schräg ein, wird es stärker gebrochen (und funkelt mehr).

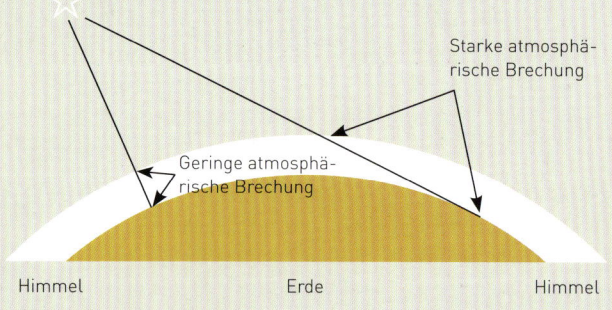

Starke atmosphärische Brechung

Geringe atmosphärische Brechung

Himmel · Erde · Himmel

DIE PLEJADEN

Obwohl die meisten Menschen mit bloßem Auge nicht mehr als sechs einzelne Plejaden-Sterne erkennen können, umfasst dieser Sternhaufen im Sternbild Stier eigentlich über tausend Sterne. Er strahlt im blauen Licht heißer, junger Sterne, die etwa 20 Millionen Jahre alt sind. Die faszinierende Sterngruppe (bei dunklem Himmel kann man bis zu neun Sterne ausmachen) liegt relativ nahe zur Erde. Es ist eines der markantesten Bilder am Himmel und findet sich in zahlreichen antiken Aufzeichnungen und Mythen von Europa über Australien und Amerika bis nach China.

Frühe Beobachtungen

Die früheste dokumentierte Aufzeichnung der Plejaden findet sich in den chinesischen *Statuten des Yao*, die Beobachtungen der Plejaden um 2357 v. Chr. beinhalten. Die älteste davon erhaltene Kopie stammt aus der Zeit des chinesischen Philosophen Konfuzius, der 479 v. Chr. starb.

Die älteste Abbildung der Plejaden (abgesehen von Lascaux, siehe Seite 200) ist auf der berühmten Himmelsscheibe von Nebra zu sehen, die um 1600 v. Chr. entstand (siehe Seite 36). Das Bronzeartefakt zeigt goldene Symbole, die dem Halbmond und der Sonnenscheibe ähneln, sowie zahlreiche kleine Goldpunkte, die vermutlich Sterne darstellen. Sieben dieser Punkte bilden einen Haufen, höchstwahrscheinlich die Plejaden.

Bei den Navajo zeigt ein traditionelles Bild von Vater Himmel auch Symbole von Sonne, Mond und

Devils Tower Dieser Felsen in Wyoming soll vom Boden emporgewachsen sein, um eine Gruppe von Mädchen vor einem Bären zu beschützen. Die jungen Frauen kamen als Plejaden an den Himmel.

Sternen einschließlich der Plejaden. Der Black Point Ceremonial Pathway der Quechan in Arizona umfasst ebenfalls Darstellungen dieser Elemente sowie von der Milchstraße. Die Vorfahren der Quechan stammen der Legende nach von den Plejaden.

Geschichten von Mädchen

Laut einer Legende wuchs der Devils Tower in Wyoming vom Boden empor, um sieben junge Frauen vor einem Bären zu schützen – seine Klauen kratzten markante vertikale Rillen in den Stein. Der Great Spirit schützte daraufhin die Mädchen vor allen irdischen Gefahren, indem er sie in die Plejaden verwandelte. Diese Sage soll Steven Spielberg dazu angeregt haben, den Ort als Schauplatz für seinen Film *Unheimliche Begegnung der dritten Art* aus dem Jahr 1977 zu wählen.

Eine Legende aus Südostaustralien erzählt von einer Gruppe von Mädchen, denen der Initiationsritus zur Frau bevorstand, die aber lieber den anspruchsvolleren Ritus für Jungen vollziehen wollten. Doch die Mädchen bestanden die Prüfung und kamen zur Belohnung als Plejaden an den Himmel.

BAUERNKALENDER

Im 8. Jahrhundert v. Chr. schrieb der griechische Dichter Hesiod, dass es an der Zeit war, die Aussaat des Winterweizens vorzubereiten, wenn die Sterngruppe den Himmel verließ – also wenn die Plejaden untergingen, während die Sonne im Oktober aufging. Die Wintersaat wurde geerntet, wenn die Plejaden erstmals im Osten im April oder Mai sichtbar waren (heliakischer Aufgang).

Reisbauern in Japan bemerkten, wie die Plejaden, die sie Subaru nannten, jeden Tag etwas früher untergingen. Als die Sterngruppe bei Sonnenuntergang verschwand, wussten sie, dass sie die Reissetzlinge pflanzen mussten. Die Plejaden ähnelten angeblich Reiskörnern.

HEIAU HAWAII

Wie viele polynesische Kulturen errichteten auch die Ureinwohner Hawaiis zahlreiche Tempel oder Plattformen. Diese heiligen Stätten, die *Heiau* genannt wurden, dienten verschiedenen Zwecken – als Versammlungsort, für Heilrituale oder zur Ausrufung des Krieges – und waren den jeweiligen Göttern geweiht. Manche bestanden aus einer einzelnen Hütte mit einer Grenzmauer aus Stein oder Holz, andere wiederum waren als große terrassenförmige Tempel angelegt. In manchen fanden auch Menschopfer statt.

Archäologen, die unter den vielen verschiedenen *Heiau*-Formen nach astronomischen Orientierungen suchen, stehen einer gewaltigen, wenn nicht sogar unmöglichen Aufgabe gegenüber. Durch intensive Untersuchungen entdeckte man, dass *Heiau*, die der Fischerei gewidmet sind, eine gemeinsame Ausrichtung auf das Meer zeigen – so wie die Tempel der alten Ägypter auf den Nil ausgerichtet waren.

Die *Heiau* von Maui
Eine seltene Gelegenheit, ein Gruppe gut erhaltener *Heiau* in relativ unberührter Landschaft zu studieren, bietet sich auf der Insel Maui. Im Süden von Maui, südlich des Vulkans Haleakala, wurden an die 30 *Heiau* entdeckt, die alle um 1600 n. Chr datieren. Jüngsten Studien zufolge waren sie unter den vier wichtigsten Gottheiten Hawaiis aufgeteilt. Einige zeigten auf das Meer, andere nach Norden oder Osten oder auf einen Punkt im Ostnordosten. Letztere Gruppe stand im Zusammenhang mit der Landwirtschaft und war wahrscheinlich dem Gott Lono geweiht, von dem der Regen erbeten wurde.

Zum Makahiki-Fest im Winter feierten die Priester Lono. Einer ihrer Gesänge handelt davon, dass Lono die Sterne am Himmel positioniert. Bezeichnenderweise bestimmten die Sterne das Datum des Festes, das meist im November begann, und zwar am Abend des ersten Neumondes nach einem Sonnenuntergang, wenn zum letzten Mal zu erkennen war, wie die Plejaden über dem östlichen Horizont aufgingen. Der Beginn des Sommers wurde auch durch die Plejaden bestimmt und fiel meist in den Mai, wenn sie erstmals im Osten vor Sonnenaufgang (heliakischer Aufgang) sichtbar waren.

Einst und heute Die unter anderem dem Regengott Lono *(oben)* gewidmeten *Heiau* liegen südlich des Vulkans Haleakala *(links)*, wo das erste der Pan-STARRS-Teleskope vor Asteroiden und Kometen warnen soll.

Pi'ilanihale Heiau Dieses beeindruckende Tempelplateau in den Kahanu Gardens auf Maui ist der größte *Heiau* in Hawaii. Er wurde für die Königsfamilie errichtet und stammt aus dem frühen 14. Jahrhundert, wurde aber um 1600 umgebaut.

Makahiki ist nicht nur der Name des Winterfestes, sondern bedeutet auch „Jahr". Es wird vermutet, dass es eine Abkürzung von *makali'i-hiki* ist – was übersetzt „Aufgang der Plejaden" bedeutet. Im Norden der benachbarten Insel Molokai liegt die Halbinsel Kalaupapa. Hier befindet sich ein weiterer *Heiau*, der in dieselbe Richtung zeigt. Das Kap, auf dem er thront, wird Makali'i genannt – „Plejaden".

Verteidigung unseres Planeten
Die Ureinwohner Hawaiis beschäftigten sich mit Astronomie, um daraus für rituelle und landwirtschaftliche Belange einen Nutzen zu ziehen. Die Universität von Hawaii arbeitet derzeit mit anderen Institutionen weltweit zusammen, um den Vulkan Haleakala für einen ähnlichen Zweck zu nutzen. Im Jahr 2010 wurde das erste von vier Pan-STARRS-Teleskopen in Betrieb genommen. Vorrangiges Ziel dieses Systems ist es, vor Asteroiden und Kometen zu warnen, die auf unseren Planeten zusteuern.

MOAI RAPA NUI

Die kleine Insel Rapa Nui (im Westen aufgrund ihrer Entdeckung am Ostersonntag des Jahres 1722 als Osterinsel bekannt) ist einer der entlegendsten Orte der Welt: Das nächstgelegene bewohnte Eiland ist Pitcairn, das in einer Entfernung von 2000 km liegt. Rapa Nui besteht aus drei erloschenen Vulkanen und ist ungefähr 24 km lang und 12 km breit.

Als die Ureinwohner, die wahrscheinlich von den Marquesas-Inseln im heutigen Französisch-Polynesien stammten, zwischen 500 und 1200 n. Chr. auf die Insel kamen, war das fruchtbare Land Rapa Nuis großteils mit subtropischem Laubwald bedeckt. Bei der Ankunft der ersten Europäer im 18. Jahrhundert fanden sie die Insel kahl und ohne Bäume vor – eine ökologische Katastrophe hatte sich abgespielt.

Die Abholzung der Insel, die wahrscheinlich um 1200 n. Chr. einsetzte, ist zum Teil auf die Errichtung sogenannter *Moai* zurückzuführen. Um diese berühmten Steinstatuen zu bewegen, waren unzählige Baumstämme erforderlich. Die *Moai* haben überdimensionierte Köpfe und stellten vermutlich vergöttlichte Vorfahren dar. Es gibt annähernd 900 Exemplare, ungefähr die Hälfte davon liegt unvollendet in dem Steinbruch, wo sie aus gehärteter Vulkanasche gehauen wurden. Im Durchschnitt sind sie 4,4 m hoch und wiegen 14,2 Tonnen.

Orientierung der *Moai*

Die meisten *Moai* finden sich entlang der Küste. Sie bilden eine Art Sicherheitsgrenze um die ganze Insel. In Anbetracht der Vielzahl dieser Statuen ist es unvermeidlich, dass jemand, der nach astronomischen

Blick zu den Sternen Man nimmt heute an, dass die *Moai* von Ahu Tongariki auf den Untergang der Plejaden ausgerichtet sind.

Ausrichtungen sucht, auch welche findet. *Moai* stehen mit ihrer Rückseite in Richtung Meer. Obwohl manche nach astronomischen Ereignissen orientiert zu sein scheinen, wird dies meist als bloßer Zufall abgetan.

In den 1960er Jahren stellte der Archäologe William Mulloy Ausrichtungen fest, die seiner Ansicht nach im Zusammenhang mit der Sonnenwendsonne standen. Seine Ideen wurden in den späten 1980er Jahren vom Astronomen William Liller aufgegriffen. Er stellte an den *Moai*, die im Landesinneren lagen oder topografisch nicht aufs Meer ausgerichtet waren, Orientierungen auf die Sonne zu den Sonnenwenden und Tagundnachtgleichen fest.

Annähernd 125 *Moai* wurden ursprünglich auf eigenen *Ahu*, heiligen Zeremonialplattformen, positioniert. Die Zeremonialanlage Ahu Tongariki an der Südostküste ist mit 15 *Moai* die größte Anlage der Insel. Sie umfasst eine riesige Statue mit einem Gewicht von 86 Tonnen. Der lange, schmale *Ahu* erregte die Aufmerksamkeit der Forscher, da seine gedachte lotrechte Verlängerung direkt übers Meer in Richtung Sonnenaufgang zur Sommersonnenwende verlief.

Die Stätte stellt eine wahre Herausforderung für Archäoastronomen dar. Die Figuren kehren nämlich,

wie die *Moai* an den Küsten, dem Meer den Rücken zu. Möglicherweise handelt es sich hierbei um eine einzigartige Kombination aus Sonnenausrichtung und traditioneller Positionierung an der Küste.

Wie alle anderen *Ahu* mit einer vermuteten Orientierung nach der Sonnenwende und den Tagundnachtgleichen stellte auch Ahu Tongariki ein Problem dar. Warum bevorzugten gerade die Bewohner der Osterinsel Sonnenausrichtungen?

Die Betrachtung der Plejaden

Um 1910 hielt die Ethnografin Katherine Routledge die traditionellen astronomischen Überlieferungen der Inselältesten fest. Leider konnte sie dabei nur mehr einen Bruchteil des einst umfangreichen Wissens der Ureinwohner niederschreiben. Vor der Ankunft der Europäer hatten die Rapanui jahrhundertelang isoliert gelebt und sich ein enormes Wissen über den Himmel angeeignet, was für ihr Überleben notwendig war. Mithilfe der Astronomie bestimmten die Priester die jahreszeitlichen Zyklen, die im Zeichen der Landwirtschaft, der Jagd und des Fischfangs standen und in jährlichen Festen gefeiert wurden.

Mit dem ersten Auftauchen der Europäer im Jahr 1722 brach für die Rapanui eine Zeit der großen Umbrüche an. Mitte des 19. Jahrhunderts wurden viele versklavt; eingeschleppte Krankheiten töteten die übrige Bevölkerung. Der Katholizismus ersetzte nicht nur den alten Festkalender durch christliche Feiern, sondern wertete das alte Wissen als Heidentum ab und bekämpfte es vehement. Sogar die Geheimnisse des Schriftsystems der Einwohner (Rongorongo) gingen verloren. Zwar glauben einige Forscher, dass ein Rongorongo-Schriftzeugnis Details eines Mondkalenders enthält, doch wurde dieses, wie alle anderen Texte, bisher noch nicht entziffert.

Das geringe astronomischen Wissen, das Routledge retten konnte, erwies sich als ausgesprochen wertvoll

Geheimnis der *Moai* Es gibt verschiedene archäoastronomische Deutungen der von den Rapanui errichteten Statuen. Die meisten *Moai* scheinen jedoch in Bezug auf die Küste positioniert worden zu sein.

Ahu Akivi Die sieben *Moai* von Ahu Akivi sind nach heutiger Auffassung auf den Untergang der Sterngruppe ausgerichtet, die die drei Sterne im Oriongürtel bilden.

bei der Deutung der *Moai* und anderer Monumente. Forschungen von Juan Belmonte, Edmundo Edwards und seiner Tochter Alexandra Edwards ergaben, dass der Hauptsignalgeber für die jährlichen Feste nicht die Sonne, sondern Matariki – die Plejaden – waren. Die 15 *Moai* von Ahu Tongariki kehrten ihren Rücken nicht dem Sonnenaufgang zur Sonnenwende zu, sondern blickten auf den Untergang der Plejaden über dem nahegelegenen Hügel Rano Raraku.

Die Stätte Ahu Akivi, die um 1500 n. Chr. errichtet wurde, umfasst sieben *Moai*. Sie zeigen vom Südwesthang des Terevaka, dem größten der drei Vulkane der Insel, in Richtung Ozean. Von diesen *Moai* glaubte man ursprünglich, dass sie auf den Sonnenuntergang zur Tagundnachtgleiche orientiert waren. Heute wird aber angenommen, dass sie auf die drei Sterne des Oriongürtels ausgerichtet sind.

Der Fels zum Beobachten der Sterne

Routledge wurde von einer Stätte namens Papa ui hetuʻu („Fels zum Beobachten der Sterne") berichtet,

einem Basaltfelsen an der Nordostflanke des erloschenen Vulkans Poike – dem wohl besten Ort auf der Insel, um die Plejaden zu beobachten.

Dort finden sich auf einem Basaltstein zahlreiche Petroglyphen mit traditionellen Fischhaken. Das Signal, das den Beginn der wichtigen Fischfangsaison kennzeichnete, war das erste Sichtbarwerden der aufgehenden Plejaden in der Dämmerung des Sonnenuntergangs am 16. November. Ein anderer Steinblock in der Nähe wird als Sternkarte gedeutet. Er weist ein Muster aus schalenartigen Vertiefungen auf, das den Plejaden stark ähnelt.

Edmundo und Alexandra Edwards untersuchten auch niedrige Steintürme, die als *Tupa* bezeichnet werden. Es handelt sich dabei möglicherweise um Observatorien, die von Priestern benutzt wurden, um wichtige Kalenderdaten zu ermitteln. Von den 18 *Tupa*, die im Jahr 2010 analysiert wurden, wiesen 17 Ausrichtungen auf bedeutende Sterne, Sterngruppen oder die Himmelsrichtungen auf. Zweifelsohne gibt es auf Rapa Nui noch zahlreiche Geheimnisse zu lüften.

DIE MILCHSTRASSE

Die Milchstraße ist eine sich drehende Scheibe aus Sternen, Staub und Gas, von deren Zentrum sich Spiralarme aus Sternen ausbreiten. Unsere Sonne liegt auf der Innenseite des sogenannten Cygnus-Arms. Wenn wir die Milchstraße betrachten, sehen wir die Drehscheibe eines riesigen Sternensystems. Im Juli können wir ins Herz dieses Sternsystems blicken, in dem sich unzählige Sterne und ein riesiges Schwarzes Loch (das größte seiner Art), ungefähr 26 000 Lichtjahre entfernt, befinden.

In vielen Kulturen wird die Milchstraße als ein himmlischer, entfernter Fluss oder Pfad erachtet, auf dem nur die Geister der Toten oder Götter wandeln. Es gibt allerdings Ausnahmen. Am Elvina Trail im Ku-ring-gai-Chase-Nationalpark nahe Sydney findet sich eine Felsritzzeichnung, die einen Emu darstellt. Obwohl nur Konturen zu sehen sind, sind die Details seines Körpers

wiedergegeben. Die Beine sind allerdings in einem Winkel dargestellt, dass sie das Tier unmöglich stützen könnten. Dieser Fehler wurde als Abbildung einer genauen astronomischen Beobachtung gedeutet.

Eine in Australien weitverbreitete Legende handelt von einem riesigen Ur-Emu, der als Tchingal bezeichnet wurde und Furcht und Schrecken verbreitete. Die anderen Lebewesen verbündeten sich und töteten ihn mit vereinten Kräften. Er bleibt jedoch unvergessen, da er für immer deutlich am Nachthimmel zu sehen ist – und zwar nicht wie in westlichen Mythen in Form eines Sternbildes, das sich aus gedachten Linien zusammensetzt, sondern in Form der dunklen Gebiete in der Milchstraße. Den Kopf des Emus bildet die Dunkelwolke Kohlensack neben dem Sternbild Kreuz des Südens. Der lange Hals, der ovale Körper und die langen Beine werden durch die Dunkelwolken in Richtung Sternbild Skorpion dargestellt.

Bei den Ureinwohnern Australiens genießt der Emu hohes Ansehen und gilt nicht immer als böse. Er ist ein Totemtier der männlichen Stammesältesten der Aborigines, da das Emu-Männchen die Eier ausbrütet und aufzieht – genauso wie die männlichen Stammesältesten die jungen Männer in das Leben einführen. Die Eier, das Fleisch und die Federn des Vogels bilden die Existenzgrundlage der Aborigines. Emus legen ihre Eier im Mai und Juni. Befindet sich der Emu am Himmel direkt parallel über der Felszeichnung im Ku-ring-gai-Chase-Nationalpark, signalisiert er die Zeit für das Aufsammeln der Eier.

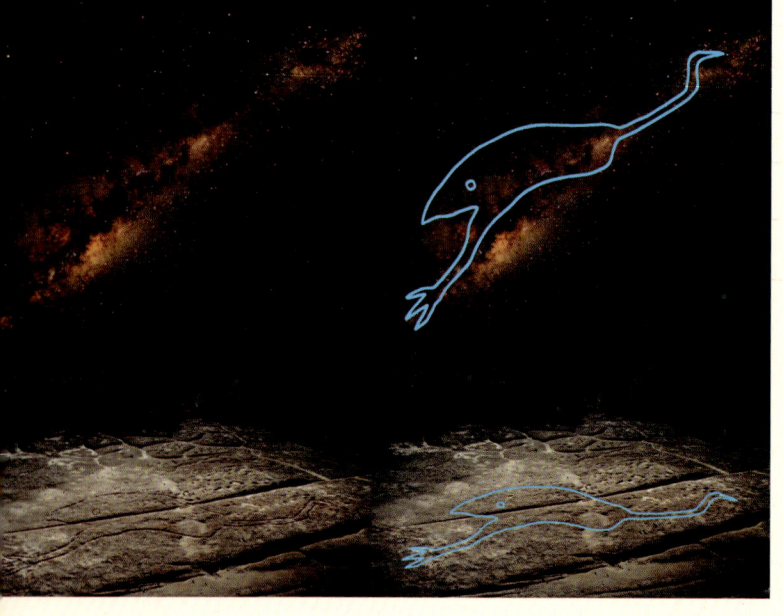

Emu am Himmel *(Ganz links)* Die Milchstraße ist über der Emu-Felszeichnung am Elvina Trail zu sehen. *(Links)* Hier ist die Silhouette des Vogels am Himmel und am Boden kenntlich gemacht.

TEMPLE OF THE FOX PERU

Buena Vista ist eine prähistorische Siedlung in den Anden nördlich von Lima. Sie wurde 1987 von Frederic Engel entdeckt. Seit 2002 wurden unter der Leitung von Robert Benfer eingehende Untersuchungen an der Stätte durchgeführt. Die Anlage, die auf einem öden, felsigen Hang liegt, überblickt ein fruchtbares Tal, was dem Ort seinen Namen Buena Vista („guter Ausblick") verlieh. Ihre Fruchtbarkeit verdankt das Tal dem Fluss, dessen Nebenarme hoch in die Berge hinaufreichen. Jedes Jahr, wenn die Frühlingssonne das Eis zum Schmelzen bringt, tritt er über die Ufer und bedeckt den Boden des Tals mit frischer Erde.

Tempel-Ausrichtungen

Auf der Rückseite eines Tempels zeigt eine große Skulptur ein bedrohliches rundes Gesicht, das von zwei nicht identifizierten Tieren umgeben wird. Das Gesicht blickt durch zwei Eingänge in Richtung Sonnenuntergang zur Wintersonnenwende im Juni.

Daneben steht eine etwa 10 m hohe Tempelpyramide, die über einem älteren, ungefähr 17 m langen Gebäude errichtet wurde. Benfer nannte diesen Bau Temple of the Fox („Tempel des Fuchses") in Anspielung auf eine bemerkenswerte Abbildung im Tempelinneren. Sie zeigt ein fuchsähnliches Wesen, das wie ein Fötus zusammengekauert im Schoß eines Lamas liegt.

Als Benfer im Tempel durch ein kleines Fenster hinter dem Altar blickte, sah er das Profil eines Menschenkopfes, der von einer natürlichen Einbuchtung im 60 m entfernten Hang umgeben war. Er stellte fest, dass der Kopf in einen 2,5 m hohen Fels geritzt war, der entlang einer Ausrichtung vom Tempel zur aufgehenden Sonne zur Sommersonnenwende (Dezember) lag.

Der Tempel entstand 2200 v. Chr. und ist daher älter als jedes andere astronomisch orientierte Gebäude, das bisher in Südamerika entdeckt wurde. Zu jener Zeit

Bedrohliche Scheibe Diese Skulptur eines grimmigen Gesichts am Temple of the Fox schaut durch zwei Eingänge in Richtung Sonnenuntergang zur Wintersonnenwende.

war zu beobachten, wie das Sternbild des Fuchses, das aus dunklen Regionen der Milchstraße besteht, vor der Morgendämmerung zur Sommersonnenwende vom selben Hang wie die Sonne aufging. Das war die Zeit der jährlichen Überschwemmungen des Flusses, eines wichtigen Ereignisses, das die Zeit der Aussaat ankündigte. In den Anden wird der Fuchs verehrt, da er die Menschen in die Geheimnisse der Bewässerung und Landwirtschaft einführt.

Die Fuchsgestalt im Tempel ähnelt der Form des Sternbildes des Fuchses, während der Körper des Lamas den schwach milchig-hellen Schleier der Milchstraße darzustellen scheint. Das dunkle Sternbild des Fuchses überspannt die heutigen Sternbilder Schütze und Skorpion, während sein Schwanz bis zum Schlangenträger reicht.

MISMINAY PERU

Zwischen der alten Inka-Hauptstadt Cuzco und der Ruinenstadt Machu Picchu liegt das entlegene Dorf Misminay. Hier in den Anden, in einer Höhe von ungefähr 3800 m, leben die Quechuas zum Großteil noch wie ihre Vorfahren. Die Mais-, Kartoffel- und Quinoafelder werden händisch oder mit einem Pflug bestellt, Lama- und Alpakahaar wird zu Kleidung verarbeitet und das Wissen über den Zyklus der Jahreszeiten ist für das Überleben unerlässlich.

In den 1970er Jahren erforschte Gary Urton, der ein besonderes Interesse an Ethnoastronomie hatte, die Glaubensvorstellungen der Einwohner dieser Siedlung. Er stieß auf ein reiches Erbe an kalendarischen Überlieferungen, die noch heute Anwendung finden. Die Zeit der Aussaat und der Ernte zum Beispiel wird von der auf- und untergehenden Sonne und des Mondes in den Bergen bestimmt. Die Plejaden und der Schwanz des Skorpions (die am Himmel einander gegenüber stehen) werden als „himmlische Lager" bezeichnet. Das bedeutendste Himmelsobjekt für die Einwohner von Misminay ist die Milchstraße.

Das Kreuz im Kreis

In diesem Breitengrad (14° südlich des Äquators) weist die Milchstraße, die von den Einwohnern „Fluss des Himmels" genannt wird, einen faszinierenden Zyklus auf. Die Sterne erscheinen in der Bergluft ungewöhnlich klar und hell, und unsere Galaxie wölbt sich im Juni und im Juli über den Abendhimmel. Die Milchstraße unterteilt den Himmel von Nordosten nach Südwesten. Da die Erde rotiert, scheint das Band zum Horizont hinabzugleiten, wo seine andere Hälfte aufsteigt, um es zu treffen – der Beobachter wird für kurze Zeit von ihrem majestätischen Glanz umkreist.

Diese Verschiebung des Sternenhimmels setzt sich fort, wird aber durch das Tageslicht unsichtbar. Sechs Monate später ist das Phänomen in der Nacht wieder sichtbar. Im Dezember und Januar wird der Himmel nach der Abenddämmerung erneut von der Milchstraße geteilt – und zwar diesmal von Nordwest nach Südost.

Diese beiden Linien spiegeln sich in der Anordnung des Dorfes wider. Zwei Pfade sind nach den von der Milchstraße markierten Nebenhimmelsrichtungen orientiert. Neben jedem Pfad fließt ein Bewässerungskanal, der auch diese Positionen widerspiegelt. Am Kreuzungspunkt der Linien und im Herzen des Dorfes steht eine kleine Kapelle, die passenderweise Crucero – „Kreuz" – genannt wird.

Die Nebenhimmelsrichtungen der Pfade entsprechen auch annähernd den Positionen der aufgehenden und untergehenden Sonne zu den Sonnenwenden. Misminay ist daher als Spiegelbild des Himmels im Einklang mit dem Kosmos.

Cruz Calvario

N O

Saqro

S.O

Wuñumarka

Río Vilcanota

Crucero

Quisqumoko

N W

S W

Wie im Himmel, so auf Erden Cruz Calvario ist der Himmelspunkt, wo sich die beiden Streifen der Milchstraße kreuzen. Diesem Punkt entspricht auf der Erde die Crucero-Kapelle. Heilige Berge wie der Wuñumarka („Lagerhaus der Toten"), markieren die Stelle, wo Erde und Himmel aufeinandertreffen.

Meer

DER GROSSE BÄR

Die sieben hellsten Sterne von Ursa Major (Großer Bär) sind allgemeinhin als Großer Wagen bekannt. Diese Sterngruppe ist auf der nördlichen Halbkugel sehr geläufig, da sie traditionell als Navigationshilfe diente (zwei markante Sterne zeigen in Richtung Himmelsnordpol, der durch den Polarstern gekennzeichnet ist). Diese Ausrichtung ist aber erst seit den letzten tausend Jahren aufgrund der allmählichen Verschiebung des Pols im Zuge der 26 000-jährigen Präzession entstanden (siehe Seiten 220–221).

Der Rinderschenkel

Im Alten Ägypten wurde Ursa Major als Schenkel eines Rindes dargestellt und war ausschlaggebend für die Orientierung einiger Tempel. Eine Inschrift am Hathor-Tempel, Dendera, beschreibt eine Zeremonie, in der der Pharao den Kurs der emporsteigenden Sterne aufzeichnete. Dem Glauben nach konnte er, wenn er den *ak* des Sternbildes Stierschenkel (Mesechtiu) fand, die Ausrichtung und Anlage des Tempels bestimmen. Das Wort *ak* wird unterschiedlich mit „Mitte", „Geist" oder „glänzend" übersetzt, doch in diesem Kontext hat es wahrscheinlich eine spezifische technische Bedeutung, die es noch zu klären gilt.

Der Tempel, der Mitte des 1. Jahrhunderts v. Chr. erbaut wurde, liegt 18° nordöstlich. Aufschluss über die Bedeutung von *ak* könnte die Tatsache geben, dass an dieser Stelle der Stierschenkel nicht ganz zirkumpolar ist, da der Stern an der Klaue, Alkaid, untergeht – und zur Zeit der Errichtung des Tempels dieser Stern erneut 18° nordöstlich aufging.

Der Horus-Tempel von Edfu, der in das frühe 3. Jahrhundert v. Chr. datiert, trägt eine ähnliche Inschrift wie der Tempel von Dendera. Es wird beschrieben, wie sich der Pharao mit seinen Geräten auf das Sternbild des Stierschenkels konzentriert und den richtigen

Ortsbestimmung Ein Relief an der Roten Kapelle zeigt das Ritual, das im Zusammenhang mit dem Großen Wagen steht.

Moment abwartet, um die Position des Tempels zu bestimmen.

Diese Zeremonie erfolgte mitunter in Anwesenheit der Göttin Seschat, wie es an der Roten Kapelle von Karnak dargestellt ist. Hier halten der Pharao und die Göttin ihr Werkzeug in Händen, um die Lage des Tempelfundaments zu ermitteln. Ein frühes Symbol von Seschat war die Mondsichel. Sie wird aber auch mit einem siebenstrahligen Stern dargestellt, der ein Verweis auf die sieben hellen Sterne des Großen Wagens sein könnte.

Der Stierschenkel taucht auch in dem bedeutenden Mundöffnungsritual auf (siehe Seiten 166–167).

Himmelswegweiser Der Große Wagen ist wahrscheinlich für viele am Nachthimmel am leichtesten erkennbar – vielleicht weil er einst als Wegweiser zum Himmelsnordpol diente.

Begegnungen mit Bären

An vielen Felsen wurden vermeintliche Darstellungen von Ursa Major entdeckt. Im Jahr 2008 identifizierte Jiacai Wu das Sternbild unter den 19 schalenartigen Vertiefungen, die er auf einem 3 m langen Stein auf dem Berg Baimiaozi in der inneren Mongolei entdeckte. Die Gravuren stammen vermutlich aus der Hongshan-Kultur, die um 4000 v. Chr. die Gegend besiedelte.

Ein weiteres Beispiel ist der große Megalith von Dalby, Dänemark, mit 56 schalenartigen Vertiefungen, bei dem 1920 festgestellt wurde, dass er Ursa Major und die Sternbilder Zwillinge, Krebs, Löwe und Jungfrau darstellt. Andere Anlagen mit Steinen, die vermutlich schalenförmige Vertiefungen in Form von Ursa Major aufweisen, wurden in England, Frankreich, Deutschland und der Schweiz entdeckt. In Südkorea finden sich Dolmen (steinerne Grabkammern) aus der Bronzezeit mit Markierungen, die Ursa Major ähneln, sowie eine Gruppe von Dolmen, die in Form der sieben Haupt-sterne des Sternbildes angeordnet sind. Ein 1978 neben einem Dolmen gefundener Stein soll eine Sternenkarte darstellen, die Ursa Major, Ursa Minor und Draco zeigt, dessen Stern Thuban zur Zeit der Errichtung der Dolmen um 1500 v. Chr. der Polarstern war.

Solche Annahmen stoßen allerdings vielfach auf Kritik. Selbst wenn einige von ihnen diese Sterne symbolisieren, gibt es viele Steine mit schalenartigen Vertiefungen, die nur zufällig ein Muster aufweisen, das einem Sternbild ähnelt.

Mythen von Glastonbury

Einer 1990 von John Michell aufgestellten und umstrittenen Theorie zufolge sind sieben markante Sterne von Ursa Major auf sieben heiligen Inseln in Glastonbury, England, verewigt. Michells Arbeit basiert auf dem „Glastonbury Zodiac", den Katherine Maltwood in den 1920er Jahren auszumachen meinte. Ihrer Auffassung nach stellten Flüsse, Straßen oder Felder rund um Glastonbury riesige Figuren in der Landschaft dar, die einst dem himmlischen Tierkreis nachempfunden waren.

Der Himmelsbär

Die Archäoastronomie steht vor vielen Rätseln, zum Beispiel, warum die Sterne von Ursa Major nach einem Bären benannt wurden. Das Sternbild hat keine Ähnlichkeit mit dem Tier und in manchen alten Sternkarten hat das Wesen einen langen Schwanz (bestehend aus Alkaid, Mizar und Alioth). Dennoch ist die Vorstellung eines Himmelsbären weitverbreitet. Roslyn Frank nimmt an, dass diese Traditionen noch ein Überbleibsel eines kulturellen Glaubens sind, der bis in die jüngere Altsteinzeit (40 000–10 000 v. Chr.) zurückreicht. Diese Theorie wird durch Erzählungen vom Himmelsbären gestützt, die aus dem Baskenland stammen. In dieser Gegend hat sich möglicherweise ein Erbe aus dieser Zeit bewahren können, da ihre Bewohner eine vorindoeuropäische Sprache beherrschen, die über 6000 Jahre alt ist.

Glastonbury-Sternkarte In der Gegend von Glastonbury soll es einst sieben heilige Inseln gegeben haben, die für die sieben hellsten Sterne von Ursa Major stehen.

ANDERE STERNE UND STERNBILDER

Die Fantasie hat den Menschen zu vielen Geschichten und Theorien über die Sterne angeregt. In früheren Zeiten richteten sie ihr Leben stark auf die Sterne aus. Sie bemerkten, wie die sichtbaren Sternbilder sich mit den Jahreszeiten veränderten – so waren zum Beispiel bestimmte Sternbilder an warmen Sommerabenden, andere aber bei winterlicher Kälte zu sehen. Der heliakische Aufgang bestimmter Sterne oder Sternbilder (ihr erstes Auftauchen am östlichen Horizont vor Morgengrauen) zu bestimmten Zeiten des Jahres war ein zuverlässiges Zeichen für eine Reihe von Naturereignissen und landwirtschaftlichen Tätigkeiten. Die Sterne dienten häufig als Anhaltspunkt für den Beginn einer wichtigen Versammlung oder religiösen Feier.

Das Orakel von Delphi

Das kleine, aber markante Sternbild Delphin ist sehr alt. Es ist eines der 48 ursprünglichen Sternbilder, die der griechische Astronom Claudius Ptolemäus um 150 n. Chr. auflistete. Der Legende nach diente der Delphin als Bote des Meeresgottes Poseidon, der sich in die schöne, aber jungfräuliche Nymphe Amphitrite verliebte. Nachdem sein Werben von Erfolg gekrönt war, erhob der dankbare Gott den Delphin zur Unsterblichkeit in den Himmel. Mit etwas Fantasie erkennt man in den fünf Sternen tatsächlich einen Delphin, der sich vergnügt am Himmel tummelt.

Ein Beispiel dafür, dass Sterne als Signalgeber für eine Pilgerreise dienten, dürfte sich in Delphi, dem berühmten Orakel im Alten

Griechenland wiederfinden. Der heliakische Aufgang des Sternbildes Delphin dürfte den Beginn der Reise der Pilger nach Delphi angezeigt haben, damit sie rechtzeitig ankamen, um die Priesterin des heiligen Orakels zu befragen.

Delphi galt als Zentrum der antiken Welt. Bereits bevor sein Orakel Bekanntheit erlangt hatte, war der Ort der Urmutter Gaia geweiht. Die Bezeichnung des Ortes und des Säugetieres haben dieselben griechischen Wurzeln („Mutterleib", Delphi ist der Mutterleib der Mutter Erde, während der Delphin als der Fisch mit einem Mutterleib bekannt war).

Später wurden durch die Verehrung Apollos die anderen Gottheiten – Themis, Poseidon und Gaia –, die einst mit Delphi assoziiert wurden, verdrängt. Der Ort wuchs um einen Tempel, ein Theater und ein Stadion. Die Pilger befragten in Delphi das Orakel, ein Ereignis, das nach Meinung einiger Forscher nur einen Tag im Jahr stattfand. Da somit die rechtzeitige Ankunft unerlässlich war, kam der Beobachtung des Delphins eine umso größere Bedeutung zu.

Der Omphalos *(Links)* Der Omphalos („Nabel"), der das Zentrum der Welt markierte, lag wahrscheinlich in der Nähe des Orakels. Er soll ein Kanal der göttlichen Kommunikation gewesen sein.

Pilgerzentrum *(Rechts)* Das Heiligtum der Athena Pronaia in Delphi. Nur wenige Nachweise von Orakelriten in Delphi sind überliefert, da der Apollon-Tempel von Christen im 4. Jahrhundert n. Chr. geschliffen wurde.

THORNBOROUGH ENGLAND

Auf einem Plateau weniger als 1 km westlich des englischen Dorfes Thornborough befindet sich eine der faszinierendsten Anlagen der Frühzeit: die Thornborough Henges.

Die drei Kreisanlagen, die in das 3. Jahrtausend v. Chr. datieren, sind auf einer 1,6 km langen Linie von Nordwest nach Südost ausgerichtet. Sie ähneln einander in Größe, Form und Abstand. Jedes der Henges hat einen Durchmesser von annähernd 240 m. Sie weisen einen flachen Mittelbereich auf, der von einem Graben und einem Erdwall mit Zugängen begrenzt ist. Die bei der Aushebung des Grabens angehäufte Erde wurde als Erdwall außerhalb des Grabens aufgeschüttet (im Gegensatz zu konventionellen Befestigungen).

In der Gegend finden sich viele jungsteinzeitliche und bronzezeitliche Monumente. In der Nähe der südlichsten Kreisanlage liegen zwei Grubenreihen, in denen vermutlich große Holzpfosten untergebracht wurden. Diese Reihen liegen auf einer Nord-Nordost–Süd-Südwest-Achse, und fast am Ende jeder Reihe befindet sich ein Hügelgrab.

Wie häufig bei jungsteinzeitlichen Anlagen sind die Henges Teil einer umfangreicheren heiligen Stätte, in der die Monumente miteinander in Verbindung stehen. Rituelle Orte waren in Landwirtschafts- und Wohnflächen integriert, sodass ein harmonisches Ganzes entstand.

Der Cursus

In Thornborough gab es lange Zeit heftige Debatten aufgrund wirtschaftlicher Bestrebungen, den Steinabbau in der Gegend auszuweiten, der bereits das westliche Ende des Cursus zerstört hat. Der Cursus ist eine schmale, mindestens 1100 m lange und 44 m breite Anlage, die um 3500 v. Chr. errichtet wurde. Diese Art von Monument, das von einem Wall und Graben begrenzt wird, ist eines der Mysterien der Jungsteinzeit. Es diente vermutlich rituellen Zwecken. Der Cursus nahm aber nicht erst in unserer Zeit Schaden: Die mittlere Kreisanlage überlagert nämlich einen Teil des Cursus.

Dieser Cursus ist ungefähr von Nordost nach Südwest orientiert und laut einer Studie von Dr. Jan Harding von der Newcastle University auf die aufgehende Sonne zur Sommersonnenwende ausgerichtet. Er stellte außerdem fest, dass in entgegengesetzter Richtung die Achse auf den Untergang der drei Sterne im Sternbild Orion wies (Oriongürtel).

Die Ausrichtung der Kreisanlage

Während die südlichste Kreisanlage in einem sehr schlechten Zustand ist, ist die nördliche außergewöhnlich gut erhalten, vielleicht weil sie im Schutz eines Waldstücks liegt. Untersuchungen der mittleren Kreisanlage ergaben, dass die Wälle mit weißen Kalksteinbrocken bedeckt waren. Es wird angenommen, dass es sich um ein bedeutendes rituelles oder zeremonielles Zentrum handelte – eine Pilgerstätte, die Menschen von nah und fern anzog.

Die auf einem Plateau liegenden Thornborough Henges waren von einem hohen Damm umgeben, und der ferne Horizont war von innen nicht zu erkennen. Diese Henges waren bewusst von der Außenwelt abgeschottet, sodass sich die Aufmerksamkeit in Richtung Himmel lenkte.

Zeit für die Pilgerreise

Wenn Thornborough ein Pilgerzentrum war und seine Henges das Spektakel des Sonnenaufgangs zur Sommersonnenwende, auf das der Cursus hinwies, ersetzten, entstanden sie womöglich in einer Zeit, in der ein vermehrtes Interesse am Oriongürtel

Ganzheitliche Landschaft Die drei ähnlich großen Henges sind von einem Graben und einem Wall umgeben. Der Südrand der mittleren Kreisanlage überlagert den Cursus, der im rechten Winkel zur Achse der Kreisanlage liegt.

herrschte. Wenn dies zutrifft, könnte der heliakische Aufgang dieser Sterngruppe im Spätsommer ein Signal für die Pilger gewesen sein, sich auf den Weg zum zeremoniellen Zentrum zu machen.

Einige Wochen nachdem der Gürtel erstmals vor Morgengrauen am Himmel erscheint, erfolgt der heliakische Aufgang von Sirius, dem hellsten Stern am Himmel. Die drei Sterne des Oriongürtels besitzen eine natürliche Ausrichtung auf Sirius. Beim ersten Sichtbarwerden von Sirius sind die drei Sterne bereits klar über dem Südeingang jeder Kreisanlage zu erkennen.

Es wurde auch vermutet, dass die drei Henges der Form und Ausrichtung des Oriongürtels nachempfunden wurden. Ohne Beweise ist diese Theorie jedoch nur reine Spekulation. Allerdings ändern sich die Aufgangs- und Untergangspunkte von Sternen aufgrund der Präzession der Äquinoktien (siehe Seiten 220–221). Die Position des Oriongürtels passt in Hinblick auf die Orientierung der Henges zufälligerweise genau für den Zeitraum, als die Henges entstanden. Sollte sich diese plausible, aber in Forscherkreisen umstrittene Annahme durch weitere Untersuchungen bestätigen, könnte die mögliche Verbindung zwischen den Henges und einem jungsteinzeitlichen Sternkult zu einer Neuinterpretation vieler anderer Stätten aus dieser Zeit führen. Damit würden die Thornborough Henges in die Riege der bedeutendsten archäoastronomischen Stätten Europas aufsteigen.

LASCAUX FRANKREICH

Die prächtigen Malereien der Höhle von Lascaux, die zum Weltkulturerbe zählt, wurden 1940 entdeckt, als vier Jugendliche ein Loch im Boden fanden, das ein entwurzelter Baum hinterlassen hatte.

Acht Jahre später war es den ersten Touristen gestattet, die Höhle zu betreten, womit die Zerstörung dieses Kunstwerks begann. Die von den etwa tausend Besuchern pro Tag abgegebene Atemluft führte zur Bildung von Schimmel und Algen, die den zarten Pigmenten zu schaffen machten. Unsachgemäße Versuche, das Problem zu beheben, verschlimmerten die Situation, weshalb die Höhle 1963 für die Öffentlichkeit gesperrt werden musste. Für Besucher wurde in der Nähe eine Replik, Lascaux 2, errichtet. Die Kunstwerke sind weiterhin bedroht und der Zutritt zur Höhle ist selbst für Wissenschaftler streng reglementiert.

Der Saal der Stiere

Die Malereien von Lascaux, die wahrscheinlich über viele Generationen hinweg entstanden, sind eines der weltweit schönsten und ältesten Exemplare prähistorischer Kunst. Am bekanntesten ist wohl der Saal der Stiere, der 18 m lang und 6,5 m breit ist. Wie der Name schon sagt enthält er zahlreiche Darstellungen von Stieren – oder vielmehr Auerochsen, einer ausgestorbenen Rinderart, die zur Zeit der Entstehung der Malereien um 15 000 v. Chr. lebte.

Der berühmteste Auerochse, der 5,5 m lang ist, weist einige bemerkenswerte Merkmale auf, die einige Forscher als Darstellung des Sternbildes Stier deuten. Anfang der 1990er Jahre bemerkte Luz Antequera Congregado eine Gruppe von sechs Punkten über der Schulter des Auerochsen, die ihrer Ansicht nach stark den Plejaden ähnelten. Sie vermutete auch, dass die Punkte im Gesicht des Tieres

Sternsymbolik *(Oben)* Die sechs Punkte über der Schulter dieses Auerochsen könnten die Plejaden darstellen, die Punkte in seinem Gesicht könnten für die Hyaden stehen.
Geschützte Kunst *(Gegenüber)* Heute können die Besucher nur Repliken der prähistorischen Malereien in Lascaux bewundern.

die Hyaden darstellen, die als V-förmige Anordnung der hellsten Sterne leicht erkennbar sind. Doch muss eine solche Annahme anhand anderer ähnlicher Darstellungen erst bestätigt werden. Weitere Auerochsen im Saal der Stiere weisen ähnliche Flecken um die Augen auf, diese sind jedoch nicht V-förmig. Somit sind weitere Analysen notwendig, bevor eine eindeutige Aussage zur angeblichen Abbildung der Plejaden getroffen werden kann.

DER STIER – EIN KRAFTVOLLES SYMBOL

Seit jeher gilt der Stier als Symbol körperlicher Stärke und geistiger Entschlossenheit. Man denke dabei an Nandi, den weißen Stier, auf dem der indische Gott Shiva reitet, oder an den Stier, in den sich der griechische Göttervater Zeus verwandelte, um sich Europa zu nähern. Um 1200 v. Chr. wurde der erste Buchstabe des phönizischen Alphabets – von dem sich unser Buchstabe A ableitet – zu Ehren des Ochsen benannt (der Buchstabe sieht wie ein seitliches A oder ein Stierkopf mit zwei Hörnern aus). Wie auf Seite 194 angemerkt, vermuten einige Forscher, dass die Wurzeln des Himmelsbären (Ursa Major) in der Altsteinzeit liegen – vielleicht hat der Himmelsstier eine ähnlich lange Tradition.

Derselbe Auerochse scheint auf eine Reihe aus vier Punkten zu blicken. Sie wurden als die markanten Sterne im Gürtel des Sternbildes Orion gedeutet. Allerdings besteht der Gürtel aus einer Reihe von drei und nicht vier Sternen – eine Abweichung, die sich nur schwer erklären lässt.

Auerochsen im Mondlicht

Der Saal der Stiere wird manchmal aufgrund seiner gewölbten Decke über einem breiten Streifen aus weißem Kalzit, der um den unteren Teil der Decke verläuft, Rotunde genannt. Der amerikanische Astronom Frank Edge vermutet, dass das Fries aus Malereien auf der kristallinen Leinwand einen Bogen des Nachthimmels mit Sternbildern wie Kleiner Hund, Waage, Skorpion und Schütze darstellt.

Von den elf in der Höhle abgebildeten Auerochsen blicken einander nur zwei an. Diese stehen auf der Wand gegenüber des Stier-Sternbilds. Edge brachte die beiden Auerochsen mit den Sternbildern Löwe und Orion/Zwillinge in Verbindung. Ihm zufolge enthielt der Bereich zwischen ihren Hörnern, als sie gemalt wurden, die Position des Vollmondes zur Sommersonnenwende. Zu diesem Zeitpunkt des Jahres befanden sich diese beiden Sternbilder nach dem Sonnenuntergang tief am Himmel, sodass es wirkte, als stünden sie am Horizont.

Der Höhlenkomplex von Lascaux umfasst über 2000 gemalte und eingravierte Bilder. Skeptiker behaupten daher, dass Ähnlichkeiten mit einer prähistorischen Sternkarte Zufall sind.

Sternbilder-Paar Diese Auerochsen im Saal der Stiere wurden mit den Sternbildern Löwe und Orion/Zwillinge in Verbindung gebracht.

Das Sommerdreieck

Rätsel gibt auch eine Gruppe aus drei Bildern in einem Seitengang auf. In dieser Gruppe findet sich die einzige in den Höhlen dargestellte Menschenfigur. Die Figur scheint mit seitlich ausgestreckten Armen nach hinten umzufallen. Vor ihr sieht man einen Auerochsen mit gesenktem Kopf, der auf sie zuzustürmen scheint. Hinter ihr ist eine merkwürdige Darstellung eines Vogels auf einem vertikalen Stab zu erkennen.

Alle sind im Profil dargestellt, sodass drei Augen sichtbar sind. Diese könnten laut dem deutschen Forscher Dr. Michael Rappenglück den drei Sternen der Sterngruppe namens Sommerdreieck entsprechen, die zu den 20 hellsten Sternen am Himmel zählen. In dieser Darstellung ist das Auge der menschlichen Figur Deneb (im Schwan), das Auge des Auerochsen ist Wega (in der Leier) und das Auge des Vogels ist Atair (im Adler). Zur Zeit, als das Bild entstand, war der dem Himmelspol am nächsten gelegene helle Stern Delta Cygni, ein Stern am Flügel des Schwans. Dieser stand fast in der Mitte zwischen Deneb und Wega, und das Sommerdreieck schien sich (gemeinsam mit dem gesamten Himmel) jeden Tag um ihn herum zu drehen.

Der Kopf der Figur ist unrealistisch dargestellt, weist aber eine auffallende Ähnlichkeit zum Kopf des Vogels auf. Deshalb vermuten einige Forscher, dass es sich um einen Schamanen handelt, dessen Totem der Vogel war (der Stock, auf dem der Vogel ruht, könnte eine Art Zauberstab sein). Vielleicht ist die menschliche Figur nicht tot, wie viele Besucher heute annehmen, sondern liegt in Trance da, während sein Geist zum Himmelsgewölbe aufsteigt.

Helle Sterne Die drei Augen der menschlichen Gestalt, des Auerochsen und des Vogels stellen angeblich die hellen Sterne des Sommerdreiecks dar.

STERNKARTEN VON MALTA

Der gravierte Kalkstein aus dem Tempel Tal Qadi zeugt von der Bedeutung, die die Astronomie für die Tempelbauer Maltas hatte (siehe Seiten 32–35). In den Stein mit einer Fläche von 29 x 24 cm und einer Dicke von 5 cm sind strahlenförmige Linien graviert, die ihn in fünf Segmente teilen. Zwischen den Linien sind zahlreiche Sternsymbole zu erkennen. Ein Segment beinhaltet nur eine breite Sichel.

Viele vermuten, dass der Stein ursprünglich Teil einer Scheibe war – einer Himmelskarte –, die durch gravierte Linien in etwa 16 Segmente geteilt war. Diese Zahl entspricht der Vorstellung, wonach das Jahr von den Sonnenwenden und Tagundnachtgleichen in vier Jahreszeiten geteilt und dann weiter untergliedert wird.

Zwar lässt sich das genaue Alter des Steins nicht bestimmen, doch Tonwaren und andere Gegenstände, die im Tal-Qadi-Tempel gefunden wurden, wurden auf ungefähr 3000 bis 2500 v. Chr. datiert.

Das Zählen der Tage

Das Interesse der Ureinwohner Maltas an den Sternen wird auch anhand seltsamer Markierungen auf zwei Steinsäulen des nördlichen Tempels der Mnajdra offensichtlich (siehe Seiten 32–35). Dieser ist der älteste der drei Tempel des Komplexes und datiert zwischen 3500–3000 v. Chr. Jede Säule ist mit unregelmäßigen Reihen aus kleinen Löchern versehen. Die Anzahl der Löcher jeder Reihe stimmt nicht genau überein, aber nach ein paar Reihen deckt sich die Gesamtzahl der Löcher erstaunlich genau. Dies setzt sich über die Reihen hinweg fort. Diese Tatsache fiel 1993 Frank Ventura, Giorgia Fodera Serio und Michael Hoskin auf, die die Punkte als eine Art Strichliste zum Zählen der Tage zwischen dem ersten Sichtbarwerden wichtiger Sterne oder Sterngruppen deuteten.

Karte des Nachthimmels Die Sterne sind auf dem Tal-Qadi-Stein durch sich überkreuzende Linien dargestellt, der Mond durch eine breite Sichel.

Der heliakische Aufgang der Plejaden diente als Ausgangspunkt. Dieses Ereignis fiel mit der Frühlings-Tagundnachtgleiche um 3000 v. Chr. zusammen und der Gang des südlichen Tempels verläuft genau in diese Richtung. Wie sich herausstellte, entsprechen die Punkte auf den Säulen Intervallen zwischen den heliakischen Aufgängen von: Aldebaran in Stier, den Hyaden im Stier, Beteigeuze im Orion, Bellatrix im Orion, Rigel im Orion, Sirius im Großen Hund, Mirzam im Großen Hund, Arktur im Bärenhüter, Gamma Crucis im Kreuz des Südens und Hadar im Zentaur.

Vergleiche wurden mit anderen Sternlisten wie den Dekanen des Alten Ägypten angestellt (siehe Seite 158), da diese jedoch wahrscheinlich tausend Jahre jünger sind, lässt sich schwer eine Verbindung herstellen.

MONTE ALBÁN MEXIKO

Monte Albán, die alte Hauptstadt der Zapoteken, liegt westlich der Stadt Oaxaca. Sie wurde 500 v. Chr. gegründet und 2 km über dem Meeresspiegel auf einer künstlich abgeflachten Bergkuppe errichtet. In der Zitadelle gibt es keine gewöhnlichen Wohnstätten, daher war sie vermutlich ein rein zeremonielles Zentrum, das eine Fläche von etwa 450 x 800 m umfasste. Die Stadt wurde um 750 n. Chr. verlassen.

Die Bauten von Monte Albán sind meist zwischen 4° und 8° nordöstlich ausgerichtet und quadratisch oder rechteckig angelegt. Eine bemerkenswerte Ausnahme bildet das Observatorium, das einem fünfeckigen Schild ähnelt.

Werden die drei Hauptseiten des Baus zu einem Dreieck verlängert, weisen Damon E. Peeler und Marcus Winter zufolge die Maße darauf hin, dass das Observatorium als Kalender diente. Verlängert man die beiden Seiten, die die Spitze formen, bis sie mit einer Linie zusammentreffen, die von der dritten Seite ausgeht (nach Nordosten), dann würde diese dritte Seite des Dreiecks 77 m messen. Die kürzeren Seiten sind nicht gleich lang – die südliche misst 48 m und die westliche 55 m. Das Verhältnis zwischen nordöstlicher und westlicher Seite beträgt 1:1,4 – das Verhältnis zwischen dem Sonnenjahr von 365 Tagen und dem heiligen Maya-Zyklus von 260 Tagen (siehe Seite 107).

Außerdem zeigt eine Linie, die von der Spitze des Observatoriums durch die Mitte der gegenüberliegenden Seite verläuft, den heliakischen Aufgang des hellen Sterns Capella um 1 n. Chr. an, als der Bau vermutlich errichtet wurde. Dieser heliakische Aufgang ist ein Vorbote für den Zeitpunkt, an dem die Sonne ihren Zenit erreicht. Diese Ausrichtung steht auch im Einklang mit einem Zenitschacht im nahe gelegenen Gebäude P (siehe Seite 113), der nur dann bis zum Boden beleuchtet wird, wenn die Sonne direkt über ihm steht.

Vorbote des Zenits Das Observatorium ist auf den heliakischen Aufgang von Capella ausgerichtet, der den Zenit der Sonne signalisierte.

Die Form des Observatoriums von Monte Albán ist für den amerikanischen Doppelkontinent ungewöhnlich, es gibt aber ein ähnliches Gebäude in etwa 50 km Entfernung in Caballito Blanco, das offenbar auf den Untergang von Sirius ausgerichtet ist. Sirius und Capella liegen jeweils südlich und nördlich der Milchstraße an einem der beiden Punkte, wo sich das helle Sternband und die Ekliptik kreuzen. Die Milchstraße war für die alten Kulturen Zentral- und Südamerikas sowohl als Element ihrer Mythologie (siehe Seite 189) als auch ihres Kalenders (siehe Seiten 190–191) von besonderer Bedeutung. Ob das Aufeinandertreffen von Ekliptik und Milchstraße an diesem Punkt, flankiert von Capella und Sirius, von besonderem Interesse war, ist jedoch ungewiss.

MEDICINE WHEELS NORDAMERIKA

Medicine Wheels („Medizinräder"), auch als Medicine Hoops bezeichnet, sind spezielle Steinkreise in Nordamerika. Sie haben einen Durchmesser von 10 bis 100 m und liegen meist auf einer Erhöhung mit Panoramablick. Sie sind vor allem im Südwesten Kanadas und Nordwesten der USA verbreitet, über 130 wurden bisher entdeckt. Wie der Name bereits andeutet, bestehen sie aus einem Kreis oder einer Ellipse aus Steinen. Von einem Steinhaufen in der Mitte strahlen Speichen aus.

Es wurde nachgewiesen, dass mindestens 15 der Medicine Wheels in Richtung Norden orientiert sind. Von Bedeutung dürfte dabei sein, dass in der Tradition der Prärie-Indianer der zentrale Pol des Sonnentanz-Wigwams (Sun Dance lodge) als Weltpol galt, die

Himmelsachse, um die sich der Himmel dreht und die seit tausend Jahren mit dem Polarstern assoziiert wird.

Majorville Medicine Wheel

Möglicherweise wurden die 28 Sparren des Sonnentanz-Wigwams in den 28 Speichen des Majorville Wheel in Süd-Alberta, Kanada, aufgegriffen. Diese Unterteilung könnte im Zusammenhang mit dem siderischen Monat stehen – jener Zeit, die der Mond braucht, um wieder eine bestimmte Position zwischen den Sternen einzunehmen, 27,32 Tage. Der Kreis misst zufälligerweise einen Durchmesser von annähernd 27 m.

Der zentrale Steinhaufen in Majorville datiert in das Jahr 3200 v. Chr. Die Stätte wurde bis ins 19. Jahrhundert genutzt. Aufgrund der Schäden sind archäoastronomische Untersuchungen schwer durchführbar. Es werden mehrere Ausrichtungen angenommen, auf den Sonnenaufgang zur Sommersonnenwende oder den heliakischen Aufgang von Sirius, Rigel und Aldebaran.

Majorville Medicine Wheel Die 28 ursprünglichen Speichen des Rades dürften die 28 Sparren des Sonnentanz-Wigwams oder die Tage eines siderischen Monats darstellen.

Big Horn Medicine Wheel Die 28 Speichen des Rades könnten sich auch auf die Anzahl der Tage beziehen, die die heliakischen Aufgänge der Sterne Fomalhaut und Rigel von der Sommersonnenwende und den heliakischen Aufgang des Sirius von jenem des Rigel trennen. Das Rad ist auf all diese Ereignisse ausgerichtet.

BIG HORN MEDICINE WHEEL

Ein weiterer Steinkreis mit 28 Speichen ist das Big Horn Medicine Wheel in Wyoming, USA. Er wurde zwischen 1200 und 1700 n. Chr. errichtet und misst einen Durchmesser von 24 m. In diesem Fall gab es einen anderen Erklärungsversuch für die Bedeutung der Zahl 28: Die Anlage hat nicht nur einen zentralen Steinhaufen, sondern sechs weitere um das Rad herum – fünf davon liegen außerhalb und einer innerhalb im Nordwesten. Bezeichnet man diesen als Steinhaufen 1 und zählt im Uhrzeigersinn, stößt man auf mehrere vermutliche Ausrichtungen:
Steinhaufen 1 zu Steinhaufen 2: heliakischer Aufgang von Aldebaran (Stier)
Steinhaufen 1 zu Steinhaufen 3: heliakischer Aufgang von Rigel (Orion)
Steinhaufen 1 zur Mitte: heliakischer Aufgang von Sirius (Großer Hund)
Steinhaufen 1 zu Steinhaufen 5: heliakischer Aufgang von Fomalhaut (Südlicher Fisch)

Das Fomalhaut-Ereignis fand 28 Tage vor der Sommersonnenwende statt, Aldebaran zwei Tage vor der Sonnenwende, Rigel 28 Tage nach der Sonnenwende und Sirius wieder 28 Tage später. Der Sonnenaufgang zur Sommersonnenwende wird durch die Ausrichtung von Steinhaufen 6 zur Mitte hin signalisiert, der Sonnenuntergang zur Sommersonnenwende von Steinhaufen 4 zur Mitte.

Ausrichtungen nach dem Sonnenaufgang zur Sommersonnenwende und den heliakischen Aufgängen von

Aldebaran, Rigel und Sirius werden auch beim Moose Mountain Medicine Wheel, in Saskatchewan, Kanada, vermutet, der um 500 v. Chr. datiert.

Das Big Horn Medicine Wheel ist insofern außergewöhnlich, als es besonders gut erhalten ist und alle seine Komponenten auf größere astronomische Ereignisse hinweisen, was bei anderen Steinkreisen nicht der Fall ist.

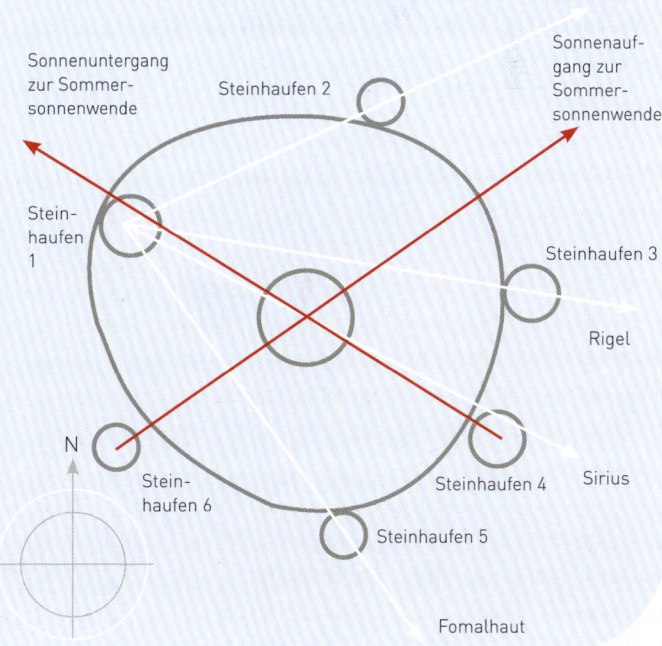

DIE TEMPEL DES KOSMOS

Im 11. Jahrhundert beschrieb der indische Architekt Ramachandra Mahapatra Kaula Bhattaraka, was notwendig sei, um einen heiligen Tempel zu bauen. Ihm zufolge müsse sich der Architekt an Vishvakarma orientieren, dem höchsten aller kosmischen Architekten und dem Schöpfer des Universums. Auf diese Weise könne als Resultat einer perfekten Zusammenarbeit zwischen dem schöpferischen Geist des Menschen und dem Willen des Gottes ein Tempel entstehen.

Seiner Auffassung nach stellte der Tempel einen Mikrokosmos dar, eine Miniaturversion des Universums, die im Einklang mit dem Makrokosmos errichtet werden müsse. Dazu hätte der Architekt sicherzustellen, dass der Tempel die harmonische Beziehung zwischen Erde und Sonne, Mond und Planeten widerspiegelt. Zudem müsse er in seinen Abmessungen die Zyklen der Himmelskörper widerspiegeln.

Vereinigung der Gegensätze

Die Tempel von Khajuraho in Zentralindien, die zum Weltkulturerbe zählen, entstanden zwischen dem 9. und 12. Jahrhundert n. Chr. Ihre Haupteingänge sind vermutlich auf den Sonnenaufgang am Tag ihrer Einweihung ausgerichtet. Der Lakshmana-Tempel, der aus der ersten Hälfte des 10. Jahrhunderts stammt, wurde in Richtung des Sonnenaufgangs zum Frühlingsfest Holi, das am Vollmondtag des Monats Phalguna (Februar–März) stattfindet, orientiert.

Die häufig erotischen Skulpturen auf den Tempeln sollen die spirituelle Vereinigung aller Gegensätze feiern, die hier durch männliche und weibliche Figuren symbolisiert sind. Somit steht der Hinduismus dieser Zeit in starkem Kontrast zu anderen Religionen, in denen Sexualität tabu war. Höchster Ausdruck in der Vereinigung von Gegensätzen ist das sogenannte Shiva-*Lingam*, eine stilisierte Darstellung des männlichen Geschlechtsorgans. Häufig findet es sich in Verbindung mit dem weiblichen Gegenstück *Yoni*. Im Kandariya-Mahadeva-Tempel ist das *Lingam* in einem dunklen Raum untergebracht. Er wird nur wenige Tage im Jahr beleuchtet, wenn die Sonnenstrahlen bei Morgendämmerung in den Tempel eindringen und die Steinskulptur in Licht tauchen.

Dieses Thema der Vereinigung wird in der Vorstellung eines Tempels als Miniaturversion des Kosmos aufgegriffen – ein Mikrokosmos.

Licht und Schatten Nur wenige Tage im Jahr dringt Licht in den Raum mit dem *Lingam* im Kandariya-Mahadeva-Tempel – ein Symbol für den endlosen Zyklus aus Tod und Wiedergeburt.

ANGKOR WAT KAMBODSCHA

Angkor Wat ist vermutlich im Bestreben, kosmische Fakten mit zugrundeliegenden traditionellen heiligen Zahlen und Proportionen in einem Tempel widerzuspiegeln, errichtet worden.

Die Region Angkor in Nordkambodscha verfügt über eine außergewöhnliche Vielzahl an alten Monumenten. Der massive, aufwendig gestaltete Tempel von Angkor Wat entstand im frühen 12. Jahrhundert n. Chr. und umfasst eine Fläche von etwa 1500 x 1300 m. Seine Errichtung dauerte ungefähr 30 Jahre. Er ist von einem 190 m breiten Wassergraben als Abgrenzung zum

Angkor Der Tempel weist Ausrichtungen auf den Sonnenaufgang zu den Sommer- und Wintersonnenwenden sowie zu beiden Tagundnachtgleichen auf.

Dschungel umgeben. Die Tempelanlage gehört zum Weltkulturerbe.

Im Vergleich zu ähnlichen Tempelanlagen zeichnet sich Angkor Wat durch eine Besonderheit aus. Die Anlage zeigt nach Westen statt nach Osten. Osten ist die Richtung der aufgehenden Sonne und des Lebens, während der Westen die untergehende Sonne und den Tod symbolisiert. Daher könnte Angkor Wat als Begräbnistempel für seinen Erbauer König Suryavarman II. gedacht gewesen sein (sein Name leitet sich vom Sonnengott Surya ab und lässt sich mit „von der Sonne geschützt" übersetzen). Der Tempel ist offenbar dem Gott Vishnu geweiht, der mit dem Westen assoziiert wird.

Der heilige Berg

Innerhalb des Wassergrabens verläuft eine lange rechteckige Galerie mit Flachreliefs, die Begebenheiten aus König Suryavarmans Leben und der indischen Tradition zeigen. Eine zweite Galerie innerhalb der ersten bildet ein Quadrat und ist Brahma und den Göttern *(Devas)* geweiht. Darin befindet sich eine Treppe zur dritten und letzten Galerie von Vishnu. Die Treppen haben eine Steigung von rund 85°. Sie sind ein Symbol dafür, wie schwierig es ist, in die Nähe der Götter zu gelangen. Diese Galerie besitzt in jeder Ecke einen Turm. Genau in der Mitte befindet sich der große Turm, der den heiligen Berg Meru darstellt.

Vishnu geweiht *(Gegenüber)* Opfergaben liegen vor einer Statue von Vishnu, dem die nach Westen ausgerichtete Anlage Angkor Wat geweiht ist.

Miniaturwelt *(Unten)* Angkor Wat ist ein Modell der hinduistischen Kosmologie. Der mehrstöckige Bau ragt vom Reich der sterblichen Könige ins Reich der Götter empor.

Mit seiner abgestuften Form ist Angkor Wat eine in Stein verewigte Darstellung der hinduistischen und buddhistischen Kosmologie, deren Zentrum der Berg Meru ist. Er ist der Sitz der Götter und wird als höchster spiritueller Ort und metaphysisches Zentrum unseres Universums und aller anderen Universen verehrt.

Die Bedeutung der Sonne

Der Eingang zur heiligen Anlage von Angkor Wat zeigt eine beeindruckende dreifache Ausrichtung auf die Sonne. Vom Westende der Brücke über dem Wassergraben kann man beobachten, wie die Sonne zur Wintersonnenwende über dem rechten Eingang aufgeht (am Südende der Begrenzungsmauer des Tempels). Zur Sommersonnenwende geht die Sonne über dem nördlichen Eingang auf. Zu den Tagundnachtgleichen erscheint sie über dem Mittelturm im Herzen der Anlage, dem symbolischen Gipfel des Meru.

Einige Maße der Wände, Galerien und anderer Merkmale der Anlage entsprechen den Zahlen, die mit den

Mondzyklen assoziiert werden (siehe Seiten 132–133). Außerdem finden sich viele Verbindungen zur Sonne.

Diese sind besonders deutlich in der obersten Galerie zu erkennen, die dem Sonnengott Vishnu geweiht ist. Jeder der Eingänge hat zwölf Fenster und zwölf Säulen. Der Abstand zwischen den Treppen beträgt zwölf Ellen – die Zahl Zwölf steht als Symbol für die Monate des Sonnenjahres. Ein ritueller Pfad, der um diesen Teil des Monuments verläuft, ist 365 Ellen lang, die Anzahl der Tage pro Jahr. Pilger beschreiten diesen Weg, um vom weltlichen ins geistige Reich zu gelangen. Die Achsen des Mittelturms sind insgesamt 365,37 Ellen lang, was annähernd den 365,25 Tagen des Sonnenjahres entspricht.

Sonne und Sterne

Die erste Galerie zeigt eine 49 m lange Darstellung des Schöpfungsmythos vom „Quirlen des Milchozeans", der die Entstehung der Milchstraße erklären soll. Es gibt mehrere Versionen dieses Mythos. Sie finden sich in einer Reihe von antiken Texten, darunter im *Mahabharata*, dem bekanntesten indischen Epos, das in seiner endgültigen Form um 400 n. Chr. verfasst wurde.

Die *Devas* waren der Legende nach verflucht worden. Da sie großteils ihre Stärke sowie ihre Unsterblichkeit verloren hatten, unterlagen sie bei Kämpfen den *Asuras* (Dämonen). Deshalb wurde ein Waffenstillstand vereinbart. Beide Seiten stimmten zu, den Unsterblichkeitstrank zu teilen, der im Milchozean verborgen war. Mit einem Berg, um den sie den König der Schlangen als Seil wanden, rührten die *Devas* und *Asuras* den Milchozean so lange um, bis schließlich der Trank zum Vorschein kam.

Als die *Asuras* bemerkten, dass die *Devas* nicht teilen wollten, kam es erneut zu einem erbitterten Kampf. Schließlich kam Vishnu den *Devas* zu Hilfe. Er nahm den Trank an sich und brachte ihn außer Reichweite (in anderen Versionen teilte er ihn mit den *Devas*, damit sie ihre Stärke und Unsterblichkeit wiedererlangten).

Das außergewöhnliche Flachrelief symbolisiert die Erneuerung sowie Verjüngung und verweist auf die wiederkehrenden Jahreszeiten und die Spannungen zwischen den beiden Hälften des Jahres, die durch die *Devas* und *Asuras* dargestellt werden. Das Sonnenlicht, das in den Tempel eindringt, beleuchtet zu bestimmten Zeitpunkten wichtige Figuren auf dem Flachrelief: Bali, König der *Asuras*, zur Sommersonnenwende; Sugriva, König der *Devas*, zur Wintersonnenwende; den Sonnengott Vishnu zur Tagundnachtgleiche.

Entschlüsselung des Tempels

Eleanor Mannikka, amerikanische Professorin für Kunstgeschichte, beschäftigt sich seit Anfang der 1970er Jahre mit der Erforschung des Tempels. Ihre Theorien

Das Quirlen des Milchozeans Diese Skulptur stellt die Gegensätze der beiden Jahreshälften dar. Der König der *Asuras* wird von der Sonne zur Sommersonnenwende beleuchtet; der König der *Devas* zur Wintersonnenwende.

Naga-**Balustrade** Siebenköpfige Schlangen bewachen die Eingänge zum Tempel von Angkor und geleiten Besucher von der profanen Welt ins Reich der Heiligen.

werden nur zum Teil in akademischen Kreisen anerkannt. Sie haben aber etwas Faszinierendes an sich, da sie mit den alten architektonischen Traditionen wie zuvor beschrieben übereinstimmen.

Der Pfad zur Vollkommenheit

Die Khmer verwendeten die Elle als Maßeinheit. Sie wurde als *hat* bezeichnet und entsprach dem Abstand zwischen Ellbogen und der Spitze des Mittelfingers. Natürlich variiert diese Länge, doch Mannikka ermittelte auf Grundlage von Angkor Wat einen Wert von 43,545 cm.

Als Mannikka verschiedene Teile des Tempels mit dieser Einheit abmaß, entdeckte sie, dass die Entfernungen bestimmten Zeitspannen entsprachen. Der Gesamtplan des Tempels steht in Verbindung zu einem Zyklus aus vier Weltaltern, die *Yugas* heißen. Diese

Yugas werden schrittweise kürzer und schlechter und entsprechen den klassischen mythischen Zeitaltern – Gold, Silber, Bronze und Eisen. Derzeit befinden wir uns im Eisernen Zeitalter, dem Kali-*Yuga*, das das raueste und kürzeste von allen ist.

Diese Zeitspannen bilden eine Art Countdown und sind ein Vielfaches der Zahlenreihe 4, 3, 2, 1. Das Goldene Zeitalter dauerte somit vier Mal so lang wie das aktuelle Zeitalter dauern wird. Die Anzahl der Jahre in jedem *Yuga* ist durch die Entfernungen innerhalb des Tempels symbolisiert. So kann ein Pilger, der nach Angkor Wat kommt, von der trostlosen Gegenwart an der Brücke zurück ins Goldene Zeitalter im Herzen des Tempels reisen. (Es ist eine interessante Frage, warum viele Menschen meist auf eine ideale Zeit *zurückblicken* und nicht nach vorn.)

Die Länge der beiden Abstände der Brücke über dem Wassergraben beträgt 432 Ellen – ein Symbol für die 432 000 Jahre des Kali-*Yuga* (jede Elle misst 1000 Jahre). Das nächste *Yuga*, Dvapara, wird durch 864 Ellen (864 000 Jahre) vom Haupteingang in der Begrenzungswand (gleich innerhalb des Wassergrabens) entlang des erhöhten Fußwegs zur Balustrade der Naga-Terrasse symbolisiert. Der Abstand vom Pier in der Mitte der Brücke durch die Naga-Terrasse zum Eingang der ersten Galerie entspricht dem Treta-*Yuga* (1292 Ellen oder 1 292 000 Jahre). Schließlich wird das Goldene Zeitalter Krita-*Yuga* (1728 Ellen oder 1 728 000 Jahre) durch den Abstand zwischen dem Beginn der Brücke am äußeren Rand des Komplexes und der inneren Fassade der mittleren Galerie dargestellt. Hier wird der Pilger mit dem Anblick der dritten Galerie belohnt – in deren Herzen der symbolische Berg Meru ruht.

Bis ans Ende der Zeit

Die vier *Yugas* ergeben zusammen einen Zyklus namens *Maha-Yuga* (4 320 000 Jahre). 1000 davon entsprechen einem Brahma-Tag *(Kalpa)*. 720 *Kalpas* ergeben ein Brahma-Jahr, und 100 Brahma-Jahre entsprechen der Zeit zwischen der Schöpfung und Zerstörung des Universums (analog zum Big Bang, dem Urknall, und zum Big Crunch, dem Endknall).

BOROBUDUR INDONESIEN

Im Herzen von Java, etwa 42 km nordwestlich der Stadt Yogyakarta, liegt die kolossale Stufenpyramide Borobudur, die zum Weltkulturerbe zählt. Sie wurde zwischen 750 und 842 n. Chr. zu Ehren Buddhas in Form eines Mandalas errichtet.

Ein Mandala ist ein geometrisches Gebilde, das das Universum darstellt. Es kombiniert den Kreis des Himmels mit einem Quadrat, das die Erde und ihre vier Himmelsrichtungen symbolisiert. Die Kreise von Borobudur ragen auf einer Plattform aus stufigen Rechtecken empor. Pilger erklimmen eine Ebene nach der anderen und erfahren dabei anhand der Flachreliefs auf den Wänden über das Leben und Wirken Buddhas. Durch diese körperliche Anstrengung soll eine spirituelle Erleuchtung erfolgen. Im Zentrum von Borobudur befindet sich eine Turmspitze als Symbol für den heiligen Berg Meru (oder Sumeru).

Spirituelle Befreiung

Mandalas dienen als Hilfsmittel, um über den Kreislauf von Schöpfung und Zerstörung sowie über unser Verhältnis zur Unendlichkeit zu meditieren. In einem dreidimensionalen Mandala umherzuwandeln ist ein ganz neues Erlebnis für jemanden, der nur daran gewöhnt ist, im Sitzen zu meditieren. Der Tempel von Borobudur bietet einen Vorgeschmack auf die wahre spirituelle Freiheit und bildet den Höhepunkt der Pilgerreise.

Der Tempel wurde um einen natürlichen Hügel herum erbaut, der vermutlich künstlich mit Erde und Stein in die entsprechende Form gebracht wurde.

Modell des Kosmos Der Grundriss von Borobudur hat ein Quadrat als Symbol der Erde sowie einen Kreis als Symbol des Himmels. Drei Reiche werden symbolisch dargestellt: das Reich der Begierde, das Reich der Form und das Reich der Formlosigkeit.

214

Dreidimensionales Mandala Beim Durchschreiten der Galerien von Borobudur steigen die Pilger vom irdischen ins geistige Reich empor.

Dieses zusätzliche Material war wahrscheinlich instabil, sodass ein Stützfundament für den Tempel erforderlich war. Bei den Ausgrabungen des Fundaments trat das ursprüngliche Fundament zutage. Es hat 160 Einkerbungen, die das Ursache-Wirkungs-Prinzip (Karma) zum Thema haben.

Das Fundament misst auf jeder Seite 118 m. Darüber ragen fünf quadratische Galerien empor. Der Haupteingang liegt auf der Westseite des Tempels. Der obere Teil des Gebäudes besitzt auf jeder Seite einen Eingang in der Mitte. Von oben betrachtet ergibt sich dadurch ein Kreuz. Die Seiten der quadratischen Galerien verlaufen exakt parallel zu den Himmelsrichtungen. Darüber liegen drei runde Galerien mit *Stupas*

(Schreinen), die alle eine Buddha-Statue enthalten. Auf der Spitze des Tempels thront ein großer *Stupa*, der die Achse der Welt und das Reich des Geistes darstellt – den Berg Meru. Dieser *Stupa* ist leer. Es ist nicht bekannt, ob sich darin je eine Statue befand oder ob er fortwährend bis auf den Geist Buddhas leer war.

Mit Ausnahme dieser Orientierung nach den Himmelsrichtungen und einiger Darstellungen von Sonne, Mond, Planeten und Sternen besitzt der Tempel keine offensichtlichen astronomischen Merkmale, auch wenn der gesamte Bau ein Modell des Kosmos ist. Borobudur weist dem Menschen nicht nur seinen Platz innerhalb des Universums zu, sondern lehrt seine Besucher auch, sich vom Körperlichen loszulösen.

Geist des Buddha *(Oben)* Die vielen *Stupas* von Borobudur enthalten alle eine Buddha-Statue, der große *Stupa* auf der Tempelspitze ist jedoch leer.

Altes Wunder *(Rechts)* Seit über tausend Jahren blicken die Buddha-Statuen der östlichen Terrassen des Tempels auf den allmorgendlichen Sonnenaufgang.

MAUSOLEUM QIN SHIHUANGDIS CHINA

Manch ehrgeiziger Herrscher eines Königreichs verspürt möglicherweise das Bedürfnis, nicht nur über die ganze Welt zu regieren, sondern auch über den Kosmos. Ein Mann, dem es gelang, gegnerische Volksstämme zu vereinen, der aber auch für seine Grausamkeit und Bücherverbrennungen Bekanntheit erlangte, war Qin Shihuangdi (259–210 v. Chr.). Heute ist er im Westen vor allem aufgrund der Terrakottaarmee bekannt, die sein Grab bewacht. Dabei handelt es sich um über 8000 lebensgroße Figuren, die 1974 entdeckt wurden.

Das Mausoleum liegt 30 km nordöstlich von Xi'an, der Hauptstadt der chinesischen Provinz Shaanxi, am Fuße des Lishan-Berges. Manche sind der Auffassung, dass das Land in der Umgebung wie ein Drache geformt sei, dessen Auge das Mausoleum bildet. Der Erdhügel wurde im Laufe von zwei Jahrtausenden vermutlich so stark abgetragen, dass er heute nur mehr 47 m hoch ist. Schätzungen zufolge waren wahrscheinlich 16 000 Mann zwei Jahre lang mit der Errichtung beschäftigt. Die Seiten des fast quadratischen Hügels sind nach den Himmelsrichtungen orientiert – ein Verweis auf Qin Shihuangdis Bedeutung als Herrscher

Terrakottaarmee Die lebensgroßen Figuren wurden gemeinsam mit Qin Shihuangdi begraben, um sein riesiges Mausoleum zu bewachen.

über den Himmel (siehe Seiten 168–169). Bisher wurden aber keine weiteren archäoastronomischen Ausrichtungen entdeckt und das Grabinnere wurde noch nicht untersucht.

Aus den wenigen Details, die der Historiker Sima Qian (um 140–86 v. Chr.) im *Shiji – Aufzeichnungen des Historikers* niederschrieb, entstand die Legende, das zentrale Grab enthalte eine Replik von Qin Shihuangdis Reich. Die Flüsse und Meere sollen mit Quecksilber gefüllt sein (eine giftige Substanz, die chinesischen Alchemisten zufolge einen Trank des ewigen Lebens erzeugen konnte). Darüber soll sich das Himmelsgewölbe mit Sternbildern und anderen Himmelskörpern aus Edelmetallen und Juwelen erstrecken. Angeblich wurden die Architekten und Arbeiter getötet, um die Geheimnisse des Grabes zu bewahren. Zudem soll es zum Schutz vor Plünderern mit Sprengfallen versehen worden sein. Die modernen Behörden lehnen zu Recht eine Erforschung des Mausoleums ab, solange nicht die Bewahrung möglicher alter Schätze garantiert werden kann. Vielleicht ist dies künftig mithilfe einer Kamera wie im Falle des Kitora-Kofuns in Japan möglich (siehe Seite gegenüber).

Untersuchungen in der Nähe des Hügels förderten einige spannende Beweise für die Echtheit der alten Legende zutage: Der dortige Boden weist einen ungewöhnlich hohen Quecksilbergehalt auf.

GRABMALEREIEN VON JAPAN

In den 1970er Jahren wurden wunderschöne Malereien in japanischen Gräbern entdeckt, die etwa
zu Beginn des 8. Jahrhunderts n. Chr. entstanden.
Eines der Gräber, der Takamatsu Zuka Kofun, ist ein
Erdhügel mit einem Durchmesser von 16 m und einer
Höhe von 5 m. Er liegt ungefähr 29 km südöstlich
von Osaka. Dieses Gebiet war im 6. und 7. Jahrhundert n. Chr. ein bedeutendes Machtzentrum.

Im Inneren des Hügels befindet sich ein kleines,
steingesäumtes Grab, das 1 x 2,7 m misst und 1,1 m
hoch ist. Es ist nach den Himmelsrichtungen ausgerichtet. Auf der östlichen Wand ist die Sonne in
Blattgold abgebildet, ihr gegenüber liegt ein Silber-
mond. Jede der vier Wände zeigte ursprünglich eines
der chinesischen Symbole für die Himmelsrichtungen:
den azurblauen Drachen des Ostens, den weißen
Tiger des Westens, die schwarze Schildkröte des
Nordens und den roten Vogel des Südens (letzterer
wurde zerstört). Jeder dieser vier Wächter ist mit
einer Abfolge von sieben der 28 Häuser des Mondes
verbunden (traditionelle chinesische Sterngruppen).
An den Wänden sind auch Diener und Dienerinnen
(oder Gefährten) zu sehen, die wahrscheinlich den
Toten beistehen sollen.

An der Decke ist ein stilisierter Himmel mit Sternen zu erkennen, die in Form von goldenen Kreisen
dargestellt sind. Rote Linien verbinden die Sterne in
jeder Sterngruppe. Der Polarstern steht im Zentrum
und symbolisiert den Jadekaiser, der dem Kaiser von
China die Macht erteilte. In der Umgebung, die die
Zirkumpolarsterne einschließlich des Kleinen Bären
umfasst, lag das Reich der Geister der ehemaligen
Kaiser von China. In zwei weiteren Teilen des Nord-
himmels residierten die engsten Familienangehörigen
des Jadekaisers und die Höflinge sowie die bedeutendsten Wirtschafts- und Handelsleute. Außerhalb

Takamatsu Zuka Kofun Im Namen des Kofun steckt zwar das
Wort „Kiefer", doch heute ist das Grab mit Bambus bedeckt.

davon befanden sich die Sterne der 28 Häuser des
Mondes, durch die der Mond, die Sonne und Planeten
wanderten. Im Gegensatz zum westlichen Tierkreis,
der die Sternbilder entlang der Ekliptik umfasst, sind
die Häuser des Mondes entlang des Himmelsäquators
angeordnet, der direkt im Osten auf- und direkt im
Westen untergeht.

In 1 km südlicher Entfernung liegt der Kitora Kofun.
Dieser wurde mithilfe von Kameras in den Jahren 1983
und 2001 erforscht. Die vier Tiere, die das Grab bewachen, sind in gutem Zustand erhalten. Sie sind weniger
formell gemalt als die Tiere im Takamatsu Zuka Kofun.
Die Sterne an der Decke werden ebenfalls durch Schei-
ben aus Blattgold dargestellt. Sie zeigen ein natürli-
cheres Bild des Himmels, auch wenn viele Sterne
weder in der richtigen Relation noch Position dargestellt sind.

DER MITHRASKULT ITALIEN

Der Mithraskult war eine im ganzen Römischen Reich verbreitete Mysterienreligion. Da seine Lehren nie schriftlich festgehalten wurden und seine Mitglieder zum Stillschweigen verpflichtet waren, ist heute nur wenig darüber bekannt. Archäologische Überreste der Tempel des Kults sind im ganzen Römischen Reich zu finden. Versuche, die rätselhafte Steinskulptur zu deuten, die sich in den unterirdischen Gewölben dieser Tempel findet, förderte erstaunliche Erkenntnisse über die Ursprünge der Religion zutage.

Alte Wissenschaft, alte Religion

Der Historiker David Ulansey sieht einen Zusammenhang zwischen der Entstehung des Mithraskults und der Entdeckung der Präzession der Äquinoktien durch den griechischen Astronom Hipparch um 128 v. Chr. Ihm war aufgefallen, dass sich die von ihm beobachteten Sternpositionen von denen seiner Vorgänger unterschieden. Hipparch folgerte daraus, dass sich der Himmel selbst bewegt hatte.

Er berechnete die Präzession der Erdachse mit 1° in 100 Jahren erstaunlich genau (heute wissen wir, dass es sich um 1° in 72 Jahren handelt). Zur damaligen Zeit glaubte man, dass die Götter die irdischen Naturkräfte wie Fruchtbarkeit, Wetter und die Vulkane beherrschten. Sie regierten auch über die Sonne, den Mond, die Planeten und die Sterne. Der Philosoph Aristoteles hatte in seinem Werk *Über den Himmel* (350 v. Chr.) verkündet, dass der größte Gott jener war, der über die Rotation der Fixsterne herrschte, da diese Achse der gewaltigste und stabilste existierende Gegenstand war.

Ulansey deutete den Mithraskult als Allegorie der stoischen Kosmologie – ein neuer Gott sei entdeckt worden, einer, der die Himmelsachse bewegte. Dieser oberste Gott sei als Mithras bekannt geworden.

Die Stiertötung

Als Hipparch seine Entdeckung machte, erfolgte die Frühlingstagundnachtgleiche, während das Tierkreis-

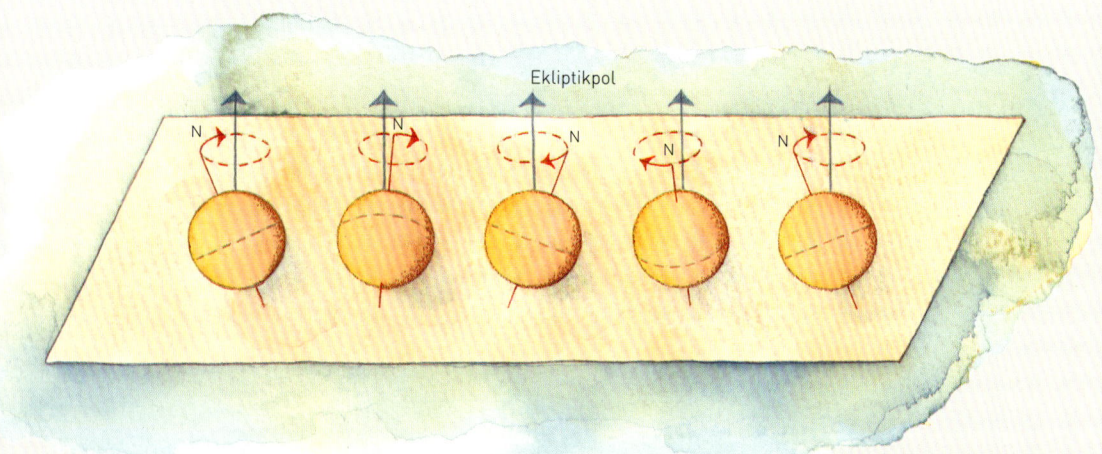

Ekliptikpol

Präzession der Äquinoktien
Im Laufe von 26 000 Jahren führt die Anziehungskraft von Sonne und Mond auf den Erdäquator dazu, dass unser Planet „eiert". Die Abweichungen während diesem sogenannten Platonischen Jahr erklären, warum sich Tierkreiszeichen rückwärts zu bewegen scheinen, wenn sie jedes Jahr am selben Datum betrachtet werden.

Mithrasriten Das Wandgemälde aus dem 2. Jahrhundert n. Chr., das im Mithräum von Marino zu bewundern ist, zeigt, wie Mithras den Stier tötet. Darüber sind Sonne und Mond und seitlich Fackelträger sowie Szenen aus dem Mythos dargestellt.

zeichen Widder hinter der Sonne stand. Die Präzession bewegt sich rückwärts durch den Tierkreis und braucht fast 2200 Jahre, um durch eines der zwölf Zeichen zu wandern. Bevor die Sonne zur Tagundnachtgleiche im Widder aufzutauchen begann, stand sie im Stier. In den Mithrasmythen wurde dieser Übergang dadurch symbolisiert, dass Mithras einen Stier schlachtete. Die Szene, wie er über dem sterbenden Stier steht, ist auf vielen Steintafeln in Altarräumen zu sehen.

Eine solche Tafel wird manchmal von zwei Bäumen begrenzt, von denen einer als Symbol für den Frühling mit Blättern abgebildet ist, während der andere als Symbol für den Herbst Früchte trägt. Neben diesen Bäumen sind manchmal ein Stierkopf und ein Skorpion zu sehen – Symbole der Tierkreiszeichen zu den Frühlings- und Herbsttagundnachtgleichen. Häufiger stehen an diesen Stellen jedoch Fackelträger; Cautes an der Stelle der Frühlingstagundnachtgleiche hält seine Fackel mit der Flamme nach oben, Cautopates hält seine nach unten. Die beiden Fackelträger symbolisieren jeweils den Abstieg der Sonne unter den Himmelsäquator zur Herbsttagundnachtgleiche und ihren erneuten Aufstieg im Frühling.

Über der Szene erstrahlen oft eine kleine Sonne und ein kleiner Mond. Diese sind ein Zeichen dafür, dass beide von Mithras beherrscht werden, der im wahrsten Sinne des Wortes als Beweger der Himmels-achse eine zentrale Rolle am Himmel einnimmt.

221

GÖTTER UND MYTHEN DER PLANETEN UND STERNE

Als die Menschen einst zu den Planeten emporblickten, ohne zu wissen, was sie waren, war es für sie vermutlich naheliegend, anzunehmen, dass diese eine übernatürliche Bedeutung hätten. Deshalb repräsentieren antike Sternbilder häufig Szenen aus der Mythologie. Zum Beispiel wurden Sterne nach Charakteren der Geschichte von Andromeda benannt, die von Perseus auf dem geflügelten Pferd Pegasus gerettet wurde. Die

folgenden Beispiele sollen nur einen kleinen Einblick in jene Erzählungen gewähren, die auf der ganzen Welt den Himmelskörpern gewidmet sind.

Gottheiten des Planeten Venus

Venus, die römische Göttin der Liebe, ist eine Anlehnung an die frühere griechische Göttin Aphrodite, die Göttin der körperlichen Leidenschaft und der geistigen Liebe. Sie wurde seit jeher mit dem Planeten Venus in Verbindung gebracht. Ihre Namen reichen von Astarte (westsemitisch) über Ištar (babylonisch) bis Inanna (sumerisch).

Mars und Venus Fresko aus der Casa di Marte e Venere in Pompeji. Die Astrologie verleiht den Planeten die Attribute der Götter, nach denen sie benannt sind, wie der kriegerische Mars.

Quetzalcoatl Der Aztekengott der Liebe und des Krieges wurde mit der Venus assoziiert.

Eine Legende aus dem 2. oder 3. Jahrtausend v. Chr. berichtet von einer seltsamen Reise der sumerischen Göttin Inanna, deren Planet die Venus war. Als sie sich in die Unterwelt begab, sagte sie dem Torwächter, dass sie nach Osten aufbreche. An jedem der sieben Tore auf ihrer Route wurde ihr einer ihrer persönlichen Gegenstände abgenommen, von ihrem Maßstab über ihren Schmuck bis hin zur Kleidung. Schließlich gelangte Inanna ins Herz des Totenreichs, wo sie bis zu ihrer Rettung verweilte.

Dieser Mythos beschreibt vermutlich die Reise der Venus als Abendstern ausgehend von ihrem ersten Erscheinen tief am Westhimmel kurz nach Sonnenuntergang. In den darauffolgenden Wochen bewegt sie sich von der Sonne weg und erstrahlt jede Nacht heller und weiter östlich am Himmel. Dann kommt ihre Reise zum Stillstand und sie sinkt Nacht für Nacht tiefer den Himmel hinab. Dabei verliert sie ihre Strahlkraft, bis sie schließlich vollkommen aus dem Sichtfeld unterhalb des Horizonts verschwindet. Die Daten für dieses regelmäßig wiederkehrende Ereignis wurden im 16. Jahrhundert v. Chr. in den Venus-Tafeln des Ammisaduqa festgehalten. Es wurde beobachtet, dass Inanna durchschnittlich sieben Tage unsichtbar war, bevor sie als Morgenstern im Osten wieder in Erscheinung trat.

Quetzalcoatl–Kukulcan

Ähnlich wie Ištar, der eine romantische Seite und eine kriegerische anhaftete, war auch der Aztekengott Quetzalcoatl, der mit der Venus assoziiert wurde, der Gott des Krieges und der Liebe. Militäreinsätze und Kriege wurden zeitlich auf die Bewegungen des Planeten abgestimmt. Der heliakische Aufgang und Untergang spielten dabei eine besondere Rolle, da der Aufgang große Gefahr mit sich brachte. Opfer (darunter auch Menschen) wurden dargebracht, wenn Venus am trübsten erschien. Bestimmte Rituale mussten abgehalten werden, um Katastrophen zu verhindern, wenn die Venus und die Plejaden am Himmel nahe beieinander standen.

Die Verehrung von Quetzalcoatl reicht bis ins 5. Jahrhundert v. Chr. zurück. Sein Vorgänger bei den Maya – Kukulcan – war ein weiser Schöpfer, der über den Kosmos regierte und die Menschen zum Leben erweckte. Er genoss große Verehrung in Mesoamerika. In einer Erzählung galt er als einer der beiden Zwillingssöhne der Schlangengöttin Coatlicue. Er erfand Bücher und die Landwirtschaft. Er war der Gott der Venus als Morgenstern. Sein Zwillingsbruder Xolotl, der Gott des Unglücks und Feuers, war der Gott der Venus als Abendstern. In einer anderen Geschichte schlief er betrunken mit einer jungfräulichen Priesterin (möglicherweise seiner Schwester). Danach quälten ihn solche Gewissensbisse, dass er sich selbst

opferte. Dabei wurde sein Herz zur Venus. Er galt als Gott von Tod und Wiederauferstehung und wurde zum Schutzgott der Priester.

Polarstern – das innerste Mysterium des Lebens

Im Zentrum der Zirkumpolarsterne auf der Nordhalbkugel liegt der Polarstern. Obwohl moderne Esoteriker den Polarstern als Sinnbild unseres spirituellen Kerns bezeichnen, sollte nicht vergessen werden, dass die Präzession der Äquinoktien den Polarstern erst vor rund tausend Jahren in die Nähe des Himmelsnordpols brachte. Davor hatte es dort seit Thuban (Alpha Draconis) um 2780 v. Chr. keinen hellen Stern gegeben (genau so wie es heute keinen bestimmten Polarstern auf der Südhalbkugel gibt). Stattdessen herrschte dunkles Nichts – diese Vorstellung einer zentralen Leere wurde im chinesischen Taoismus aufgegriffen, der bis ins 6. Jahrhundert v. Chr. zurückreicht.

Hoffnung, Beständigkeit und Gerechtigkeit

Im *Vishnupurana*, einem der wichtigsten heiligen Texten des Hinduismus, findet sich die Geschichte von Dhruva, dem ältesten Sohn eines Königs. Die jüngere Gemahlin des Königs, Suruchi, wollte, dass ihr eigener Sohn Nachfolger des Königs wurde, und verbannte Dhruva und seine Mutter aus dem Palast. Dhruva sollte fortan für Gerechtigkeit kämpfen. Im Wald wurde er vom Weisen Narada unterrichtet. Nach einem halben Jahr des Fastens erschien ihm Vishnu und versetzte ihn an seinen rechtmäßigen Platz als Prinz. Nach seinem Tod kürte Vishnu Dhruva zum Polarstern, um den sich alles drehte. Somit wurde er zum Sinnbild für Hoffnung, Beständigkeit und Gerechtigkeit.

Isis – Segensbringerin

Seit Menschengedenken gibt es in vielen Kulturen die Verehrung einer Muttergöttin, mit den

Morgenstern Quetzalcoatl geht als Morgenstern auf. In dieser Stele aus Santa Lucia, Guatemala, wurde möglicherweise ein bedeutendes Himmelsereignis festgehalten.

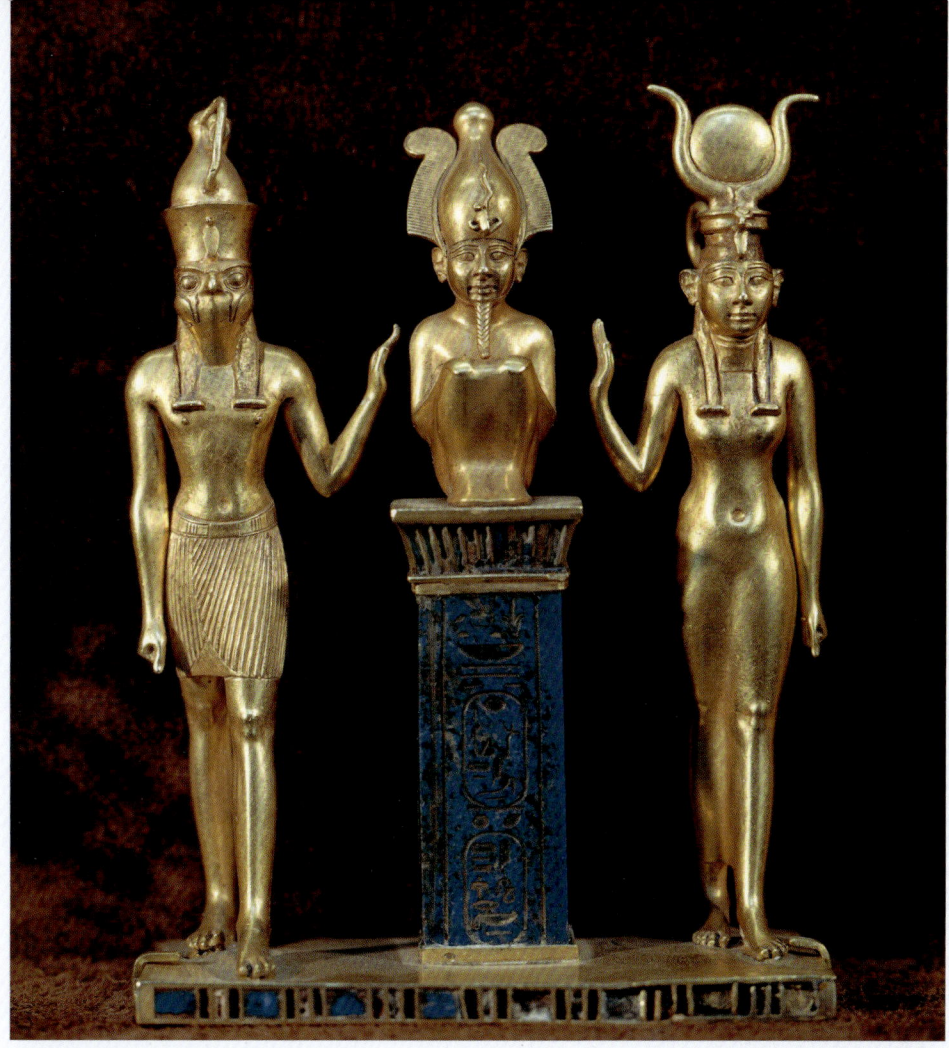

Heilige Familie Diese Statuette aus dem Jahr 874–850 v. Chr. zeigt Isis (rechts), Osiris (Mitte) und ihren Sohn Horus. Die Muttergöttin Isis wurde mit Sirius assoziiert, Osiris mit Orion.

unterschiedlichsten Namen. Sie symbolisiert sowohl Mutter Natur – die Erde, die Leben schenkt – als auch die menschliche Mutter, die uns gebärt und großzieht. Im Alten Ägypten kam diese Rolle Isis, der Gemahlin des Osiris, dem Gott des Todes und der Wiedergeburt, zu. Sie stand für Fruchtbarkeit und wurde häufig mit ihrem Sohn Horus auf dem Schoß dargestellt (eine Pose, die an die Mutter Gottes mit dem Kinde erinnert).

Isis wurde mit der jährlichen Überflutung des Nils assoziiert, der das sonst öde Land mit fruchtbarem Schlamm bedeckte. Kurz vor diesem Ereignis erfolgte der heliakische Aufgang des Sirius, sodass Isis auch in enger Verbindung mit diesem Stern stand.

Arianrhod

Wie viele keltischen Götter war die Göttin Arianrhod („silbernes Rad") eine vielseitige Figur. Sie war Göttin des Mondes und der Sterne und symbolisierte den Vollmond. Sie wurde mit den Gezeiten und mit dem Spinnrad als Weberin des menschlichen Schicksals in Verbindung gebracht. Es wird angenommen, dass ihr Name auf die Milchstraße hinweist oder auf den Kreis der Ekliptik, entlang dem sich die Planeten um den Himmel bewegen. Ihr Reich war Caer Arianrhod, das manche als die Zirkumpolarsterne betrachten. Für andere wiederum ist es das Sternbild Corona Borealis (Nördliche Krone), wohin Arianrhod die Toten brachte, die auf ihre Wiedergeburt warteten.

ARCHÄOASTRONOMIE IM REICH DER SPEKULATIONEN

Begegnungen mit Außerirdischen

Im Jahr 1968 erschien das Buch *Erinnerungen an die Zukunft: Ungelöste Rätsel der Vergangenheit* von Erich von Däniken, das Bilder von archäologischen Fundstätten und Artefakten zeigt, die angeblich von oder für außerirdische Lebewesen geschaffen wurden. Der Gedanke, dass Außerirdische für die fortschrittlichen Erfindungen unserer Vorfahren verantwortlich sein könnten, kam nicht erst mit Dänikens internationalem Bestseller auf. Er entwickelte sich schrittweise durch populäre Science-Fiction-Geschichten. Der amerikanische Autor Garrett P. Serviss schrieb 1898 in einer Romanreihe, dass die Sphinx und die Pyramiden von Gizeh erbaut wurden, als Ägypten unter der Herrschaft von Marsianern stand. Solche kosmischen Visionen entstanden, um archäologische Rätsel mithilfe außergewöhnlicher Theorien zu entschlüsseln.

Eine Illustration in einem Manuskript des historischen Werkes *Roman de Brut* aus dem 12. Jahrhundert zeigt, wie ein Riese einen Steinkreis errichtet – das früheste bekannte Bild von Stonehenge. Im Mittelalter wurde der Bau von Megalithanlagen Riesen oder dem Teufel zugeschrieben, da die riesigen Steine nur durch einen übermenschlichen Schöpfer erklärbar schienen.

Diese Geschichten wurden häufig als Tatsachen präsentiert. Vielen modernen Filmen liegen ähnliche Themen zugrunde. In *Indiana Jones und das Königreich des Kristallschädels* (2008) tauchen Kristallschädel

Besucher von den Sternen Die ungewöhnlichen, nur von der Luft aus sichtbaren Figuren von Nazca wurden als Beweis für den Kontakt mit Besuchern von anderen Planeten gedeutet.

Sirius-Kontroverse Das Wissen des Stammes der Dogon *(oben links)* über das Sternensystem Sirius wird häufig als Beweis für den Besuch von Außerirdischen gesehen. Steinkunst der Dogon wie diese in Bandigara *(oben rechts)* zeigt fremde, außerirdisch wirkende Figuren.

der Maya (mit einfachsten Werkzeugen zu höchster Perfektion geschnitzte Totenköpfe aus Quarz) auf. Alte Verschwörungen über geheimnisvolle Artefakte und planetare Ausrichtungen kommen in *Lara Croft: Tomb Raider* (2001) vor und interplanetare Reisen von der Pyramide von Gizeh in *Stargate* (1994) und der dazugehörigen TV-Serie.

Das Rätsel der Dogon

Der Stamm der Dogon im abgelegenen Zentralplateau der Republik Mali in Westafrika erlangte internationale Bekanntheit, als der Schriftsteller Robert Temple den kontroversen Behauptungen nachging, das Volk habe sein astronomisches Wissen von Besuchern aus dem Sternensystem Sirius erworben.

In seinem Buch *Das Sirius-Rätsel* (1975) werden amphibienartige Außerirdische beschrieben, die von den Dogon Nommo genannt werden. Ihr wasserbedeckter Heimatplanet umkreist Sirius C, den

vermutlich dritten Stern des Sirius-Systems. Das Buch beschreibt, wie sie vor dem 3. Jahrtausend v. Chr. auf die Erde kamen und viele alte Legenden begründeten, zum Beispiel jene des Gottes Oannes mit dem Fischschwanz, der den Sumerern kulturelle Güter darbrachte. Kern der Geschichte ist, wie Stammesälteste der Dogon ohne astronomische Technologie wissen konnten, dass Sirius kein einzelner Stern, sondern ein Sternensystem ist. Das Wissen des Stammes wurde von Anthropologen aufgezeichnet, die zwischen den 1930er und 1950er Jahren Stammesmythen untersuchten.

Sirius, auch Hundsstern genannt, hat tatsächlich einen Begleiter, einen Stern von der Größe der Erde, dessen Masse der Sonne entspricht. Dieser weiße Zwerg, Sirius B, ist mit bloßem Auge nicht erkennbar und wurde erstmals 1862 mit einem Teleskop beobachtet. Ein weiterer Begleiter, Sirius C, wurde in den 1920er Jahren entdeckt, erwies sich allerdings als Hintergrundstern.

Kritiker dieser Hypothese erkennen entweder das detaillierte Wissen der Dogon über Sirius nicht an oder erklären es dadurch, dass sie es sich auf herkömmliche Weise, etwa durch den gelegentlichen Kontakt mit Reisenden, angeeignet haben.

Moderne Maschinen, alte Formen

Die Kuppelgebäude, die auf den Berggipfeln von Hawaii hoch in den Himmel ragen, wie das Canada-France-Hawaii Telescope auf Mauna Kea, stehen beispielhaft für das Erscheinungsbild heutiger Observatorien. Die optische Ähnlichkeit zwischen diesen modernen

Studium des Universums Besucherzentrum des Large Hadron Collider. Die Forscher bringen hier Protonen bei Höchstgeschwindigkeit auf direkten Kollisionskurs, um die Grundlagen des Universums zu erforschen.

Wachtürmen und der kuppelförmigen Maya-Ruine von Caracol brachten ihr den Spitznamen „Sternwarte" ein. Einst suchten die Priester höhergelegene Orte auf, um dem Himmel und den dort beheimateten Göttern möglichst nah zu sein. Die Astronomen des 21. Jahrhunderts sind dazu gezwungen, um Luftverschmutzungen in niedrigeren Höhenlagen zu vermeiden.

Heute werden an vielen Forschungsstätten die Rätsel des Himmels erforscht. Wie zuvor beschrieben, liegen die Ausrichtungen einiger antiker Stätten im rechten Winkel. Die Pyramiden von Gizeh sind nach den vier Himmelsrichtungen orientiert. In Louisiana sind im Laser-Interferometer Gravitationswellen-Observatorium (LIGO) zwei 4 km lange Betonarme rechtwinkelig positioniert und jeweils mit einer Vakuumröhre aus Stahl mit einem Durchmesser von

1,2 m ausgestattet. Licht aus einem Laser wird in zwei Strahlen gespalten und durch beide Tunnel geschickt. Am Ende jedes Tunnels wirft ein Spiegel das Licht zurück zu einem Detektor.

Unter normalen Umständen erreichen die Lichtwellen den Detektor völlig synchron. LIGO soll Abweichungen zwischen Raum und Zeit messen, die durch Gravitationswellen entstehen, die das Ergebnis von Ereignissen wie Supernovaexplosionen sind. Möglicherweise gelingt es den Forschern eines Tages, die Gravitationswellen des Urknalls aufzuspüren.

Beim Large Hadron Collider (LHC), der zum CERN-Laboratorium gehört (weltbekannt als Geburtsort des World Wide Web), dominiert ebenfalls eine runde Form. Der LHC ist der größte bislang gebaute Teilchenbeschleuniger.

Diese Maschine beschleunigt Protonen auf nahezu Lichtgeschwindigkeit. Die Hadronenstrahlen, die jeweils in entgegengesetzter Richtung verlaufen, kreuzen sich mithilfe starker Magneten. Sensoren beobachten die Kollisionen und sammeln Erkenntnisse über die Struktur des Universums. Die Forschungsergebnisse könnten zum Beispiel Aufschluss über die Existenz multipler Dimensionen, über die Materie-Antimaterie-Asymmetrie sowie über die Dunkle Materie geben.

Aber vor allem ließen sich damit zwei bedeutende wissenschaftliche Ansätze zur Erforschung unseres Universums vereinen: die Theorien der Quantenmechanik und die Allgemeine Relativitätstheorie von Einstein.

Ein solcherart kombiniertes Wissen könnte zur Entwicklung modernster Technologien beitragen. Ob die Menschen aus diesen Entwicklungen zukünftig einen Nutzen ziehen können, hängt davon ab, unsere Stellung im Universum zu ergründen und in Harmonie miteinander zu leben. Auch wenn wir als „der weise Mensch", *Homo sapiens,* gelten, werden wir vielleicht nie die göttliche Eigenschaft erlangen, stets weise zu handeln.

Ein Blick in die Zukunft

Die Römer verehrten den Gott Janus, von dem sich der Monat Januar ableitet. Janus war der Gott des Anfangs und des Endes.

Doppeltes Antlitz Die Frauenfigur aus einem mittelalterlichen Lettner in der Kirche von Sancreed, Cornwall, erinnert an Janus, den römischen Gott, der in die Vergangenheit und Zukunft blickt.

Er wird häufig mit zwei Gesichtern dargestellt, wobei eines nach rechts und eines nach links zeigt – er blickt in die Vergangenheit und in die Zukunft. Wie Janus haben wir in diesem Buch lange und intensiv in die Vergangenheit geblickt. Nun, da wir am Ende angelangt sind, ist es an der Zeit, sich der Zukunft zu widmen.

Eines Tages werden die Menschen fähig sein, moderne Technologien zu entwickeln, von denen wir heute nur träumen können. Möglicherweise denken sie dann auch an ihre Vorfahren, an uns, zurück. Und vielleicht schütteln sie sogar den Kopf darüber, wie

wir mit unserem Wissen an unsere Grenzen stießen, um Antworten auf die ewigen Fragen des Lebens zu finden – Fragen, die vielleicht für immer unbeantwortet bleiben und uns miteinander verbinden werden.

Vermutlich werden sich unsere Nachfahren auch für unsere Weltanschauungen interessieren – so wie wir heute, in unserer urbanen Welt, der Entfremdung von der Natur entgehen wollen, indem wir die Lebensweisen unserer Vorfahren erforschen.

Viele von uns leben ein hektisches Leben, in dem die Tage voneinander getrennt sind wie Termine in einem Terminkalender. Dies trifft vor allem auf Stadtbewohner zu. Auch sie können lernen, den Planeten unter ihren Füßen neu wahrzunehmen. Die Erde dreht sich in einem Tag ein Mal um ihre Achse. Wir können uns auf diese Bewegung ausrichten. Wenn wir nach Osten blicken, sehen wir die Sonne dort aufgehen. Wenn wir den Mond und die Sternbilder, wie sie scheinbar über dem Horizont auftauchen, beobachten, sollten wir uns vorstellen, dass der Horizont unter diesen Himmelskörpern versinkt, anstatt dass sie sich erheben.

Wie Janus müssen wir auch in die andere Richtung blicken, nach Westen. Zu Mittag schauen wir dann nach vorn, entlang unserer Planetenlaufbahn.

Um ein Gefühl für die Sonnenzeit zu bekommen, muss man nur an besonderen Tagen – Geburtstagen, Jahrestagen oder jahreszeitlichen Ereignissen wie Sonnenwenden und Tagundnachtgleichen – einen Punkt am Horizont markieren, an dem die Sonne auf- oder untergeht. Dieser findet sich jedes Jahr an der gleichen Stelle am Horizont wieder, sodass wir im Garten oder auf dem Fensterbrett entsprechende Markierungspunkte festlegen können.

Extreme Archäoastronomie
Science Fiction entführt uns auf Reisen zu anderen Planeten und fremden Zivilisationen. Vielleicht wird es zukünftigen Generationen tatsächlich irgendwann gelingen, jene fremde Welten zu bereisen, die wir bisher nur in unserer Fantasie erahnen können, und sich Kenntnisse über außerirdische Archäoastronomie anzueignen. Bis dahin können wir jedoch nur Mutmaßungen anstellen, wie ein anderes Sonnensystem das Leben ferner Nachbarn im Universum beeinflusst.

Die Pole eines Planeten neigen ohne den stabilisierenden Einfluss eines großen Mondes dazu, unstet umherzuwandern, was die Intensität des jahreszeitlichen Zyklus deutlich beeinflusst. Möglicherweise müssten Bewohner eines solchen Planeten auf der Suche nach gemäßigten Wintern oder um der Sommerhitze zu entkommen als Nomaden umherziehen. Vielleicht würden sie auf diesen Wanderungen Markierungen setzen, um die Bewegung der Sonne zu verfolgen, besonders wenn sie direkt über ihnen steht. Aber in dem chaotischen Durcheinander der Achse würden sie wohl keine Ordnung finden können.

Ohne Mond wäre die Nacht nur mit kalten Sternen durchsetzt. Die ganze Natur wäre von der Sonne dominiert – um die alles andere zentriert ist. Das könnte zur Anbetung einer einzigen Gottheit führen und eine streng einheitliche Gesellschaft schaffen. Eine solche Kultur würde vermutlich unverkennbare architektonische Bauwerke schaffen, um einen zielgerichteten Blick auf die Realität zu bewahren.

Andererseits wäre ein Planet mit vielen kleinen Monden am Nachthimmel äußerst interessant. Neugierige Köpfe würden versuchen, die orbitalen Eigenheiten zu erforschen. Anfangs hätte vielleicht jeder Mond seine eigenen Sternwarten oder Tempel, aber vermutlich würden sie letzten Endes zu einem vereinten Wissenssystem verschmelzen.

Nach diesen gewonnenen Erkenntnissen würden sich die Bewohner dieses Planeten vielleicht mit anderen wesentlichen Fragen des Lebens beschäftigen. Komplizierte und facettenreiche Strukturen könnten durch die Wertschätzung des Lebensprinzips „Einheit durch Diversität" inspiriert werden. Die Meisterstücke der Kunst und Technik würden in ihrer Grundausrichtung und ihrem Aufbau an die astronomischen Wahrheiten erinnern, die eine Kultur entdeckt hat.

Fremde Landschaft Eine Kultur, die sich auf einem bewohnbaren Mond (wie dem hier dargestellten) niederließe, würde vom riesigen Planeten dominiert werden, der über den Himmel zieht.

Die Bewohner eines Mondes würden zum Himmel blicken und einen Planeten sehen, der offenbar viel größer ist als die Sonne, mit Phasen, die sich im Laufe eines Monats verändern. Sonnenfinsternisse würden häufig vorkommen, da dieser Planet einen Großteil des Himmels bedecken würde und die eisige Spanne der Totalität länger dauern würde. Zur gegenüberliegenden Monatsphase würde das von einem „ganzen Planeten" reflektierte Sonnenlicht die Nacht zum Tag machen. Dann, sofern es der Finsterniszyklus zulässt, würden die Bewohner des Mondes sehen, wie der Schatten ihrer eigenen Welt über den Planeten zieht.

Wie diese Bewohner den Unterschied zwischen der warmen Sonne und dem größeren, aber kalten Planeten interpretieren würden, wäre davon abhängig, ob sie in einer gemäßigten Zone oder näher an den Polen bzw. dem Äquator leben würden. Die Überreste zeremonieller und säkularer Bauwerke würden die Sichtweisen der verschiedenen Bevölkerungsgruppen widerspiegeln und Ausrichtungen auf das verehrte Himmelsobjekt anzeigen.

Eine neue Perspektive

Eines haben diese Beschreibungen fiktiver außerirdischer Welten gemein: Örtliche Gegebenheiten bedingen örtliche Reaktionen. Die besondere Position der Erde (mit einem Mond, der die Sonne perfekt ergänzt, und Planeten, die sich zwischen den Sternen bewegen) hat unsere Vorfahren dazu inspiriert, den Himmel mit Sonnen- und Mondgöttern sowie vielen Himmelsgottheiten zu bevölkern, in einem Pantheon, der für Planetensysteme wie dem unseren sicher einzigartig ist.

Sollten unsere Nachfahren eines Tages imstande sein, mit Wesen von anderen Sternensystemen zu kommunizieren, wollen wir hoffen, dass sie einander friedlich begegnen. Dazu müssen wir – und die außerirdischen Lebewesen – einen Sinn für die Freiheit unseres Heimatplaneten entwickeln.

Erfreulicherweise ist das derzeitige Interesse an Archäoastronomie auf der ganzen Welt ein eindeutiges Zeichen dafür, dass unser Planet erwachsen wird.

Ein riesiger Schritt Spuren eines Astronauten auf dem Mond. Bisher waren erst zwölf Menschen auf dem nächsten Nachbarn der Erde.

GLOSSAR

Akronytischer Aufgang/Untergang
Der Aufgang/Untergang eines Sterns oder Planeten bei oder kurz nach Sonnenuntergang.

Asterismus
Eine Gruppe von Sternen. Die Internationale Astronomische Union hat die Figuren von 88 offiziellen Sternbildern am Himmel festgelegt. Asterismen können Teil eines Sternbildes (zum Beispiel die Plejaden im Stier) sein. Viele frühzeitliche oder ethnische Asterismen sind größer als die heutigen offiziellen Sternbilder.

Deklination
In der Astronomie die kürzeste in Grad (°) gemessene Distanz zwischen einem Objekt und dem Himmelsäquator.

Ekliptik
Die gedachte Ebene um die Sonne, auf der die Erde ihre Bahn zieht. Die Ekliptik ist zudem der Weg des scheinbaren Laufs der Sonne vor dem Hintergrund der Sterne. Mond und Planeten halten sich stets nahe der Ekliptik auf.

Gebundene Rotation
Durch die Anziehungskraft zwischen zwei umkreisenden Himmelskörpern wie Erde und Mond wird meist deren Rotation aufeinander abgestimmt. Deshalb rotiert der Mond in genau derselben Zeit um seine Achse, wie er die Erde umkreist. Daher sehen wir von der Erde aus stets dieselbe Seite des Mondes.

Größte Elongation
Der Punkt, an dem die Winkelabstände von Venus und Merkur relativ zur Sonne am größten sind (die Planeten liegen zwischen Erde und Sonne, tauchen also stets nahe der Sonne auf). Von einer größten östlichen Elongation spricht man, wenn der Planet am Abendhimmel sichtbar ist, von einer größten westlichen, wenn er vor der Morgendämmerung sichtbar ist.

Heliakischer Aufgang
Das letzte Mal im Jahr, an dem zu sehen ist, dass ein Stern tatsächlich untergeht (anstatt in der Dämmerung über dem Horizont zu verblassen). Dies erfolgt bei oder kurz nach Sonnenuntergang. Jeden Tag bewegt sich die Sonne scheinbar um etwa 1° von Westen nach Osten rund um den Tierkreis. Daher verschwindet jeden darauffolgenden Abend ein anderer Abschnitt des Sternenhimmels unterhalb des Horizonts.

Heliakischer Untergang
Das letzte Mal im Jahr, an dem zu sehen ist, dass ein Stern tatsächlich untergeht (anstatt aus dem Blickfeld am Himmel über dem Horizont zu verschwinden). Dies erfolgt bei oder kurz nach Sonnenuntergang. Jeden Tag bewegt sich die Sonne scheinbar um etwa 1° von Westen nach Osten rund um den Tierkreis. Daher verschwindet jeden darauffolgenden Abend ein anderer Abschnitt des Sternenhimmels unterhalb des Horizonts.

Himmelsäquator
Der ins Weltall projizierte Erdäquator. Die Ebene des Himmelsäquators ist derzeit in einem Winkel von etwa 23,4° zur Ebene der Ekliptik geneigt (sie überschneiden sich zu den Tagundnachtgleichen). Dieser Winkel verändert sich im Laufe der Zeit ein wenig. Derzeit wird er kleiner, während er zum Beispiel im Jahr 1800 v. Chr. 23,9° betrug.

Himmelspol
Der auf den Himmel projizierte Nord- und Südpol der Erde. Die Illusion, dass der Himmel und alle Himmelskörper um die Himmelspole kreisen, entsteht durch die tägliche Rotation der Erde. Seit dem letzten Jahrtausend befindet sich der Himmelsnordpol nahe dem hellsten Stern im Kleinen Bären, der als Polarstern – Polaris – bekannt ist.

Jahreszeit
Zeitspanne, die durch die Länge von Tag und Nacht gekennzeichnet ist (zum Beispiel lange Tage und kurze Nächte im Sommer). Der Zyklus der Jahreszeiten ergibt sich durch die Neigung der Erdachse zur Ebene der Ekliptik, auf der sie die Sonne umkreist.

Kosmischer Aufgang/Untergang
Der Aufgang/Untergang eines Sterns oder Planeten bei oder kurz nach Sonnenaufgang.

Megalith

Wörtlich „großer Stein", ein freistehender Stein (auch Monolith oder „Standing Stone" genannt) oder ein Element einer Anlage wie eines Grabes oder Tempels.

Mondwenden

Die beiden Zeitpunkte jedes Monats, wenn der Mond seine maximale oder minimale Deklination erreicht. Für gewöhnlich geht der Mond jeden Tag an einem anderen Punkt am Horizont auf und erreicht einen anderen Höchststand am Himmel, doch zu den Mondwenden ist dieser Unterschied mit bloßem Auge nicht erkennbar. Allerdings werden in der Archäoastronomie diese Ereignisse meist ignoriert, weil sich jeden Monat die Aufgangs- und Untergangspunkte sowie die Deklination des Mondes zu den Mondwenden selbst innerhalb eines 18,6-jährigen Zyklus leicht verändern. Wenn diese langfristige Verschiebung scheinbar aufhört, erreichen die Mondwenden ihre maximale (und minimale) Deklination – man spricht dann von der großen (und kleinen) Mondwende. In dem Jahr, in dem eine große Mondwende erfolgt, befindet sich ihr nördlichster Aufgangs- bzw. Untergangspunkt in der größtmöglichen Entfernung zu ihrem südlichsten Aufgangs- bzw. Untergangspunkt. Bei einer kleinen Mondwende, die ungefähr neun Jahre später stattfindet, liegen diese Punkte in geringster Entfernung zueinander.

Präzession der Äquinoktien

Der etwa 26 000-jährige Zyklus, bei dem die Erde leicht um ihre Achse eiert, sodass beide Himmelspole einen gedachten Kreis am Himmel beschreiben. Die Präzession erklärt, warum unser nördlicher Polarstern heute Polaris (Ursa Minor) ist, während er um 2800 v. Chr. Thuban (Draco) war und gegen 4000 n. Chr. Wega (Lyra) sein wird. Die Präzession verschiebt das Sternbild hinter der Sonne zur Frühlingstagundnachtgleiche, das derzeit die Fische sind. Um 2070 n. Chr. wird das Frühlingsäquinoktium von den Fischen in den Wassermann wandern.

Rotationsachse

Eine gedachte Linie, um die sich die Erde ein Mal pro Tag dreht. Die Achse verläuft vom Nordpol durch die Erde zum Südpol (nicht zu verwechseln mit dem magnetischen Nord- und Südpol, die durch den vom Eisenkern der Erde verursachten Magnetismus bedingt sind).

Sonnenwende

Der längste oder kürzeste Tag. Dieser erfolgt an den Punkten im Erdorbit, an denen die Neigung ihrer Achse relativ zur Sonne maximal ausfällt. An zwei Tagen im Jahr erhält eine der Erdhalbkugeln ein Maximum an Sonnenlicht (Sommersonnenwende), während die andere Erdhalbkugel ein Minimum erhält (Wintersonnenwende). Jeden Tag geht die Sonne an einem etwas anderen Punkt am Horizont auf und erreicht einen anderen Höchststand am Himmel. Zu den Sonnenwenden ist dieser Unterschied mit bloßem Auge nicht erkennbar. Die Sonne scheint still zu stehen (bevor sie wieder in ihren Zyklus zurückkehrt).

Tagundnachtgleiche

Einer der beiden Zeitpunkte pro Jahr, wenn Tag und Nacht gleich lang sind – gegenwärtig am oder rund um den 20. März und 22. September. Nur am Äquator sind alle Tage und Nächte das ganze Jahr über gleich lang.

Zenit

Der senkrecht über dem Beobachter liegende Punkt des Himmelsgewölbes. In den Tropen sieht der Beobachter an zwei Tagen im Jahr die Sonne am Zenit, da sie sich zwischen den Sonnenwendextremen hin und her bewegt. Nördlich des Wendekreises des Krebses oder südlich des Wendekreises des Steinbocks ist die Sonne nie am Zenit zu sehen.

Zirkumpolarsterne

Sterne, die nie untergehen. Der Ausdruck ist leicht irreführend, da zirkumpolar wortwörtlich „rund um den (Himmels-) Pol" bedeutet. Der Breitengrad, auf dem sich ein Betrachter befindet, bestimmt, welche Sterne zirkumpolar sind (je näher der Betrachter einem der Pole ist, desto mehr Zirkumpolarsterne kann er erkennen).

LITERATURHINWEISE

Bizony, Piers: *1001 Wunder des Weltalls: Eine Reise durch das Universum.* Kosmos-Verlag: Stuttgart, 2012

Cornelius, Geoffrey und Devereux, Paul: *Die Sprache der Sterne : ein visueller Schlüssel zu den Geheimnissen des Himmels.* Patmos: Düsseldorf, 2004

Cornelius, Geoffrey: *Was Sternbilder erzählen: Die Mythologie der Sterne.* Kosmos-Verlag: Stuttgart, 2009

Deutsches Zentrum für Luft- und Raumfahrt: *Warum nimmt der Mond zu und ab?: Mit 80 Fragen durch das Weltall.* Kosmos-Verlag: Stuttgart, 2011

Hahn, Hermann-Michael und Weiland, Gerhard: *Sternkarte für Einsteiger: Die Sternbilder sicher erkennen.* Kosmos-Verlag: Stuttgart, 2011

Herrmann, Dieter B.: *Die Kosmos Himmelskunde. Planeten, Sterne, Galaxien.* Kosmos-Verlag: Stuttgart, 2012

Herrmann, Dieter B.: *Sterne der Traumzeit. Reiseminiaturen.* Duden-Paetec: Berlin, 2005

Herrmann, Joachim: *Welcher Stern ist das?: Sterne und Planeten entdecken und beobachten.* Kosmos-Verlag: Stuttgart, 2009

Keller, Hans-Ulrich: *Kompendium der Astronomie: Zahlen, Daten, Fakten.* Kosmos-Verlag: Stuttgart, 2008

Keller, Hans-Ulrich: *Kosmos Himmelsjahr: Sonne, Mond und Sterne im Jahreslauf.* Kosmos-Verlag: Stuttgart (erscheint jedes Jahr neu)

Keller, Hans-Ulrich: *Wörterbuch der Astronomie: Alle wichtigen Begriffe verständlich erklärt.* Kosmos-Verlag: Stuttgart, 2005

Perrey, Werner: *Sternbilder und ihre Legenden.* Urachhaus: Stuttgart, 2007

Ridpath, Ian: *Der Kosmos Himmelsführer: Alle Sternbilder des Nord- und Südhimmels leicht bestimmt.* Kosmos-Verlag: Stuttgart, 2004

Schilling, Govert: *Astronomie: Die größten Entdeckungen.* Kosmos-Verlag: Stuttgart, 2009

Schilling, Govert: *Das Kosmos Buch der Astronomie: Die Wunder des Weltalls verstehen.* Kosmos-Verlag: Stuttgart, 2011

Schittenhelm, Klaus: *Sterne finden ganz einfach: Die 25 schönsten Sternbilder einfach erkennen.* Kosmos-Verlag: Stuttgart, 2012

Seip, Stefan: *Was sehe ich am Himmel?: Himmelsphänomene bei Tag und Nacht.* Kosmos-Verlag: Stuttgart, 2011

Seip, Stefan, Meiser, Gernot, Tafreshi, Babak: *Zauber der Sterne: Die Wunder des Firmaments über den schönsten Landschaften der Erde.* Kosmos-Verlag: Stuttgart, 2010

Ulansey, David: *Die Ursprünge des Mithraskults: Kosmologie und Erlösung in der Antike.* Theiss: Stuttgart, 1998

Vaas, Rüdiger: *Hawkings Kosmos einfach erklärt: Vom Urknall zu den Schwarzen Löchern.* Kosmos-Verlag: Stuttgart, 2011

Van der Waerden, Bartel L.: *Erwachende Wissenschaft / Bd. 2. Die Anfänge der Astronomie.* Birkhäuser: Basel; Boston ; Stuttgart, 1980

REGISTER

DANKSAGUNG

Danksagung des Autors

Mein Dank gilt ...
Kate Alvis, Robert Benfer, Ian Button, Chance Coughenour, Claire Cox, Sam Haddock, Lawrence Hutchings, Cath Mayer, Yana Nilsson, Dawn Witherspoon und vor allem meiner unersetzbaren Mitarbeiterin Joules Taylor, die keine Mühen gescheut hat.

Bildnachweis

Der Verlag dankt den folgenden Personen, Museen und Bildagenturen für die Genehmigung zur Reproduktion ihres Materials. Es wurde größte Sorgfalt verwendet, um die Copyright-Inhaber ausfindig zu machen. Sollten wir dennoch jemanden übersehen haben, entschuldigen wir uns dafür und werden dies in späteren Auflagen richtigstellen.

Seite 1 ImageDJ; 2 Getty Images/Dollia Sheombar; 2 Hintergr. Science Photo Library/Eckhard Slawik; 3 ImageDJ; 4–5 Photolibrary.com/Peter Arnold Collection/ Bernd Koch; 6 Science Photo Library/Laurent Laveder; 8 akg-images/De Agostini Picture Library; 9 Alamy/Stephen Emerson; 10ul Marsyas (Creative Commons License]/Archäologisches Nationalmuseum, Athen; 10ur Museum für Naturwissenschaften Brüssel; 11 John Glover; 13 Adam Stanford; 16 Alamy/Michael Dunlea; 17 Science Photo Library/Babak Tafreshi; 20–21 Science Photo Library/ Max Alexander; 23 AWL/Doug Pearson; 24–25 Photolibrary.com/Tom Mackie; 26 Photographers Direct/Terry Mathews Creative; 29 Corbis/Yann Arthus-Bertrand; 30–31 Science Photo Library/Patrick Landmann; 33 Fotolia/Skiernan; 34 Dreamstime/Geza Farkas; 35 SuperStock/Flirt; 37 Landesamt für Denkmalpflege und Archäologie Sachsen-Anhalt; 38 Getty Images/AFP/Jens Schlüter; 39 Corbis Wire/Waltraud Grubitzsch; 40 R. Engelhardt (Creative Commons License]; 41o Alamy/LOOK Die Bildagentur der Fotografen GmbH /Heinz Wohner; 41u David Lyons; 42 Elisabetta Marcovich; 43 AWL/John Warburton-Lee; 44–45 AWL/Michele Falzone; 46 Stephane Compoint; 48 Jeremy Marley; 50 Getty Images/Time Life Pictures/ Henry Groskinsky; 52 Getty/Richard Susanto; 54l Corson Hirschfeld; 55 Getty Images/Digital Vision/Karen Huntt; 56or SuperStock/Minden Pictures; 57 Alamy/ Lonely Planet Images; 58 National Geographic Stock/Ira Block; 60 SuperStock/age fotostock; 61 Corbis Wire/Francisco Martin; 63o Getty Images/Dollia Sheombar; 63u SuperStock/Cosmo Condina; 64 Alamy/Lonely Planet Images/Jon Sweeney; 65 Clive Ruggles; 66 Alamy/imagebroker/Egmont Strigl; 67 SuperStock/age fotostock; 68 & 69 Alamy/Steve Mansfield-Devine; 70 Art Archive/Archäologisches Nationalmuseum Ferrara/Dagli Orti; 71 Scala, Florence/Cathedral, Orvieto; 72 Alamy/Arco Images GmbH/J De Meester; 73 Getty Images/National Geographic/ Chris Hill; 74 Getty Images/DeAgostini/G Dagli Orti; 75 Corbis/Adam Woolfitt; 76t Alamy/Dynamic Light Irland; 77 David Lyons; 78 Alamy/Norman Barrett; 79 Alamy/ Vibe Images; 80 Corbis/Homer Sykes; 81 & 82–83 David Lyons; 84–85 SuperStock/ Minden Pictures; 85or Nick Mable; 86 SuperStock/age fotostock; 87 Getty Images/Amana/Sadayuki Makino; 89 akg-images/Bildarchiv Steffens; 90 Art Archive/Ägyptischen Museum, Kairo/Dagli Orti; 92 Werner Forman Archive/ Ägyptisches Museum, Kairo; 93 Getty Images/Pete Turner; 94 Alamy/Lonely Planet Images; 95 Getty Images/Stephen Studd; 97or Corbis/Lowell Georgia; 97ul Corbis/Xinhua/Wang Song; 98 & 99 Werner Forman Archive/NJ Saunders; 100 AWL/Gavin Hellier; 101 Alamy/James Brunker; 103 Alamy/Powered by Light/Alan Spencer; 104 & 105 Clive Ruggles; 106 Fotolia/Steeve Roche/ Nationalmuseum für Anthropologie, Mexiko; 109 Getty Images/Neil Beer; 110 AWL/Danita Delimont Stock; 112 Alamy/David Hilbert; 113o Superstock/age fotostock/Leonardo Diaz Romero; 113u Photographers Direct/Ryan Watkins Photography; 115 Art Archive/ Nationalmuseum für Anthropologie, Mexiko/Dagli Orti; 116 Corbis/Angelo Hornak;

117 AWL/Michele Falzone; 118m akg-images/Interfoto/Ny Carlsberg Museum, Copenhagen; 118u akg-images/Bildarchiv Steffens; 119 Bridgeman Art Library/ Prado, Madrid; 120 Art Archive/Louvre, Paris/Dagli Orti; 121 akg-images/SMB, Kupferstichkabinett, Berlin; 122–123 Alamy/LOOK Die Bildagentur der Fotografen GmbH; 125 Fotolia/Witold Krasowski; 126 Anthony Murphy/Mythical Ireland; 127 SuperStock/Irish Image Collection; 129 Shutterstock/Alexey Stiop; 129 Einfügung Shutterstock/J. Wohlfeil; 130or John Finch; 130ul Ray und Barnaby Norris (www. emudreaming.com); 131 Dinodia Photo Library Pvt. Ltd; 132 Corbis/Christophe Loviny; 133 Mark Marek (www.travelingmark.com); 135 Science Photo Library/John Sanford; 136–137 Getty Images/National Geographic/Jim Richardson; 138 Billy Duncan/The Tartan Lens; 140 Photolibrary/Charles Bowman; 141 Getty Images/ Macduff Everton; 142–143 Photolibrary; 144 Photolibrary; 145 Alamy/Jim Laws; 146 & 147mr Alamy/Robert Estall; 148 David Lyons; 149 Alamy/Michael Sayles; 150 Art Archive/Museo del Templo Mayor, Mexiko/Dagli Orti; 151 Werner Forman Archive/ Schultz Collection, New York; 152 Bridgeman Art Library/Bildarchiv Steffens/Ralph Rainer Steffens; 153 akg-images/ Bardo Museum, Tunis/De Agostini Picture Library/G Dagli Orti; 154–155 Getty Images/Oxford Scientific/Per-Gunnar Ostby; 157l Scala, Florenz/Luciano Romano – mit freundlicher Genehmigung des Ministero Beni e Att. Culturali; 157r akg-images/De Agostini Picture Library/G Dagli Orti; 159 Bridgeman Art Library/Louvre, Paris; 160o Scala, Florenz/BPK, Bildagentur für Kunst, Kultur und Geschichte, Berlin; 161 © Trustees of the British Museum; 162–163u Photolibrary.com/Panstock LLC Catalogue; 165 Tips Images/Cosmo Condina; 166 Werner Forman Archive/E Strouhal; 167 Corbis/epa/ STR; 168 Corbis/Science Faction/Stuart Westmorland; 169 Superstock/Wolfgang Kaehler; 171 Getty Images/Flickr/Andrea Colantoni; 173 Alamy/Chad Ehlers; 174ul Photolibrary.com/India Picture Collection; 174ur John van Leeuwen; 175 AWL/Amar Grover; 176 Werner Forman Archive/NJ Saunders; 177 akg-images/ De Agostini Picture Library; 178–179 ESO/Y Beletsky; 180 Alamy/Images Etc Ltd; 180 Getty Images/Oxford Scientific/Malcolm Park; 182o Alamy/Bill Brooks; 182u Alamy/Kevin Ebi; 183 Alamy/Travel Division Images; 184–185 Stephane Compoint; 186 Tips Images/Angelo Cavalli; 187 Corbis/Bob Krist; 188 Ray und Barnaby Norris (www.emudreaming.com); 189 Neil Andrew Duncan/The Buena Vista Project, courtesy Robert Benfer; 190-191u Getty Images/First Light/Robert Postma; 192 Werner Forman Archive; 193 Science Photo Library/Eckhard Slawik; 194–195 Getty images/Britain on View/Guy Edwardes; 196 SuperStock/JTB Photo; 197bkg Science Photo Library/Eckhard Slawik; 197M Shutterstock/ Motordigitaal; 199 Jonathan C K Webb (www.webbaviation.co.uk); 200 SuperStock/Photononstop; 201o Corbis/Pierre Vauthey; 201u Creative Commons Licence/PD; 202 Getty/AFP; 203 Alamy/Wild Places Photography/Chris Howes; 204 Werner Forman Archive/National Museum of Archaeology, Valletta; 205 Corbis/Danny Lehman; 206 Robert Strusievicz, Calgary; 207o National Geographic Stock/Thomas W. Melham; 208 Corbis/Paul C. Pet; 209 Getty Images/Photolibrary/Tom White; 210 Axiom/Peter Rayner; 211 Corbis/John Stanmeyer/VII; 212 Art Archive/Musée Guimet, Paris/Gianni Dagli Orti; 213 Corbis/ National Geographic Vintage; 215 Getty Images/The Image Bank/Philippe Bourseiller; 216l Axiom/Mikihiko Ohta; 216–217 Getty Images/Image Bank/Ed Freeman; 218 AWL/Danita Delimont Stock; 219 SuperStock/JTB Photo; 221 Scala, Florenz – mit freundlicher Genehmigung des Ministero Beni e Att. Culturali; 222 Scala, Florenz/ Archäologisches Nationalmuseum Neapel/Fotografica Foglia – mit freundlicher Genehmigung des Ministero Beni e Att. Culturali; 223 © Trustees of the British Museum; 224 Werner Forman Archive/ Museum für Völkerkunde, Berlin; 225 akg-images/De Agostini Picture Library/G Dagli Orti; 226 SuperStock/Stock Connection; 227tl AWL/Gavin Hellier; 227tr Photolibrary.com/Aflo/Yoshio Tomii Photo Studio; 228 Corbis/epa/Martial Trezzini; 229 Corbis/Homer Sykes; 230 main Science Photo Library/Detlev van Ravenswaay; 230 bkg Getty/Peter Arnold Collection/Photolibrary. com/Bernd Koch; 232 Science Photo Library/Detlev van Ravenswaay